How Much

Pi

Do You
Want?

history of pi
calculate it yourself
or start with **500,000** decimal places

Jerry Miller

Literary Fiction

The Marty Trilogy—Eleanore Hill **Aurora Leigh, E.B. Browning** **Hadji Murad,** Tolstoy **The Basement,** Newborn **First Detective**. Poe **Matilda**, Mary Shelley

Speculative Fiction

Frankenstein, Mary Shelley **The Martian Testament,** Newborn

History

Mitos y Leyendas/Myths and Legends of Mexico. Bilingual

Beechers Through the 19th Century **Uncle Tom's Cabin**, Stowe

Schooling

Don't Panic: Procrastinator's Guide to Writing an Effective Term Paper

First Person Intense **Italian for Opera Lovers**

French for Food Lovers **Doctorese for the imPatient**

Spritual

Ghazals of Ghalib **Gandhi on the** *Bhagavad Gita*

Gospel According to Tolstoy **Everlasting Gospel**, William Blake

Love

Dante & His Circle **Vita Nuova** **Sappho** **Venus & Adonis**

Staging Shakespeare

DIRECTOR'S PLAYBOOK SERIES: **Hamlet** **Merchant of Venice** **Twelfth Night** **Taming of the Shrew** **Midsummer Night's Dream** **Romeo and Juliet** **As You Like It** **Richard III** **Henry V** **Much Ado About Nothing** **Macbeth** **Othello** **Julius Caesar** **King Lear** **Antony and Cleopatra**

7 Plays with Transgender Characters **Falstaff: 4 Plays**

Teachers Only

(*Q & A, glossaries, critical comments***)**

Areopagitica, John Milton **Apology of Socrates, & Crito,** Plato

Leaves of Grass, Walt Whitman **Sappho, The Poems**

To Anne, who supports me
no matter what I do.

Introduction

It requires a mere 39 digits of π in order to compute the circumference of a circle of radius 2 x 10^{25} (an upper bound on the distance travelled by a particle moving at the speed of light for 20 billion years, and as such an upper bound for the radius of the universe) with an error of less than 10-12 meters (a lower bound for the radius of a hydrogen atom).

—Jonathan and Peter Borwein

We don't really need the Borweins to tell us of the practical uselessness of generating many digits of π, but still we are fascinated by the fact that we can actually know what those digits are. Computer designers and operators have used this calculation to demonstrate the speed and capability of their machines. Newton once entertained himself during a solitary episode by calculating π to a number of decimal places that he was too embarrassed to admit.

—π—

A brief history: π is a very old number. We know that the Egyptians and the Babylonians knew about the existence of the constant ratio π, although they didn't know its value nearly as well as we do today. Both had figured out that π was a little bigger than 3; the Babylonians had an approximation of 3 $^1/_8$ (3.125),

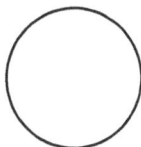

and the Egyptians came up with a somewhat worse approximation of 4 x $((8/9)^2)$, nearly 3.160484, which is slightly less accurate and much harder to work with (*A History of Pi*, Petr Beckman).

—π—

The modern symbol for pi (π) was first used in our modern sense in 1706 by William Jones, who wrote:

> *There are various other ways of finding the Lengths or Areas of particular Curve Lines, or Planes, which may very much facilitate the Practice; as for instance, in the Circle, the Diameter is to the Circumference as 1 to (16/5) – 4/239) – 1/3(16/5³ – 4/239³) + ... = 3.14159 ... = π (from* A History of Mathematical Notation *by Florian Cajori).*

—π—

π, rather than another Greek letter, such as alpha (α) or omega (ω), was chosen as the letter to represent the number 3.141592... because the letter π in Greek, pronounced like our letter *p*, stands for "perimeter."

—π—

π shows up in some unexpected places not directly related to a circle's circumference, such as probability and the "famous five" equation connecting the five most important numbers in mathematics, 0, 1, e, π, and i:

$$e^{\pi i} + 1 = 0$$

—π—

To help you remember the first twenty-three decimal places of π, here is a mnemonic for the digits of π. Each successive digit is found by counting the number of letters in the corresponding word:

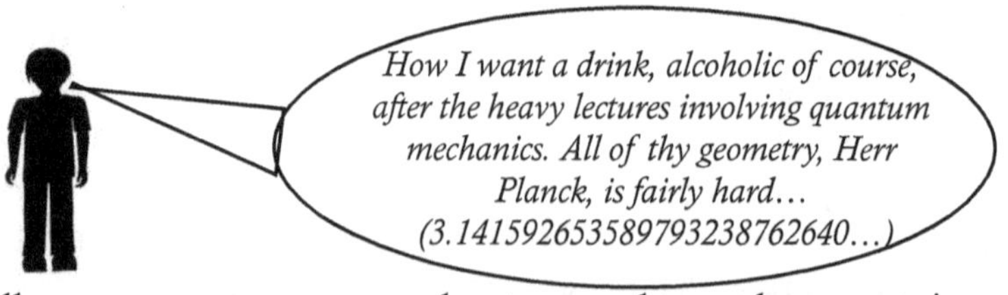

> *How I want a drink, alcoholic of course, after the heavy lectures involving quantum mechanics. All of thy geometry, Herr Planck, is fairly hard...*
> *(3.14159265358979323876264 0...)*

Thankfully, a zero soon appears and puts an end to such mnemonics.

—π—

Many years ago, I discovered that personal computers are marvelous devices that can do many useful things. I also discovered that they can do many entertaining things that may be useful only in the sense that they exercise our brains.

One day I discovered a program that could calculate π to any number of desired decimal places. The author, a talented programmer named Bob Bishop, had used it to generate π to 1000 decimal places on his Apple II. This was a relatively easy program, so I entered it into my Apple II and repeated the feat. It seems to me that the program ran for at least 24 hours to perform this task.

Subsequently I ported the program to each computer that I owned over the years. My most recent effort was performed in Visual Basic 2008 Express Edition. The Presario laptop took 12 hours to come up with 500,000 decimal places.

—π—

π, of course, is the ratio that relates the circumference of a circle to its diameter. Ancient mathematicians knew that this ratio was a constant that did not depend on the size of the circle. C/D would always be the same.

Try it yourself. The best that you can do by simply measuring the circumference and the diameter is a ratio of $3\,{}^{1}/_{7}$ for a value of π. Even so, to get this close requires very careful measurements.

—π—

The Dutch mathematician and fortification engineer Adriaan Anthoniszoon (1527–1607) found the value 355/113, which is correct to 6 decimal places.

—π—

Our π program is based on the Gregory series, discovered independently by James Gregory and G.W. Leibniz:

$$\arctan(x) = x - x^3/3 + x^5/5 - x^7/7 + \ldots\ldots$$

$$\pi = 4 \arctan(1)$$

This formula converges much too slowly to be of practical use.

—π—

In 1706 John Machin used the following stratagem to make the Gregory series rapidly converge.

$$\tan(\beta) = {}^1/_5$$

$$\tan(2\beta) = \frac{2\tan(\beta)}{1 - \tan2(\beta)} = \frac{5}{12}$$

$$\tan(4\beta) = \frac{2\tan(2\beta)}{1 - \tan^2(2\beta)} = \frac{120}{119}$$

Now we are only off by ${}^1/_{119}$, because arctan 1 is ${}^\pi/_4$. In terms of angles this difference is:

$$\tan(4\beta - {}^\pi/_4) = \frac{\tan(4\beta) - 1}{1 + \tan(4\beta)} = \frac{1}{239}$$

hence

$$\arctan({}^1/_{239}) = 4\beta - {}^\pi/_4$$

$${}^\pi/_4 = 4\arctan({}^1/_5) - \arctan({}^1/_{239})$$

Now we can use the Gregory series on these two to calculate π. The following example is by Radoslav Jovanovic, B.Sc. The advantage of Machin`s formula is that the second term converges very rapidly and the first is nice for decimal arithmetic. Here are the computations:

$\arctan({}^1/_5)$

$${}^1/_5 = 0.200000000000000$$

$${}^1/_{375} = -\ 0.002666666666666$$

$^1/_{15625} = 0.000064000000000$

$^1/_{546875} = -0.000001828571428$

$^1/_{17578125} = 0.000000056888889$

$^1/_{537109375} = -0.000000001861818$

$^1/_{15869140625} = 0.000000000063015$

$^1/_{457763671875} = -0.000000000002184$

$^1/_{12969970703125} = 0.000000000000077$

$^1/_{362396240234375} = -0.000000000000002$

arctan($^1/_{239}$):

$^1/_{239} = 0.004184100418410$

$^1/_{40955757} = -0.000000024416591$

$^1/_{3899056325995} = 0.000000000000256$

Summing:

arctan($^1/_5$) = 0.1973955598498807

and arctan($^1/_{239}$) = 0.004184076002074

Putting these in Machin's formula gives:

$^\pi/_4 = 4 \arctan(^1/_5) - \arctan(^1/_{239})$

or

$\pi = 16 \arctan(^1/_5) - 4 \arctan(^1/_{239})$

$= 16 \times 0.1973955598498807 - 4 \times 0.004184076002074$

$= 3.1415926535897922$

—π—

Here is the Microsoft Visual Basic 2008 Express Edition program that carries this idea to many more digits. I must point out that this program is not polished or even complete. The routine to process the file menu is nonexistent, for instance. Nevertheless, it is the program that produced the result given.

```
Public Class Form1
Public Shared Halt As Boolean
Public Shared power(300000) As Integer
Public Shared term(300000) As Integer
Public Shared result(300000) As Integer
Public Shared tenk As Integer
Public Shared cise As Long
Public Shared dgts As Integer
Public Shared divide As Integer
Public Shared place As Long
Public Shared zero As Integer
Private Sub Form1_Load(ByVal sender As System.Object,
    ByVal e
As System.EventArgs) Handles MyBase.Load
REM pi = 16 arctan(1/5) - 4 arctan(1/239)
End Sub
Private Sub ComFine_Click()
End
End Sub
Public Sub div1()
Dim digit As Long
Dim quotient As Long
Dim residue As Long
digit = 0
zero = 0
For place = 0 To cise
digit = digit + power(place)
quotient = Int(digit / divide)
residue = digit Mod divide
zero = zero Or (quotient + residue)
power(place) = quotient
digit = tenk * residue
Next place
End Sub
Public Sub div2()
Dim digit As Long
Dim quotient As Long
Dim residue As Long
digit = 0
For place = 0 To cise
digit = digit + term(place)
quotient = Int(digit / divide)
residue = digit Mod divide
term(place) = quotient
digit = tenk * residue
```

```
Next place
End Sub
Public Sub subtract()
Dim difference As Long
Dim loan As Long
loan = 0
For place = cise To 0 Step -1
difference = result(place) - term(place) - loan
loan = 0
If difference >= 0 Then
result(place) = difference
Else
difference = difference + tenk
loan = 1
result(place) = difference
End If
Next place
End Sub
Public Sub txtout(ByVal Halt, ByVal q)
Dim c As Integer
Dim Pimess As String
Dim Z As String
If Halt = True Then
TextBox1.Text = "Stopped by the operator!"
Command1.Text = "Try Again?"
GoTo noprint
End If
Command1.Text = "Done"
Pimess = " The value of Pi to" & Str$(q) & " decimal places:"
Z = Str$(result(0))
Z = Microsoft.VisualBasic.Right(Z, Len(Z) - 1)
'Z = Right(Z, Len(Z) - 1)
Pimess = Pimess & Chr(13) & Chr(10) & Z & "."
c = 0
For place = 1 To cise - 4
Z = Str$(result(place))
Z = Microsoft.VisualBasic.Right(Z, Len(Z) - 1)
Pimess = Pimess & Microsoft.VisualBasic.Right("000" +
    Z, dgts)
c = c + 1
If c Mod 3 = 0 Then
Pimess = Pimess & " "
c = 0
End If
Next place
```

```
TextBox1.Text = Pimess
noprint:
End Sub
Private Sub Estop_Click()
Halt = True
End Sub
Private Sub Form_Load()
Halt = False
End Sub
Sub MnuSave_Click(ByVal Pimess)
MnuSaveAS_click(Pimess)
End Sub
Sub MnuSaveAS_click(ByVal Pimess)
Dim FileName() As String
On Error Resume Next
SaveFileDialog1.DefaultExt = "txt"
SaveFileDialog1.Filter = "xreg(*.txt)|*.txt"
End Sub
Private Sub Mnuexit_Click()
End
End Sub
Private Sub Label1_Click(ByVal sender As System.Object,
    ByVal e As
System.EventArgs)
End Sub
Private Sub Button1_Click(ByVal sender As System.Object,
ByVal e
As System.EventArgs) Handles Button1.Click
End Sub
Private Sub Command1_Click(ByVal sender As System.Object,
    ByVal e As System.EventArgs) Handles Command1.Click
Dim Konst(2) As Integer
Dim pass As Integer
Dim sign As Integer
Dim expon As Long
Dim q As Long
Dim Msgtxt As String
Dim sise As String
Halt = False
Konst(1) = 25
Konst(2) = 239
tenk = 10000
dgts = 4
Msgtxt = "How many digits would you like? "
Msgtxt = Msgtxt & "Up to 500,000" & Chr(13) & "(10,000
```

```
    takes 5
minutes or so depending on computer speed)"
sise = InputBox(Msgtxt, "Size Please")
cise = Val(sise)
If sise = "" Or sise = "0" Then cise = 100
'Form1.MousePointer = 11
q = cise
Command1.Text = cise
cise = (cise + 8) / dgts
For pass = 1 To 2
For place = 0 To cise
power(place) = 0
term(place) = 0
If pass = 1 Then result(place) = 0
Next place
power(0) = 16 / pass ^ 2
If pass = 1 Then divide = 5
If pass = 2 Then divide = 239
Call div1()
expon = 1 : sign = 3 - 2 * pass
loup: REM copy power into term
If Halt = True Then GoTo Bailout
For place = 0 To cise
term(place) = power(place)
Next place
divide = expon
Call div2()
If sign > 0 Then Call madd()
If sign < 0 Then Call subtract()
expon = expon + 2
sign = -sign
divide = Konst(pass)
Call div1()
If pass = 2 Then Call div1()
If zero <> 0 Then GoTo loup
Next pass
' this is where we print the result
Bailout:
'Form1.MousePointer = 0
Call txtout(Halt, q)
End Sub
Public Sub madd()
Dim carry As Long
Dim Sum As Long
carry = 0
```

```
For place = cise To 0 Step -1
Sum = result(place) + term(place) + carry
carry = 0
If Sum < tenk Then
result(place) = Sum
Else
Sum = Sum - tenk
carry = 1
result(place) = Sum
End If
Next place
End Sub
Private Sub ToolStripMenuItem1_Click(ByVal sender As System.
Object, ByVal e As System.EventArgs) Handles
ToolStripMenuItem1.
Click
'code for save
End Sub
Private Sub FileToolStripMenuItem_Click(ByVal sender As
System.
Object, ByVal e As System.EventArgs) Handles
FileToolStrip-
MenuItem.Click
End Sub
Private Sub SaveAsToolStripMenuItem_Click(ByVal sender As
System.Object, ByVal e As System.EventArgs) Handles
SaveAsTool-
StripMenuItem.Click
Dim FileName() As String
On Error Resume Next
SaveFileDialog1.DefaultExt = "txt"
SaveFileDialog1.Filter = "xreg(*.txt)|*.txt
End Sub
End Class
```

—π—

The value of Pi to 500,000 decimal places:

3.141592653589 793238462643 383279502884 197169399375 105820974944 592307816406 286208998628
034825342117 067982148086 513282306647 093844609550 582231725359 408128481117 450284102701
938521105559 644622948954 930381964428 810975665933 446128475648 233786783165 271201909145
648566923460 348610454326 648213393607 260249141273 724587006606 315588174881 520920962829
254091715364 367892590360 011330530548 820466521384 146951941511 609433057270 365759591953
092186117381 932611793105 118548074462 379962749567 351885752724 891227938183 011949129833
673362440656 643086021394 946395224737 190702179860 943702770539 217176293176 752384674818
467669405132 000568127145 263560827785 771342757789 609173637178 721468440901 224953430146
549585371050 792279689258 923542019956 112129021960 864034418159 813629774771 309960518707
211349999998 372978049951 059731732816 096318595024 459455346908 302642522308 253344685035
261931188171 010003137838 752886587533 208381420617 177669147303 598253490428 755468731159
562863882353 787593751957 781857780532 171226806613 001927876611 195909216420 198938095257
201065485863 278865936153 381827968230 301952035301 852968995773 622599413891 249721775283
479131515574 857242454150 695950829533 116861727855 889075098381 754637464939 319255060400
927701671139 009848824012 858361603563 707660104710 181942955596 198946767837 449448255379
774726847104 047534646208 046684259069 491293313677 028989152104 752162056966 024058038150
193511253382 430035587640 247496473263 914199272604 269922796782 354781636009 341721641219
924586315030 286182974555 706749838505 494588586926 995690927210 797509302955 321165344987
202755960236 480665499119 881834797753 566369807426 542527862551 818417574672 890977772793
800081647060 016145249192 173217214772 350141441973 568548161361 157352552133 475741849468
438523323907 394143334547 762416862518 983569485562 099219222184 272550254256 887671790494
601653466804 988627232791 786085784383 827967976681 454100953883 786360950680 064225125205
117392984896 084128488626 945604241965 285022210661 186306744278 622039194945 047123713786
960956364371 917287467764 657573962413 890865832645 995813390478 027590099465 764078951269
468398352595 709825822620 522489407726 719478268482 601476990902 640136394437 455305068203
496252451749 399651431429 809190659250 937221696461 515709858387 410597885959 772975498930
161753928468 138268683868 942774155991 855925245953 959431049972 524680845987 273644695848
653836736222 626099124608 051243884390 451244136549 762780797715 691435997700 129616089441
694868555848 406353422072 225828488648 158456028506 016842739452 267467678895 252138522549
954666727823 986456596116 354886230577 456498035593 634568174324 112515076069 479451096596
094025228879 710893145669 136867228748 940560101503 308617928680 920874760917 824938589009
714909675985 261365549781 893129784821 682998948722 658804857564 014270477555 132379641451
523746234364 542858444795 265867821051 141354735739 523113427166 102135969536 231442952484
937187110145 765403590279 934403742007 310578539062 198387447808 478489683321 445713868751
943506430218 453191048481 005370614680 674919278191 197939952061 419663428754 440643745123
718192179998 391015919561 814675142691 239748940907 186494231961 567945208095 146550225231
603881930142 093762137855 956638937787 083039069792 077346722182 562599661501 421503068038
447734549202 605414665925 201497442850 732518666002 132434088190 710486331734 649651453905
796268561005 508106658796 998163574736 384052571459 102897064140 110971206280 439039759515
677157700420 337869936007 230558763176 359421873125 147120532928 191826186125 867321579198
414848829164 470609575270 695722091756 711672291098 169091528017 350671274858 322287183520
935396572512 108357915136 988209144421 006751033467 110314126711 136990865851 639831501970
165151168517 143765761835 155650884909 989859982387 345528331635 507647918535 893226185489
632132933089 857064204675 259070915481 416549859461 637180270981 994309924488 957571282890
592323326097 299712084433 573265489382 391193259746 366730583604 142813883032 038249037589
852437441702 913276561809 377344403070 746921120191 302033038019 762110110044 929321516084
244485963766 983895228684 783123552658 213144957685 726243344189 303968642624 341077322697
802807318915 441101044682 325271620105 265227211166 039666557309 254711055785 376346682065
310989652691 862056476931 257058635662 018558100729 360659876486 117910453348 850346113657
686753249441 668039626579 787718556084 552965412665 408530614344 431858676975 145661406800
700237877659 134401712749 470420562230 538994561314 071127000407 854733269939 081454664645
880797270826 683063432858 785698305235 808933065757 406795457163 775254202114 955761581400
250126228594 130216471550 979259230990 796547376125 517656751357 517829666454 779174501129
961489030463 994713296210 734043751895 735961458901 938971311179 042978285647 503203198691
514028708085 990480109412 147221317947 647772622414 254854540332 157185306142 288137585043
063321751829 798662237172 159160771669 254748738986 654949450114 654062843366 393790039769
265672146385 306736096571 209180763832 716641627488 880078692560 290228472104 031721186082
041900042296 617119637792 133757511495 950156604963 186294726547 364252308177 036751590673
502350728354 056704038674 351362222477 158915049530 984448933309 634087807693 259939780541
934144737744 184263129860 809988868741 326047215695 162396586457 302163159819 319516735381
297416772947 867242292465 436680098067 692823828068 996400482435 403701416314 965897940924
323789690706 977942236250 822168895738 379862300159 377647165122 893578601588 161755782973
523344604281 512627203734 314653197777 416031990665 541876397929 334419521541 341899485444
734567383162 499341913181 480927777103 863877343177 207545654532 207770921201 905166096280

490926360197 598828161332 316663652861 932668633606 273567630354 477628035045 077723554710
585954870279 081435624014 517180624643 626794561275 318134078330 336254232783 944975382437
205835311477 119926063813 346776879695 970309833913 077109870408 591337464144 282277263465
947047458784 778720192771 528073176790 770715721344 473060570073 349243693113 835049316312
840425121925 651798069411 352801314701 304781643788 518529092854 520116583934 196562134914
341595625865 865570552690 496520985803 385072242648 293972858478 316305777756 068887644624
824685792603 953527734803 048029005876 075825104747 091643961362 676044925627 420420832085
661190625454 337213153595 845068772460 290161876679 524061634252 257719542916 299193064553
779914037340 432875262888 963995879475 729174642635 745525407909 145135711136 941091193932
519107602082 520261879853 188770584297 259167781314 969900901921 169717372784 768472686084
900337702424 291651300500 516832336435 038951702989 392233451722 013812806965 011784408745
196012122859 937162313017 114448464090 389064495444 006198690754 851602632750 529834918740
786680881833 851022833450 850486082503 930213321971 551843063545 500766828294 930413776552
793975175461 395398468339 363830474611 996653858153 842056853386 218672523340 283087112328
278921250771 262946322956 398989893582 116745627010 218356462201 349671518819 097303811980
049734072396 103685406643 193950979019 069963955245 300545058068 550195673022 921913933918
568034490398 205955100226 353536192041 994745538593 810234395544 959778377902 374216172711
172364343543 947822181852 862408514006 660443325888 569867054315 470696574745 855033232334
210730154594 051655379068 662733379958 511562578432 298827372319 898757141595 781119635833
005940873068 121602876496 286744604774 649159950549 737425626901 049037781986 835938146574
126804925648 798556145372 347867330390 468838343634 655379498641 927056387293 174872332083
760112302991 136793862708 943879936201 629515413371 424892830722 012690147546 684765357616
477379467520 049075715552 781965362132 392640616013 635815590742 202020318727 760527721900
556148425551 879253034351 398442532234 157623361064 250639049750 086562710953 591946589751
413103482276 930624743536 325691607815 478181152843 667957061108 615331504452 127473924544
945423682886 061340841486 377670096120 715124914043 027253860764 823634143346 235189757664
521641376796 903149501910 857598442391 986291642193 994907236234 646844117394 032659184044
378051333894 525742399508 296591228508 555821572503 107125701266 830240292952 522011872676
756220415420 516184163484 756516999811 614101002996 078386909291 603028840026 910414079288
621507842451 670908700069 928212066041 837180653556 725253256753 286129104248 776182582976
515795984703 562226293486 003415872298 053498965022 629174878820 273420922224 533985626476
691490556284 250391275771 028402799806 636582548892 648802545661 017296702664 076559042909
945681506526 530537182941 270336931378 517860904070 866711496558 343434769338 578171138645
587367812301 458768712660 348913909562 009939361031 029161615288 138437909904 231747336394
804575931493 140529763475 748119356709 110137751721 008031559024 853090669203 767192203322
909433467685 142214477379 393751703443 661991040337 511173547191 855046449026 365512816228
824462575916 333039107225 383742182140 883508657391 771509682887 478265699599 574490661758
344137522397 096834080053 559849175417 381883999446 974867626551 658276584835 884531427756
879002909517 028352971634 456212964043 523117600665 101241200659 755851276178 583829204197
484423608007 193045761893 234922927965 019875187212 726750798125 547095890455 635792122103
334669749923 563025494780 249011419521 238281530911 407907386025 152274299581 807247162591
668545133312 394804947079 119153267343 028244186041 426363954800 044800267049 624820179289
647669758318 327131425170 296923488962 766844032326 092752496035 799646925650 493681836090
032380929345 958897069536 534940603402 166544375589 004563288225 054525564056 448246515187
547119621844 396582533754 388569094113 031509526179 378002974120 766514793942 590298969594
699556576121 865619673378 623625612521 632086286922 210327488921 865436480229 678070576561
514463204692 790682120738 837781423356 282360896320 806822246801 224826117718 589638140918
390367367222 088832151375 560037279839 400415297002 878307667094 447456013455 641725437090
697939612257 142989467154 357846878861 444581231459 357198492252 847160504922 124247014121
478057345510 500801908699 603302763478 708108175450 119307141223 390866393833 952942578690
507643100638 351983438934 159613185434 754649556978 103829309716 465143840700 707360411237
359984345225 161050702705 623526601276 484830840761 183013052793 205427462865 403603674532
865105706587 488225698157 936789766974 220575059683 440869735020 141020672358 502007245225
632651341055 924019027421 624843914035 998953539459 094407046912 091409387001 264560016237
428802109276 457931065792 295524988727 584610126483 699989225695 968815920560 010165525637
567856672279 661988578279 484885583439 751874454551 296563443480 396642055798 293680435220
277098429423 253302257634 180703947699 415979159453 006975214829 336655566156 787364005366
656416547321 704390352132 954352916941 459904160875 320186837937 023488868947 915107163785
290234529244 077365949563 051007421087 142613497459 561513849871 375704710178 795731042296
906667021449 863746459528 082436944578 977233004876 476524133907 592043401963 403911473202
338071509522 201068256342 747164602433 544005152126 693249341967 397704159568 375355516673
027390074972 973635496453 328886984406 119649616277 344951827369 558822075735 517665158985
519098666539 354948106887 320685990754 079234240230 092590070173 196036225475 647894064754
834664776041 146323390565 134330684495 397907090302 346046147096 169688688501 408347040546
074295869913 829668246818 571031887906 528703665083 243197440477 185567893482 308943106828
702722809736 248093996270 607472645539 925399442808 113736943388 729406307926 159599546262
462970706259 484556903471 197299640908 941805953439 325123623550 813494900436 427852713831
591256898929 519642728757 394691427253 436694153236 100453730488 198551706594 121735246258
954873016760 029886592578 662856124966 552353382942 878542534048 308330701653 722856355915

253478445981 831341129001 999205981352 205117336585 640782648494 276441137639 386692480311
836445369858 917544264739 988228462184 490087776977 631279572267 265556259628 254276531830
013407092233 436577916012 809317940171 859859993384 923549564005 709955856113 498025249906
698423301735 035804408116 855265311709 957089942732 870925848789 443646005041 089226691783
525870785951 298344172953 519537885534 573742608590 290817651557 803905946408 735061232261
120093731080 485485263572 282576820341 605048466277 504500312620 080079980492 548534694146
977516493270 950493463938 243222718851 597405470214 828971117779 237612257887 347718819682
546298126868 581705074027 255026332904 497627789442 362167411918 626943965067 151577958675
648239939176 042601763387 045499017614 364120469218 237076488783 419689686118 155815873606
293860381017 121585527266 830082383404 656475880405 138080163363 887421637140 643549556186
896411228214 075330265510 042410489678 352858829024 367090488711 819090949453 314421828766
181031007354 770549815968 077200947469 613436092861 484941785017 180779306810 854690009445
899527942439 813921350558 642219648349 151263901280 383200109773 868066287792 397180146134
324457264009 737425700735 921003154150 893679300816 998053652027 600727749674 584002836240
534603726341 655425902760 183484030681 138185510597 970566400750 942608788573 579603732451
414678670368 809880609716 425849759513 806930944940 151542222194 329130217391 253835591503
100333032511 174915696917 450271494331 515588540392 216409722910 112903552181 576282328318
234254832611 191280092825 256190205263 016391147724 733148573910 777587442538 761174657867
116941477642 144111126358 355387136101 102326798775 641024682403 226483464176 636980663785
768134920453 022408197278 564719839630 878154322116 691224641591 177673225326 433568614618
654522268126 887268445968 442416107854 016768142080 885028005414 361314623082 102594173756
238994207571 362751674573 189189456283 525704413354 375857534269 869947254703 165661399199
968262824727 064133622217 892390317608 542894373393 561889165125 042440400895 271983787386
480584726895 462438823437 517885201439 560057104811 949884239060 613695734231 559079670346
149143447886 360410318235 073650277859 089757827273 130504889398 900992391350 337325085598
265586708924 261242947367 019390772713 070686917092 646254842324 074855036608 013604668951
184009366860 954632500214 585293095000 090715105823 626729326453 738210493872 499669933942
468551648326 113414611068 026744663733 437534076429 402668297386 522093570162 638464852851
490362932019 919968828517 183953669134 522244470804 592396602817 156551565666 111359823112
250628905854 914509715755 390024393153 519090210711 945730024388 017661503527 086260253788
179751947806 101371500448 991721002220 133501310601 639154158957 803711779277 522597874289
191791552241 718958536168 059474123419 339842021874 564925644346 239253195313 510331147639
491199507285 843065836193 536932969928 983791494193 940608572486 396883690326 556436421664
425760791471 086998431573 374964883529 276932822076 294728238153 740996154559 879825989109
371712621828 302584811238 901196822142 945766758071 865380650648 702613389282 299497257453
033283896381 843944770779 402284359883 410035838542 389735424395 647555684095 224844554139
239410001620 769363684677 641301781965 937997155746 854194633489 374843912974 239143365936
041003523437 770658886778 113949861647 874714079326 385873862473 288964564359 877466763847
946650407411 182565837887 845485814896 296127399841 344272608606 187245545236 064315371011
274680977870 446409475828 034876975894 832824123929 296058294861 919667091895 808983320121
031843034012 849511620353 428014412761 728583024355 983003204202 451207287253 558119584014
918096925339 507577840006 746552603144 616705082768 277222353419 110263416315 714740612385
042584598841 990761128725 805911393568 960143166828 317632356732 541707342081 733223046298
799280490851 409479036887 868789493054 695570307261 900950207643 349335910602 454508645362
893545686295 853131533718 386826561786 227363716975 774183023986 006591481616 404944965011
732131389574 706208847480 236537103115 089842799275 442685327797 431139514357 417221975979
935968525228 574526379628 961269157235 798662057340 837576687388 426640599099 350500081337
543245463596 750484423528 487470144354 541957625847 356421619813 407346854111 766883118654
489377697956 651727966232 671481033864 391375186594 673002443450 054499539974 237232871249
483470604406 347160632583 064982979551 010954183623 503030945309 733583446283 947630477564
501500850757 894954893139 394489921612 552559770143 685894358587 752637962559 708167764380
012543650237 141278346792 610199558522 471722017772 370041780841 942394872540 680155603599
839054898572 354674564239 058585021671 903139526294 455439131663 134530893906 204678438778
505423939052 473136201294 769187497519 101147231528 932677253391 814660730008 902776896311
481090220972 452075916729 700785058071 718638105496 797310016787 085069420709 223290807038
326345345203 802786099055 690013413718 236837099194 951648960075 504934126787 643674638490
206396401976 668559233565 463913836318 574569814719 621084108096 188460545603 903845534372
914144651347 494078488442 377217515433 426030669883 176833100113 310869042193 903108014378
433415137092 435301367763 108491351615 642269847507 430329716746 964066653152 703532546711
266752246055 119958183196 376370761799 191920357958 200759560530 234626775794 393630746305
690108011494 271410093913 691381072581 378135789400 559950018354 251184172136 055727522103
526803735726 527922417373 605751127887 218190844900 617801388971 077082293100 279766593583
875890939568 814856026322 439372656247 277603789081 445883785501 970284377936 240782505270
487581647032 458129087839 523245323789 602984166922 548964971560 698119218658 492677040395
648127810217 991321741630 581055459880 130048456299 765112124153 637451500563 507012781592
671424134210 330156616535 602473380784 302865525722 275304999883 701534879300 806260180962
381516136690 334111138653 851091936739 383522934588 832255088706 450753947395 204396807906
708680644509 698654880168 287434378612 645381583428 075306184548 590379821799 459968115441
974253634439 960290251001 588827216474 500682070419 376158454712 318346007262 933955054823

955713725684	023226821301	247679452264	482091023564	775272308208	106351889915	269288910845
557112660396	503439789627	825001611015	323516051965	590421184494	990778999200	732947690586
857787872098	290135295661	397888486050	978608595701	773129815531	495168146717	695976099421
003618355913	877781769845	875810446628	399880600616	229848616935	337386578773	598336161338
413385368421	197893890018	529569196780	455448285848	370117096721	253533875862	158231013310
387766827211	572694951817	958975469399	264219791552	338576623167	627547570354	699414892904
130186386119	439196283887	054367774322	427680913236	544948536676	800000106526	248547305586
159899914017	076983854831	887501429389	089950685453	076511680333	732226517566	220752695179
144225280816	517166776672	793035485154	204023817460	892328391703	275425750867	655117859395
002793389592	057668278967	764453184040	418554010435	134838953120	132637836928	358082719378
312654961745	997056745071	833206503455	664403449045	362756001125	018433560736	122276594927
839370647842	645676338818	807565612168	960504161139	039063960162	022153684941	092605387688
714837989559	999112099164	646441191856	827700457424	343402167227	644558933012	778158686952
506949936461	017568506016	714535431581	480105458860	564550133203	758645485840	324029871709
348091055621	167154684847	780394475697	980426318099	175642280987	399876697323	769573701580
806822904599	212366168902	596273043067	931653114940	176473769387	351409336183	321614280214
976339918983	548487562529	875242387307	755955595546	519639440182	184099841248	982623673771
467226061633	643296406335	728107078875	816404381485	018841143188	598827694490	119321296827
158884133869	434682859006	664080631407	775772570563	072940049294	030242049841	656547973670
548558044586	572022763784	046682337985	282710578431	975354179501	134727362577	408021347682
604502285157	979579764746	702284099956	160156910890	384582450267	926594205550	395879229818
526480070683	765041836562	094555434613	513415257006	597488191634	135955671964	965403218727
160264859304	903978748958	906612725079	482827693895	352175362185	079629778514	618843271922
322381015874	445052866523	802253284389	137527384589	238442253547	265309817157	844783421582
232702069028	723233005386	216347988509	469547200479	523112015043	293226628272	763217790884
008786148022	147537657810	581970222630	971749507212	724847947816	957296142365	859578209083
073323356034	846531873029	302665964501	371837542889	755797144992	465403868179	921389346924
474198509733	462679332107	268687076806	263991936196	504409954216	762784091466	985692571507
431574079380	532392523947	755744159184	582156251819	215523370960	748332923492	103451462643
744980559610	330799414534	778457469999	212859999939	961228161521	931488876938	802228108300
198601654941	654261696858	678837260958	774567618250	727599295089	318052187292	461086763995
891614585505	839727420980	909781729323	930106766386	824040111304	024700735085	782872462713
494636853181	546969046696	869392547251	941399291465	242385776255	004748529547	681479546700
705034799958	886769501612	497228204030	399546327883	069597624936	151010243655	535223069061
294938859901	573466102371	223547891129	254769617600	504797492806	072126803922	691102777226
102544149221	576504508120	677173571202	718024296810	620377657883	716690910941	807448781404
907551782038	565390991047	759414132154	328440625030	180275716965	082096427348	414695726397
884256008453	121406593580	904127113592	004197598513	625479616063	228873618136	737324450607
924411763997	597461938358	457491598809	766744709300	654634242346	063423747466	608043170126
005205592849	369594143408	146852981505	394717890045	183575515412	522359059068	726487863575
254191128887	737176637486	027660634960	353679470269	232297186832	771739323619	200777452212
624751869833	495151019864	269887847171	939664976907	082521742336	566272592844	062043021411
371992278526	998469884770	232382384005	565551788908	766136013047	709843861168	705231055314
916251728373	272867600724	817298763756	981633541507	460883866364	069347043720	668865127568
826614973078	865701568501	691864748854	167915459650	723428773069	985371390430	026653078398
776385032381	821553559732	353068604301	067576083890	862704984188	859513809103	042359578249
514398859011	318583584066	747237029714	978508414585	308578133915	627076035639	076394731145
549583226694	570249413983	163433237897	595568085683	629725386791	327505554252	449194358912
840504522695	381217913191	451350099384	631177401797	151228378546	011603595540	286440590249
646693070776	905548102885	020808580087	811577381719	174177601733	073855475800	605601433774
329901272867	725304318251	975791679296	996504146070	664571258883	469797964293	162296552016
879730003564	630457930884	032748077181	155533090988	702550520768	046303460865	816539487695
196004408482	065967379473	168086415645	650530049881	616490578831	154345485052	660069823093
157776500378	070466126470	602145750579	327096204782	561524714591	896522360839	664562410519
551052235723	973951288181	640597859142	791481654263	289200428160	913693777372	229998332708
208296995573	772737566761	552711392258	805520189887	620114168005	468736558063	347160373429
170390798639	652296131280	178267971728	982293607028	806908776866	059325274637	840539769184
808204102194	471971386925	608416245112	398062011318	454124478205	011079876071	715568315407
886543904121	087303240201	068534194723	047666672174	986986854707	678120512473	679247919315
085644477537	985379973223	445612278584	329684664751	333657369238	720146472367	942787004250
325558992688	434959287612	400755875694	641370562514	001179713316	620715371543	600687647731
867558714878	398908107429	530941060596	944315847753	970094398839	491443235366	853920994687
964506653398	573888786614	762944341401	049888993160	051207678103	588611660202	961193639682
134960750111	649832785635	316145168457	695687109002	999769841263	266502347716	728657378579
085746646077	228341540311	441529418804	782543876177	079043000156	698677679576	090996693607
559496515273	634981189641	304331166277	471233881740	603731743970	540670310967	676574869535
878967003192	586625941051	053358438465	602339179674	926784476370	847497833365	557900738419
147319886271	352595462518	160434225372	996286326749	682405806029	642114638643	686422472488
728343417044	157348248183	330164056695	966886676956	349141632842	641497453334	999948000266

998758881593 507357815195 889900539512 085351035726 137364034367 534714104836 017546488300
407846416745 216737190483 109676711344 349481926268 111073994825 060739495073 503169019731
852119552635 632584339099 822498624067 031076831844 660729124874 754031617969 941139738776
589986855417 031884778867 592902607004 321266617919 223520938227 878880988633 599116081923
535557046463 491132085918 979613279131 975649097600 013996234445 535014346426 860464495862
476909434704 829329414041 114654092398 834443515913 320107739441 118407410768 498106634724
104823935827 401944935665 161088463125 678529776973 468430306146 241803585293 315973458303
845541033701 091676776374 276210213701 354854450926 307190114731 848574923318 167207213727
935567952844 392548156091 372812840633 303937356242 001604566455 741458816605 216660873874
804724339121 295587776390 696903707882 852775389405 246075849623 157436917113 176134783882
719416860662 572103685132 156647800147 675231039357 860689611125 996028183930 954870905907
386135191459 181951029732 787557104972 901148717189 718004696169 777001791391 961379141716
270701895846 921434369676 292745910994 006008498356 842520191559 370370101104 974733949387
788598941743 303178534870 760322198297 057975119144 051099423588 303454635349 234982688362
404332726741 554030161950 568065418093 940998202060 999414021689 090070821330 723089662119
775530665918 814119157783 627292746156 185710372172 471009521423 696483086410 259288745799
932237495519 122195190342 445230753513 380685680735 446499512720 317448719540 397610730806
026990625807 602029273145 525207807991 418429063884 437349968145 827337207266 391767020118
300464819000 241308350884 658415214899 127610651374 153943565721 139032857491 876909441370
209051703148 777346165287 984823533829 726013611098 451484182380 812054099612 527458088109
948697221612 852489742555 551607637167 505489617301 680961380381 191436114399 210638005083
214098760459 930932485102 516829446726 066613815174 571255975495 358023998314 698220361338
082849935670 557552471290 274539776214 049318201465 800802156653 606776550878 380430413431
059180460680 083459113664 083488740800 574127258670 479225831912 741573908091 438313845642
415094084913 391809684025 116399193685 322555733896 695374902662 092326131885 589158083245
557194845387 562878612885 900410600607 374650140262 782402734696 252821717494 158233174923
968353013617 865367376064 216677813773 995100658952 887742766263 684183068019 080460984980
946976366733 566228291513 235278880615 776827815958 866918023894 033307644191 240341202231
636857786035 727694154177 882643523813 190502808701 857504704631 293335375728 538660588890
458311145077 394293520199 432197117164 223500564404 297989208159 430716701985 746927384865
383343614579 463417592257 389858800169 801475742054 299580124295 810545651083 104629728293
758416116253 256251657249 807849209989 799062003593 650993472158 296517413579 849104711166
079158743698 654122234834 188772292944 633517865385 673196255985 202607294767 407261676714
557364981210 567771689348 491766077170 527718760119 990814411305 864557791052 568430481144
026193840232 247093924980 293355073184 589035539713 308844617410 795916251171 486487446861
124760542867 343670904667 846867027409 188101424971 114965781772 427934707021 668829561087
779440504843 752844337510 882826477197 854000650970 403302186255 614733211777 117441335028
160884035178 145254196432 030957601869 464908868154 528562134698 835544456024 955666843660
292219512483 091060537720 198021831010 327041783866 544718126039 719068846237 085751808003
532704718565 949947612424 811099928867 915896904956 394762460842 406593094862 150769031498
702067353384 834955083636 601784877106 080980426924 713241000946 401437360326 564518456679
245666955100 150229833079 849607994988 249706172367 449361226222 961790814311 414660941234
159359309585 407913908720 832273354957 208075716517 187659944985 693795623875 551617575438
091780528029 464200447215 396280746360 211329425591 600257073562 812638733106 005891065245
708024474937 543184149401 482119996276 453106800663 118382376163 966318093144 467129861552
759820145141 027560068929 750246304017 351489194576 360789352855 505317331416 457050499644
389093630843 874484783961 684051845273 288403234520 247056851646 571647713932 377551729479
512613239822 960239454857 975458651745 878771331813 875295980941 217422730035 229650808917
770506825924 882232215493 804837145478 164721397682 096332050830 564792048208 592047549985
732038887639 160199524091 893894557676 874973085695 595801065952 650303626615 975066222508
406742889826 590751063756 356996821151 094966974458 054728869363 102036782325 018232370845
979011154847 208761821247 781326633041 207621658731 297081123075 815982124863 980721240786
887811450165 582513617890 307086087019 897588980745 664395515741 536319319198 107057533663
373803827215 279884935039 748001589051 942087971130 805123393322 190346624991 716915094854
140187106035 460379464337 900589095772 118080446574 396280618671 786101715674 096766208029
576657705129 120990794430 463289294730 615951043090 222143937184 956063405618 934251305726
829146578329 334052463502 892917547087 256484260034 962961165413 823007731332 729830500160
256724014185 152041890701 154288579920 812198449315 699905918201 181973350012 618772803681
248199587707 020753240636 125931343859 554254778196 114293516356 122349666152 261473539967
405158499860 355295332924 575238881013 620234762466 905581643896 786309762736 550472434864
307121849437 348530060638 764456627218 666170123812 771562137974 614986132874 411771455244
470899714452 288566294244 023018479120 547849857452 163469644897 389206240194 351831008828
348024924908 540307786387 516591130287 395878709810 077271827187 452901397283 661484214287
170553179654 307650453432 460053636147 261818096997 693348626407 743519992868 632383508875
668359509726 557481543194 019557685043 724800102041 374983187225 967738715495 839971844490
727914196584 593008394263 702087563539 821696205532 480321226749 891140267852 859967340524
203109179789 990571882194 939132075343 170798002373 659098537552 023891164346 718558290685
371189795262 623449248339 249634244971 465684659124 891855662958 932990903523 923333364743
520370770101 084388003290 759834217018 554228386161 721041760301 164591878053 936744747205

998502358289 183369292233 732399948043 710841965947 316265482574 809948250999 183300697656
936715968936 449334886474 421350084070 066088359723 503953234017 958255703601 693699098867
113210979889 707051728075 585519126993 067309925070 407024556850 778679069476 612629808225
163313639952 117098452809 263037592242 674257559989 289278370474 445218936320 348941552104
459726188380 030067761793 138139916205 806270165102 445886924764 924689192461 212531027573
139084047000 714356136231 699237169484 813255420091 453041037135 453296620639 210547982439
212517254013 231490274058 589206321758 949434548906 846399313757 091034633271 415316223280
552297297953 801880162859 073572955416 278867649827 418616421878 988574107164 906919185116
281528548679 417363890665 388576422915 834250067361 245384916067 413734017357 277995634104
332688356950 781493137800 736235418007 061918026732 855119194267 609122103598 746924117283
749312616339 500123959924 050845437569 850795704622 266461900010 350049018303 415354584283
376437811198 855631877779 253720116671 853954183598 443830520376 281944076159 410682071697
030228515225 057312609304 689842343315 273213136121 658280807521 263154773060 442377475350
595228717440 266638914881 717308643611 138906942027 908814311944 879941715404 210341219084
709408025402 393294294549 387864023051 292711909751 353600092197 110541209668 311151632870
542302847007 312065803262 641711616595 761327235156 666253667271 899853419989 523688483099
930275741991 646384142707 798870887422 927705389122 717248632202 889842512528 721782603050
099451082478 357290569198 855546788607 946280537122 704246654319 214528176074 148240382783
582971930101 788834567416 781139895475 044833931468 963076339665 722672704339 321674542182
455706252479 721997866854 279897799233 957905758189 062252547358 220523642485 078340711014
498047872669 199018643882 293230538231 855973286978 092225352959 101734140733 488476100556
401824239219 269506208318 381454698392 366461363989 101210217709 597670490830 508185470419
466437131229 969235889538 493013635657 618610606222 870559942337 163102127845 744646398973
818856674626 087948201864 748767272722 206267646533 809980196688 368099415907 577685263986
514625333631 245053640261 056960551318 381317426118 442018908885 319635698696 279503673842
431301133175 330532980201 668881748134 298868158557 781034323175 306478498321 062971842518
438553442762 012823457071 698853051832 617964117857 960888815032 960229070561 447622091509
473903594664 691623539680 920139457817 589108893199 211226007392 814916948161 527384273626
429809823406 320024402449 589445612916 704950823581 248739179964 864113348032 475777521970
893277226234 948601504665 268143987705 161531702669 692970492831 628550421289 814670619533
197026950721 437823047687 528028735412 616639170824 592517001071 418085480063 692325946201
900227808740 985977192180 515853214739 265325155903 541020928466 592529991435 379182531454
529059841581 763705892790 690989691116 438118780943 537152133226 144362531449 012745477269
573939348154 691631162492 887357471882 407150399500 944673195431 619385548520 766573882513
963916357672 315100555603 726339486720 820780865373 494244011579 966750736071 115935133195
919712094896 471755302453 136477094209 463569698222 667377520994 516845064362 382421185353
488798939567 318780660610 788544000550 827657030558 744854180577 889171920788 142335113866
292966717964 346876007704 799953788338 787034871802 184243734211 227394025571 769081960309
201824018842 705704609262 256417837526 526335832424 066125331152 942345796556 950250681001
831090041124 537901533296 615697052237 921032570693 705109083078 947999900499 939532215362
274847660361 367769797856 738658467093 667958858378 879562594646 489137665219 958828693380
183601193236 857855855819 555604215625 088365020332 202451376215 820461810670 519533065306
060650105488 716724537794 283133887163 139559690583 208341689847 606560711834 713621812324
622725884199 028614208728 495687963932 546428534307 530110528571 382964370999 035694888528
519040295604 734613113826 387889755178 856042499874 831638280404 684861893818 959054203988
987265069762 020199554841 265000539442 820393012748 163815853039 643992547020 167275932857
436666164411 096256633730 540921951967 514832873480 895747777527 834422109107 311135182804
603634719818 565557295714 474768255285 786334934285 842311874944 000322969069 775831590385
803935352135 886007960034 209754739229 673331064939 560181223781 285458431760 556173386112
673478074585 067606304822 940965304111 830667108189 303110887172 816751957967 534718853722
930961614320 400638132246 584111115775 835858113501 856904781536 893813771847 281475199835
050478129771 859908470762 197460588742 325699582889 253504193795 826061621184 236876851141
831606831586 799460165205 774052942305 360178031335 726326705479 033840125730 591233960188
013782542192 709476733719 198728738524 805742124892 118347087662 966720727232 565056512933
312605950577 772754247124 164831283298 207236175057 467387012820 957554430596 839555568686
118839713552 208445285264 008125202766 555767749596 962661260456 524568408613 923826576858
338469849977 872670655519 185446869846 947849573462 260629421962 455708537127 277652309895
545019303773 216664918257 815467729200 521266714346 320963789185 232321501897 612603437368
406719419303 774688099929 687758244104 787812326625 318184596045 385354383911 449677531286
426092521153 767325886672 260404252349 108702695809 964759580579 466397341906 401003636190
404203311357 933654242630 356145700901 124480089002 080147805660 371015412232 889146572239
314507607167 064355682743 774396578906 797268743847 307634645167 756210309860 409271709095
128086309029 738504452718 289274968921 210667008164 858339553773 591913695015 316201890888
748421079870 689911480466 927065094076 204650277252 865072890532 854856143316 081269300569
378541786109 696920253886 503457718317 668688592368 148847527649 846882194973 972970773718
718840041432 312763650481 453112285099 002074240925 585925292610 302106736815 434701525234
878635164397 623586041919 412969769040 526483234700 991115424260 127343802208 933109668636
789869497799 400126016422 760926082349 304118064382 913834735467 972539926233 879158299848
645927173405 922562074910 530853153718 291168163721 939518870095 778818158685 046450769934

394098743351 443162633031 724774748689 791820923948 083314397084 067308407958 935810896656
477585990556 376952523265 361442478023 082681183103 773588708924 061303133647 737101162821
461466167940 409051861526 036009252194 721889091810 733587196414 214447865489 952858234394
705007983038 853886083103 571930600277 119455802191 194289992272 235345870756 624692617766
317885514435 021828702668 561066500353 105021631820 601760921798 468493686316 129372795187
307897263735 371715025637 873357977180 818487845886 650433582437 700414771041 493492743845
758710715973 155943942641 257027096512 510811554824 793940359768 118811728247 215825010949
609662539339 538092219559 191818855267 806214992317 276316321833 989693807561 685591175299
845013206712 939240414459 386239880938 124045219148 483164621014 738918251010 909677386906
640415897361 047643650006 807710565671 848628149637 111883219244 566394581449 148616550049
567698269030 891118568798 692947051352 481609174324 301538368470 729289898284 602223730145
265567989862 776796809146 979837826876 431159883210 904371561129 976652153963 546442086919
756737000573 876497843768 628768179249 746943842746 525631632300 555130417422 734164645512
781278457777 245752038654 375428282567 141288583454 443513256205 446424101103 795546419058
116862305964 476958705407 214198521210 673433241075 676757581845 699069304604 752277016700
568454396923 404171108988 899341635058 515788735343 081552081177 207188037910 404698306957
868547393765 643363197978 680367187307 969392423632 144845035477 631567025539 006542311792
015346497792 906624150832 885839529054 263768766896 880503331722 780018588506 973623240389
470047189761 934734430843 744375992503 417880797223 585913424581 314404984770 173236169471
976571535319 775499716278 566311904691 260918259124 989036765417 697990362375 528652637573
376352696934 435440047306 719886890196 814742876779 086697968852 250163694985 673021752313
252926537589 641517147955 953878427849 986645630287 883196209983 049451987439 636907068276
265748581043 911223261879 405994155406 327013198989 570376110532 360629867480 377915376751
158304320849 872092028092 975264981256 916342500052 290887264692 528466610466 539217148208
013050229805 263783642695 973370705392 278915351056 888393811324 975707133102 950443034671
598944878684 711643832805 069250776627 450012200352 620370946602 341464899839 025258883014
867816219677 519458316771 876275720050 543979441245 990077115205 154619930509 838698254284
640725554092 740313257163 264079293418 334214709041 254253352324 802193227707 535554679587
163835875018 159338717423 606155117101 312352563348 582036514614 187004920570 437201826173
319471570086 757853933607 862273955818 579758725874 410254207710 547536129404 746010009409
544495966288 148691590389 907186598056 361713769222 729076419775 517772010427 649694961105
622059250242 021770426962 215495872645 398922769766 031052498085 575947163107 587013320886
146326641259 114863388122 028444069416 948826152957 762532501987 035987067438 046982194205
638125583343 642194923227 593722128905 642094308235 254408411086 454536940496 927149400331
978286131818 618881111840 825786592875 742638445005 994422956858 646048103301 538891149948
693543603022 181094346676 400002236255 057363129462 629609619876 056425996394 613869233083
719626595473 923462413459 779574852464 783798079569 319865081597 767535055391 899115133525
229873611277 918274854200 868953965835 942196333150 286956119201 229888988700 607999279541
118826902307 891310760361 763477948943 203210277335 941690865007 193280401716 384064498787
175375678118 532132840821 657110754952 829497493621 460821558320 568723218557 406516109627
487437509809 223021160998 263303391546 949464449100 451528092508 974507489676 032409076898
365294065792 019831526541 065813682379 198409064571 246894847020 935776119313 998024681340
520039478194 986620262400 890215016616 381353838151 503773502296 607462795291 038406868556
907015751662 419298724448 271942933100 485482445458 071889763300 323252582158 128032746796
200281476243 182862217105 435289834820 827345168018 613171959332 471107466222 850871066611
770346535283 957762599774 467218571581 612641114327 179434788599 089280848669 491413909771
673690027775 850268664654 056595039486 784111079011 610400857274 456293842549 416759460548
711723594642 910585090995 021495879311 219613590831 588262068233 215615308683 373083817327
932819698387 508708348388 046388478441 884003184712 697454370937 329836240287 519792080232
187874488287 284372737801 782700805878 241074935751 488997891173 974612932035 108143270325
140903048746 226294234432 757126008664 250833318768 865075642927 160552528954 492153765175
149219636718 104943531785 838345386525 565664065725 136357506435 323650893679 043170259787
817719031486 796384082881 020946149007 971513771709 906195496964 007086766710 233004867263
147551053723 175711432231 741141168062 286420638890 621019235522 354671166213 749969326932
173704310598 722503945657 492461697826 097025335947 502091383667 377289443869 640002811034
402608471289 900074680776 484408871134 135250336787 731679770937 277868216611 786534423173
226463784769 787514433209 534000165069 213054647689 098505020301 504488083426 184520873053
097318949291 642532293361 243151430657 826407028389 840984160295 030924189712 097160164926
561341343342 229882790992 178604267981 245728534580 133826099587 717811310216 734025656274
400729683406 619848067661 580502169183 372368039902 793160642043 681207990031 626444914619
021945822969 099212278855 394878353830 564686488165 556229431567 312827439082 645061162894
280350166133 669782405177 015521962652 272545585073 864058529983 037918035043 287670380925
216790757120 406123759632 768567484507 915114731344 000183257034 492090971243 580944790046
249431345502 890068064870 429353403743 603262582053 579011839564 908935434510 134296961754
524957396062 149028872893 279252069653 538639644322 538832752249 960598697475 988232991626
354597332444 516375533437 749292899058 117578635555 562693742691 094711700216 541171821975
051983178713 710605106379 555858890556 885288798908 475091576463 907469361988 150781468526
213325247383 765119299015 610918977792 200870579339 646382749068 069876916819 749236562422
608715417610 043060890437 797667851966 189140414492 527048088197 149880154205 778700652159

400928977760 133075684796 699295543365 613984773806 039436889588 764605498387 147896848280
538470173087 111776115966 350503997934 386933911978 988710915654 170913308260 764740630571
141109883938 809548143782 847452883836 807941888434 266622207043 872288741394 780101772139
228191199236 540551639589 347426395382 482960903690 028835932774 585506080131 798840716244
656399794827 578365019551 422155133928 197822698427 863839167971 509126241054 872570092407
004548848569 295044811073 808799654748 156891393538 094347455697 212891982717 702076661360
248958146811 913361412125 878389557735 719498631721 084439890142 394849665925 173138817160
266326193106 536653504147 307080441493 916936326237 376777709585 031325599009 576273195730
864804246770 121232702053 374266705314 244820816813 030639737873 664248367253 983748769098
060218278578 621651273856 351329014890 350988327061 725893257536 399397905572 917516009761
545904477169 226580631511 102803843601 737474215247 608515209901 615858231257 159073342173
657626714239 047827958728 150509563309 280266845893 764964977023 297364131906 098274063353
108979246424 213458374090 116939196425 045912881340 349881063540 088759682005 440836438651
661788055760 895689672753 153808194207 733259791727 843762566118 431989102500 749182908647
514979400316 070384554946 538594602745 244746681231 468794344161 099333890899 263841184742
525704457251 745932573898 956518571657 596148126602 031079762825 416559050604 247911401695
790033835657 486925280074 302562341949 828646791447 632277400552 946090394017 753633565547
193100017543 004750471914 489984104001 586794617924 161001645471 655133707407 395026044276
953855383439 755054887109 978520540117 516974758134 492607943368 954378322117 245068734423
198987884412 854206474280 973562580706 698310697993 526069339213 568588139121 480735472846
322778490808 700246777630 360555123238 665629517885 371967303463 470122293958 160679250915
321748903084 088651606111 901149844341 235012464692 802880599613 428351188471 544977127847
336176628506 216977871774 382436256571 177945006447 771837022199 910669502165 675764404499
794076503799 995484500271 066598781360 380231412683 690578319046 079276529727 769404361302
305178708054 651154246939 526512710105 292707030667 302444712597 393995051462 840476743136
373997825918 454117641332 790646063658 415292701903 027601733947 486696034869 497654175242
930604072700 505903950314 852292139257 559484507886 797792525393 176515641619 716844352436
979444735596 426063339105 512682606159 572621703669 850647328126 672452198906 054988028078
288142979633 669674412480 598219214633 956574572210 229867759974 673812606936 706913408155
941201611596 019023775352 555630060624 798326124988 128819293734 347686268921 923977783391
073310658825 681377717232 831532908252 509273304785 072497713944 833389255208 117560845296
659055394096 556854170600 117985729381 399825831929 367910039184 409928657560 599359891000
296986446097 471471847010 153128376263 114677420914 557404181590 880006494323 785583930853
082830547607 679952435739 163122188605 754967383224 319565065546 085288120190 236364471270
374863442172 725787950342 848631294491 631847534753 143504139209 610879605773 098720135248
407505763719 925365047090 858251393686 346386336804 289176710760 211115982887 553994012007
601394703366 179371539630 613986365549 221374159790 511908358829 009765664730 073387931467
891318146510 931676157582 135142486044 229244530411 316065270097 433008849903 467540551864
067734260358 340960860553 374736276093 565885310976 099423834738 222208729246 449768456057
956251676557 408841032173 134562773585 605235823638 953203853402 484227337163 912397321599
544082842166 663602329654 569470357718 487344203422 770665383738 750616921276 801576618109
542009770836 360436111059 240911788954 033802142652 394892968643 980892611463 541457153519
434285072135 345301831587 562827573389 826889852355 779929572764 522939156747 756667605108
788764845349 363606827805 056462281359 888587925994 094644604170 520447004631 513797543173
718775603981 596264750141 090665886616 218003826698 996196558058 720863972117 699521946678
985701179833 244060181157 565807428418 291061519391 763005919431 443460515404 771057005433
900018245311 773371895585 760360718286 050635647997 900413976180 895536366960 316219311325
022385179167 205518065926 351803625121 457592623836 934822266589 557699466049 193811248660
909979812857 182349400661 555219611220 720309227764 620099931524 427358948871 057662389469
388944649509 396033045434 084210246240 104872332875 008174917987 554387938738 143989423801
176270083719 605309438394 006375611645 856094312951 759771393539 607432279248 922126704580
818331376416 581826956210 587289244774 003594700926 866265965142 205063007859 200248829186
083974373235 384908396432 614700053242 354064704208 949921025040 472678105908 364400746638
002087012666 420945718170 294675227854 007450855237 772089058168 391844659282 941701828823
301497155423 523591177481 862859296760 504820386434 310877956289 292540563894 662194826871
104282816389 397571175778 691543016505 860296521745 958198887868 040811032843 273986719862
130620555985 526603640504 628215230615 459447448990 883908199973 874745296981 077620148713
400012253552 224669540931 521311533791 579802697955 571050850747 387475075806 876537644578
252443263804 614304288923 593485296105 826938210349 800040524840 708440356116 781717051281
337880570564 345061611933 042444079826 037795119854 869455915205 196009304127 100727784930
155503889536 033826192934 379708187432 094991415959 339636811062 755729527800 425486306005
452383915106 899891357882 001941178653 568214911852 820785213012 551851849371 150342215954
224451190020 739353962740 020811046553 020793286725 474054365271 759589350071 633607632161
472581540764 205302004534 018357233829 266191530835 409512022632 916505442612 361919705161
383935732669 376015691442 994494374485 680977569630 312958871916 112929468188 493633864739
274760122696 415884890096 571708616059 814720446742 866420876533 479985822209 061980217321
161423041947 775499073873 856794118982 466091309169 177227420723 336763503267 834058630193
019324299639 720444517928 812285447821 195353089891 012534297552 472763573022 628138209180
743974867145 359077863353 016082155991 131414420509 144729353502 223081719366 350934686585

865631485557 586244781862 010871188976 065296989926 932817870557 643514338206 014107732926
106343152533 718224338526 352021773544 071528189813 769875515757 454693972715 048846979361
950047772097 056179391382 898984532742 622728864710 888327017372 325881824465 843624958059
256033810521 560620615571 329915608489 206434030339 526226345145 428367869828 807425142256
745180618414 956468611163 540497189768 215422772247 947403357152 743681940989 205011365340
012384671429 655186734415 374161504256 325671343024 765512521921 803578016924 032669954174
608759240920 700466934039 651017813485 783569444076 047023254075 555776472845 075182689041
829396611331 016013111907 739863246277 821902365066 037404160672 496249013743 321724645409
741299557052 914243820807 609836482346 597388669134 991978401310 801558134397 919485283043
673901248208 244481412809 544377389832 005986490915 950532285791 457688496257 866588599917
986752055455 809900455646 117875524937 012455321717 019428288461 740273664997 847550829422
802023290122 163010230977 215156944642 790980219082 668986883426 307160920791 408519769523
555348865774 342527753119 724743087304 361951139611 908003025587 838764420608 504473063129
927788894272 918972716989 057592524467 966018970748 296094919064 876469370275 077386643239
191904225429 023531892337 729316673608 699622803255 718530891928 440380507103 006477684786
324319100022 392978525537 237556621364 474009676053 943983823576 460699246526 008909062410
590421545392 790441152958 034533450025 624410100635 953003959886 446616959562 635187806068
851372346270 799732723313 469397145628 554261546765 063246567662 027924520858 134771760852
169134094652 030767339184 114750414016 892412131982 688156866456 148538028753 933116023229
255561894104 299533564009 578649534093 511526645402 441877594931 693056044868 642086275720
117231952640 502309977456 764783848897 346431721598 062678767183 800524769688 408498918508
614900343240 347674268624 595239589035 858213500645 099817824463 608731775437 885967767291
952611121385 919472545140 030118050343 787527766440 276261894101 757687268042 817662386068
047788524288 743025914524 707395054652 513533945959 878961977891 104189029294 381856720507
096460626354 173294464957 661265195349 570186001541 262396228641 389779673332 907056737696
215649818450 684226369036 784955597002 607986799626 101903933126 376855696876 702929537116
252800554310 078640872893 922571451248 113577862766 490242516199 027747109033 593330930494
838059785662 884478744146 984149906712 376478958226 329490467981 208998485716 357108783119
184863025450 162092980582 920833481363 840542172005 612198935366 937133673339 246441612522
319694347120 641737549121 635700857369 439730597970 971972666664 226743111776 217640306868
131035189911 227133972403 688700099686 292254646500 638528862039 380050477827 691283560337
254825579391 298525150682 996910775425 764748832534 141213280062 671709400909 822352965795
799780301828 242849022147 074811112401 860761341515 038756983091 865278065889 668236252393
784527263453 042041880250 844236319038 331838455052 236799235775 292910692504 326144695010
986108889991 465855188187 358252816430 252093928525 807796973762 084563748211 443398816271
003170315133 440230952635 192958868069 082135585368 016100021374 085115448491 268584126869
589917414913 382057849280 069825519574 020181810564 129725083607 035685105533 178784082900
004155251186 577945396331 753853209214 972052660783 126028196116 485809868458 752512999740
409279768317 663991465538 610893758795 221497173172 813151793290 443112181587 102351874075
722210012376 872194474720 934931232410 706508061856 237252673254 073332487575 448296757345
001932190219 911996079798 937338367324 257610393898 534927877747 398050808001 554476406105
352220232540 944356771879 456543040673 589649101761 077594836454 082348613025 471847648518
957583667439 979150851285 802060782055 446299172320 202822291488 695939972997 429747115537
185892423849 385585859540 743810488262 464878805330 427146301194 158989632879 267832732245
610385219701 113046658710 050008328517 731177648973 523092666123 458887310288 351562644602
367199664455 472760831011 878838915114 934093934475 007302585581 475619088139 875235781233
134227986650 352272536717 123075686104 500454897036 007956982762 639234410714 658489578024
140815840522 953693749971 066559489445 924628661996 355635065262 340533943914 211127181069
105229002465 742360413009 369188925586 578466846121 567955425660 541600507127 664176605687
427420032957 716064344860 620123982169 827172319782 681662824993 871499544913 730205184366
907672357740 005393266262 276032365975 171892590180 110429038427 418550789488 743883270306
328327996300 720069801224 436511639408 692222074532 024462412115 580435454206 421512158505
689615735641 431306888344 318528085397 592773443365 538418834030 351782294625 370201578215
737326552318 576355409895 403323638231 921989217117 744946940367 829618592080 340386757583
411151882417 743914507736 638407188048 935825686854 201164503135 763335550944 031923672034
865101056104 987272647213 198654343545 040913185951 314518127643 731043897250 700498198705
217627249406 521461995923 214231443977 654670835171 474936798618 655279171582 408065106379
950018429593 879915835017 158075988378 496225739851 212981032637 937621832245 659423668537
679911314010 804313973233 544909082491 049914332584 329882103398 469814171575 601082970658
306521134707 680368069532 297199059990 445120908727 577622535104 090239288877 942463048328
031913271049 547859918019 696783532146 444118926063 152661816744 319355081708 187547705080
265402529410 921826485821 385752668815 558411319856 002213515888 721036569608 751506318753
300294211868 222189377554 602722729129 050429225978 771066787384 000061677215 463844129237
119352182849 982435092089 180168557279 815642185819 119749098573 057033266764 646072875743
056537260276 898237325974 508447964954 564803077159 815395582777 913937360171 742299602735
310276871944 944491793978 514463159731 443535185049 141394155732 938204854212 350817391254
974981930871 439661513294 204591938010 623142177419 918406018034 794988769105 155790555480
695387854006 645337598186 284641990522 045280330626 369562649091 082762711590 385699505124
652999606285 544383833032 763859980079 292284665950 355121124528 408751622906 026201185777

531374794936 205549640107 300134885315 073548735390 560290893352 640071327473 262196031177
343394367338 575912450814 933573691166 454128178817 145402305475 066713651825 828489809951
213919399563 324133655677 709800308191 027204099714 868741813466 700609405102 146269028044
915964654533 010775469541 308871416531 254481306119 240782118869 005602778182 423502269618
934435254763 357353648561 936325441775 661398170393 063287216690 572225974520 919291726219
984440964615 826945638023 950283712168 644656178523 556516412771 282691868861 557271620147
493405227694 659571219831 494338162211 400693630743 044417328478 610177774383 797703723179
525543410722 344551255558 999864618387 676490397246 116795901810 003509892864 120419516355
110876320426 761297982652 942588295114 127584126273 279079880755 975185157684 126474220947
972184330935 297266521001 566251455299 474512763155 091763673025 946213293019 040283795424
632325855030 109670692272 022707486341 900543830265 068121414213 505715417505 750863990767
394633514620 908288893493 837643939925 690060406731 142209331219 593620298297 235116325938
677224147791 162957278075 239505625158 160313335938 231150051862 689053065836 812998810866
326327198061 127154885879 809348791291 370749823057 592909186293 919501472119 758606727009
254771802575 033773079939 713453953264 619526999659 638565491759 045833358579 910201271320
458390320085 387888163363 768518208372 788513117522 776960978796 214237216254 521459128183
179821604411 131167140691 482717098101 545778193920 231156387195 080502467972 579249760577
262591332855 972637121120 190572077140 914864507409 492671803581 515757151405 039761096384
675556929897 038354731410 022380258346 876735012977 541327953206 097115450648 421218593649
099791776687 477448188287 063231551586 503289816422 828823274686 610659273219 790716238464
215348985247 621678905026 099804526648 392954235728 734397768049 577409144953 839157556548
545905897649 519851380100 795801078375 994577529919 670054760225 255203445398 871253878017
196071816407 812484784725 791240782454 436168234523 957068951427 226975043187 363326301110
305342333582 160933319121 880660826834 142891041517 324721605335 584999322454 873077882290
525232423486 153152097693 846104258284 971496347534 183756200301 491570327968 530186863157
248840152663 983568956363 465743532178 349319982554 211730846774 529708583950 761645822963
032442432823 773745051702 856069806788 952176819815 671078163340 526675953942 492628075696
832610749532 339053622309 080708145591 983735537774 874202903901 814293731152 933464446815
121294509759 653430628421 531944572711 861490001765 055817709530 246887526325 011970520947
615941676872 778447200019 278913725184 162285778379 228443908430 118112149636 642465903363
419454065718 354477191244 662125939265 662030688852 005559912123 536371822692 253178145879
259375044144 893398160865 790087616502 463519704582 889548179375 668104647461 410514249887
025213993687 050937230544 773411264135 489280684105 910771667782 123833281026 218558775131
272117934444 820144042574 508306394473 836379390628 300897330624 138061458941 422769474793
166571762318 247216835067 807648757342 049155762821 758397297513 447899069658 953254894033
561561316740 327647246921 250575911625 152965456854 463349811431 767025729566 184477548746
937846423373 723898192066 204851189437 886822480727 935202250179 654534375727 416391079197
295295081294 292220534771 730418447791 567399173841 831171036252 439571615271 466900581470
000263301045 264354786590 329073320546 833887207873 544476264792 529769017091 200787418373
673508771337 697768349634 425241994995 138831507487 753743384945 825976556099 655595431804
092017849718 468549737069 621208852437 701385375768 141663272241 263442398215 294164537800
049250726276 515078908507 126599703670 872669276430 837722968598 516912230503 746274431085
293430527307 886528397733 524601746352 770320593817 912539691562 106363762588 293757137384
075440646896 478310070458 061344673127 159119460843 593582598778 283526653115 106504162329
532904777217 408355934972 375855213804 830509000964 667608830154 061282430874 064559443185
341375522016 630581211103 345312074508 682433943215 904359443031 243122747138 584203039010
607094031523 555617276799 416002039397 509989762933 532585557562 480899669182 986422267750
236019325797 472674257821 111973470940 235745722227 121252685238 429587427350 156366009318
804549333898 974157149054 418255973808 087156528143 010267046028 431681923039 253529779576
586241439270 154974087927 313105163611 913757700892 956482332364 829826302460 797587576774
537716010249 080462430185 652416175665 560016085912 153455626760 219268998285 537787258314
514408265458 348440947846 317877737479 465358016996 077940556870 119232860804 113090462935
087182712593 466871276669 487389982459 852778649956 916546402945 893506496433 580982476596
516514209098 675520380830 920323048734 270346828875 160407154665 383461961122 301375945157
925269674364 253192739003 603860823645 076269882749 761872357547 676288995075 211480485252
795084503395 857083813047 693788132112 367428131948 795022806632 017002246033 198967197064
916374117585 485187848401 205484467258 885140156272 501982171906 696081262778 548596481836
962141072171 421498636191 877475450965 030895709947 093433785698 167446582826 791194061195
603784539785 583924076127 634410576675 102430755981 455278616781 594965706255 975507430652
108530159790 807334373607 943286675789 053348366955 548680391343 372015649883 422089339997
164147974693 869690548008 919306713805 717150585730 714881564992 071408675825 960287605645
978242377024 246980532805 663278704192 676846711626 687946348695 046450742021 937394525926
266861355294 062478136120 620263649819 999949840514 386828525895 634226432870 766329930489
172340072547 176418868535 137233266787 792173834754 148002280339 299735793615 241275582956
927683723123 479898944627 433045456679 006203242051 639628258844 308543830720 149567210646
053323853720 314324211260 742448584509 458049408182 092763914000 854042202355 626021856434
899414543995 041098059181 794888262805 206644108631 900168856815 516922948620 301073889718
100770929059 048074909242 714101893354 281842999598 816966099383 696164438152 887721408526
808875748829 325873580990 567075581701 794916190611 400190855374 488272620093 668560447559

655747648567 400817738170 330738030547 697360978654 385938218722 058390234444 350886749986
650604064587 434600533182 743629617786 251808189314 436325120510 709469081358 644051922951
293245007883 339878842933 934243512634 336520438581 291283434529 730865290978 330067126179
813031679438 553572629699 874035957045 845223085639 009891317947 594875212639 707837594486
113945196028 675121056163 897600888009 274611586080 020780334159 145179707303 683519697776
607637378533 301202412011 204698860920 933908536577 322239241244 905153278095 095586645947
763448226998 607481329730 263097502881 210351772312 446509534965 369309001863 776409409434
983731325132 186208021480 992268550294 845466181471 555744470966 953017769043 427203189277
060471778452 793916047228 153437980353 967986142437 095668322149 146543801459 382927739339
603275404800 955223181666 738035718393 275707714204 672383862461 780397629237 713120958078
936384144792 980258806552 212926209362 393063731349 664018661951 081158347117 331202580586
672763999276 357907806381 881306915636 627412543125 958993611964 762610140556 350339952314
032311381965 623632719896 183725484533 370206256346 422395276694 356837676136 871196292181
875457608161 705303159072 882870071231 366630872275 491866139577 373054606599 743781098764
980241401124 214277366808 275139095931 340415582626 678951084677 611866595766 016599817808
941498575497 628438785610 026379654317 831363402513 581416115190 209649913354 873313111502
270068193013 592959597164 019719605362 503355847998 096348871803 911161281359 596856547886
832585643789 617315976200 241962155289 629790481982 219946226948 713746244472 909345647002
853769495885 959160678928 249105441251 599630078136 836749020937 491573289627 002865682934
443134234735 123929825916 673950342599 586897069726 733258273590 312128874666 045146148785
034614282776 599160809039 865257571726 308183349444 182019353338 507129234577 437557934406
217871133006 310600332405 399169368260 374617663856 575887758020 122936635327 026710068126
182517291460 820254189288 593524449107 013820621155 382779356529 691457650204 864328286555
793470720963 480737269214 118689546732 276775133569 019015372366 903686538916 129168888787
640752549349 424973342718 117889275993 159671935475 898809792452 526236365903 632007085444
078454479734 829180208204 492667063442 043755532505 052752283377 888704080403 353192340768
563010934777 212563908864 041310107381 785333831603 813528082811 904083256440 184205374679
299262203769 871801806112 262449090924 264198582086 175117711378 905160914038 157500336642
415609521632 819712233502 316742260056 794128140621 721964184270 578432895980 288233505982
820819666624 903585778994 033315227481 777695284368 163008853176 969478369058 067106482808
359804669884 109813515865 490693331952 239436328792 399053481098 783027450017 206543369906
611778455436 468772363184 446476806914 282800455107 468664539280 539940910875 493916609573
161971503316 696830992946 634914279878 084225722069 714887558063 748030886299 511847318712
477729191007 022758889348 693945628951 580296537215 040960310776 128983126358 996489341024
703603664505 868728758905 140684123812 424738638542 790828273382 797332688550 493587430316
027474906312 957234974261 122151741715 313361862241 091386950068 883589896234 927631731647
834007746088 665559873338 211382992877 691149549218 419208777160 606847287467 368188616750
722101726110 383067178785 669481294878 504894306308 616994879870 316051588410 828235127415
353851336589 533294862949 449506186851 477910580469 603906937266 267038651290 520113781085
861618888694 795760741358 553458515176 805197333443 349523012039 577073962377 131603024288
720053732099 825300897761 897312981788 194467173116 064723147624 845755192873 278282512718
244680782421 521646956781 929409823892 628494376024 885227900362 021938669648 221562809360
537317804086 372726842669 642192994681 921490870170 753336109479 138180406328 738759384826
953558307739 576144799727 000347288018 278528138950 321798634521 611106660883 931405322694
490545552786 789441757920 244002145078 019209980446 138254780585 804844241640 477503153605
490659143007 815837243012 313751156228 401583864427 089071828481 675752712384 678245953433
444962201009 607105137060 846180118754 312072549133 499424761711 563332140893 460915656155
060031738421 870157022610 310191660388 706466143889 773631878094 071152752817 468957640158
104701696524 755774089164 456867771715 850058326994 340167720215 676772406812 836656526412
298243946513 319735919970 940327593850 266955747023 181320324371 642058614103 360652453693
916005064495 306016126782 264894243739 716671766123 104897503188 573216555498 834212180284
691252908610 148552781527 762562375045 637576949773 433684601560 772703550962 904939248708
840628106794 362241870474 700836884267 102255830240 359984164595 112248527263 363264511401
739524808619 463584078375 355688562231 711552094722 306543709260 679735100056 554938122457
548372854571 179739361575 616764169289 580525729752 233855861138 832217110736 226581621884
244317885748 879810902665 379342666421 699091405653 643224930133 486798815488 662866505234
699723557473 842483059042 367714327879 231642240387 776433019260 019228477831 383763253612
102533693581 262408686669 973827597736 568222790721 583247888864 236934639616 436330873013
981421143030 600873066616 480367898409 133592629340 230432497492 688783164360 268101130957
071614191283 068657732353 263965367739 031766136131 596555358499 939860056515 592193675997
771793301974 468814837110 320650369319 289452140265 091546518430 993655349333 718342529843
367991593941 746622390038 952767381333 061774762957 494386871697 845376721949 350659087571
191772087547 710718993796 089477451265 475750187119 487073873678 589020061737 332107569330
221632062843 206567119209 695058576117 396163232621 770894542621 460985841023 781321581772
760222273813 349541048100 307327510779 994899197796 388353073444 345753297591 426376840544
226478421606 312276964696 715647399904 371590332390 656072664411 643860540483 884716191210
900870101913 072607104411 414324197679 682854788552 477947648180 295973604943 970047959604
029274629920 357209976195 014034831538 094771460105 633344699882 082212058728 151072918297
121191787642 488035467231 691654185225 672923442918 712816323259 696541354858 957713320833

991128877591 722611527337 901034136208 561457799239 877832508355 073019981845 902595835598
926055329967 377049172245 493532968330 000223018151 722657578752 405883224908 582128008974
790932610076 257877042865 600699617621 217684547899 644070506624 171021332748 679623743022
915535820078 014116534806 564748823061 500339206898 379476625503 654982280532 966286211793
062843017049 240230198571 997894883689 718304380518 217441914766 042975243725 168343541121
703863137941 142209529588 579806015293 875275379903 093887168357 209576071522 190027937929
278630363726 876582268124 199338480816 602160372215 471014300737 753779269906 958712128928
801905203160 128586182549 441335382078 488346531163 265040764242 839087012101 519423196165
226842200371 123046430067 344206474771 802135307012 409886035339 915266792387 110170622186
588357378121 093517977560 442563469499 978725112544 085452227481 091487430725 986960204027
594117894258 128188215995 235965897918 114407765335 432175759525 553615812800 116384672031
934650729680 799079396371 496177431211 940202129757 312516525376 801735910155 733815377200
195244454362 007184847566 341540744232 862106099761 324348754884 743453966598 133871746609
302053507027 195298394327 142537115576 660002578442 303107342955 153394506048 622276496668
762407932435 319299263925 373107689213 535257232108 088981933916 866827894828 117047262450
194840970097 576092098372 409007471797 334078814182 519584259809 624174761013 825264395513
525931188504 563626418830 033853965243 599741693132 289471987830 842760040136 807470390409
723847394583 489618653979 059411859931 035616843686 921948538205 578039577388 136067954990
008512325944 252972448666 676683464140 218991594456 530942344065 066785194841 776677947047
204195882204 329538032631 053749488312 218039127967 844610013972 675389219511 911783658766
252808369005 324900459741 094706877291 232821430463 533728351995 364827432583 311914445901
780960778288 358373011185 754365995898 272453192531 058811502630 754257149394 302445393187
017992360816 661130542625 399583389794 297160207033 876781503301 028012009599 725222228080
142357109476 035192554443 492998676781 789104555906 301595380976 187592035893 734197896235
893112598390 259831026719 330418921510 968915622506 965911982832 345550305908 173073519550
372166587028 805399213857 603703537710 517802128012 956684198414 036287272562 321442875430
221090947272 107347413497 551419073704 331827662617 727599688882 602722524713 368335345281
669277959132 886138176634 985772893690 096574956228 710302436259 077241221909 430087175569
262575806570 991201665962 243608024287 002454736203 639484125595 488172727247 365346778364
720191830399 871762703751 572464992228 946793232269 361917764161 461879561395 669956778306
829031658969 943076733350 823499079062 410020250613 405734430069 574547468217 569044165154
063658468046 369262127421 107539904218 871612761778 701425886482 577522388918 459952337629
237791558574 454947736129 552595222657 863646211837 759847370034 797140820699 414558071908
021359073226 923310083175 951065901912 129479540860 364075735875 020589020870 457967000705
526250581142 066390745921 527330940682 364944159089 100922029668 052332526619 891131184201
629163107689 408472356436 680818216865 721968826835 840278550078 280404345371 018365109695
178233574303 050485265373 807353107418 591770561039 739506264035 544227515610 110726177937
063472380499 066692216197 119425912044 508464174638 358993823994 651739550900 085947999013
602667426149 429006646711 506717542217 703877450767 356374215478 290591101261 915755587023
895700140511 782264698994 491790830179 547587676016 809410013583 761357859135 692445564776
446417866711 539195135769 610486492249 008344671548 638305447791 433009768048 687834818467
273375843689 272431044740 680768527862 558516509208 826381323362 314873333671 476452045087
662761495038 994950480956 046098960432 912335834885 999029452640 028499428087 862403981181
488476730121 675416110662 999555366819 312328742570 206373835202 008686369131 173346973174
121915363324 674532563087 134730279217 495622701468 732586789173 455837996435 135880095935
087755635624 881049385299 900767513551 352779241242 927748856588 856651324730 251471021057
535251651181 485090275047 684551825209 633189906852 761443513821 366215236889 057878669943
228881602837 748203550601 602989400911 971385017987 168363374413 927597364401 700701476370
665570350433 812111357641 501845182141 361982349515 960106475271 257593518530 433287553778
305750956742 544268471221 961870917856 078393614451 138333564910 325640573389 866717812397
223751931643 061701385953 947436784339 267098671245 221118969084 023632741149 660124348309
892994173803 058841716661 307304006758 838043211155 537944060549 772170594282 151488616567
277124090338 772774562909 711013488518 437411869565 544974573684 521806698291 104505800429
988795389902 780438359628 240942186055 628778842880 212755388480 372864001944 161425749990
427200959520 465417059810 498996750451 193647117277 222043610261 407975080968 697517660023
718774834801 612031023468 056711264476 612374762785 219024120256 994353471622 666089367521
983311181351 114650385489 502512065577 263614547360 442685949807 439693233129 712737715734
709971395229 118265348515 558713733662 912024271430 250376326950 135091161295 299378586468
130722648600 827088133353 819370368259 886789332123 832705329762 585738279009 782646054559
855513183668 884462826513 379849166783 940976135376 625179825824 966345877195 012438404035
914084920973 375464247448 817618407002 356958017741 017769692507 781489338667 255789856458
985105689196 092439884156 928069698335 224022563457 049731224526 935419383700 484318335719
651662672157 552419340193 309901831930 919658292096 965624766768 365964701959 575473934551
433741370876 151732367720 422738567427 917069820454 995309591887 243493952409 444167899884
631984550485 239366297207 977745281439 941825678945 779571255242 682608994086 331737153889
626288962940 211210888442 737656862452 761213037101 730078513571 540453304150 795944777614
359743780374 243664697324 713841049212 431413890357 909241603640 631403814983 148190525172
093710396402 680899483257 229795456404 270175772290 417323479607 361878788991 331830584306
939482596131 871381642346 721873084513 387721908697 510494284376 932502498165 667381626061

594176825250	999374167288	395174406693	254965340310	145222531618	900923537648	637848288134
420987004809	622717122640	748957193900	291857330746	010436072919	094576799461	492929042798
168772942648	772995285843	464777538690	695014898413	392454039414	468026362540	211861431703
125111757764	282991464453	340892097696	169909837265	236176874560	589470496817	013697490952
307208268288	789073019001	825342580534	342170592871	393173799314	241085264739	094828459641
809361413847	583113613057	610846236683	723769591349	261582451622	155213487924	414504175684
806412063652	017038633012	953277769902	311864802006	755690568229	501635493199	230591424639
621702532974	757311409422	018019936803	502649563695	586642590676	268568737211	033915679383
989576556519	317788300024	161353956243	777784080174	881937309502	069990089089	932808839743
036773659552	489130015663	329407790713	961546453408	879151030065	132193448667	324827590794
680787981942	501958262232	039513125201	410996053126	069655540424	867054998678	692302174698
900954785072	567297879476	988883109348	746442640071	818316033165	551153427615	562240547447
337804924621	495213325852	769884733626	918264917433	898782478927	846891882805	466998230368
993978341374	758702580571	634941356843	392939606819	206177333179	173820856243	643363535986
349449689078	106401967407	443658366707	158692452118	299789380407	713750129085	864657890577
142683358276	897855471768	718442772612	050926648610	205153564284	063236848180	728794071712
796682006072	755955590404	023317874944	734645476062	818954151213	916291844429	765106694796
935401686601	005519607768	733539651161	493093757096	855455938151	378956903925	101495326562
814701199832	699220006639	287537471313	523642158926	512620407288	771657835840	521964605410
543544364216	656224456504	299901025658	692727914275	293117208279	393775132610	605288123537
345106837293	989358087124	386938593438	917571337630	072031976081	660446468393	772580690923
729752348670	291691042636	926209019960	520412102407	764819031601	408586355842	760953708655
816427399534	934654631450	404019952853	725200495780	525465625115	410925243799	132626271360
909940290226	206283675213	230506518393	405745011209	934146491843	332364656937	172591448932
415900624202	061288573292	613359680872	650004562828	455757459659	212053034131	011182750130
696150983551	563200431078	460190656549	380654252522	916199181995	960275232770	224985573882
489988270746	593635576858	256051806896	428537685077	201222034792	099393617926	820659014216
561592530673	794456894907	085326356819	683186177226	824991147261	573203580764	629811624401
331673789278	868922903259	334986179702	199498192573	961767307583	441709855922	217017182571
277753449150	820527843090	461946083521	740200583867	284970941102	326695392144	546106621500
641067474020	700918991195	137646690448	126725369153	716229079138	540393756007	783515337416
774794210038	400230895185	099454877903	934612222086	506016050035	177626483161	115332558770
507354127924	990985937347	378708119425	305512143697	974991495186	053592040383	023571635272
763087469321	962219006426	088618367610	334600225547	747781364101	269190656968	649501268837
629690723396	127628722304	114181361006	026404403003	599698891994	582739762411	461374480405
969706257676	472376606554	161857469052	722923822827	518679915698	339074767114	610302277660
602006124687	647772881909	679161335401	988140275799	217416767879	923160396356	949285151363
364721954061	117176738737	255572852294	005436178517	650230754469	386930787349	911035218253
292972604455	321079788771	144989887091	151123725060	423875373484	125708606406	905205845212
275453384800	820530245045	651766951857	691320004281	675805492481	178051983264	603244579282
973012910531	838563682120	621553128866	856495651261	389226136706	409395333457	052698695969
235035309422	454386527867	767302754040	270224638448	355323991475	136344104405	009233036127
149608135549	053153902100	229959575658	370538126196	568314428605	795669662215	472169562087
001372776853	696084070483	332513279311	223250714863	020695124539	500373572334	680709465648
308920980153	487870563349	109236605755	405086411152	144148143463	043727327104	502776866195
310785832333	485784029716	092521532609	255893265560	067212435946	425506599677	177038844539
618163287961	446081778927	217183690888	012677820743	010642252463	480745430047	649288555340
906218515365	435547412547	615276977266	776977277705	831580141218	568801170502	836527554321
480348800444	297999806215	790456416195	721278450892	848980642649	742709057912	906921780729
876947797511	244730599140	605062994689	428093103421	641662993561	482813099887	074529271604
843363081840	412646963792	584309418544	221635908457	614607855856	247381493142	707826621518
554160387020	687698046174	740080832434	366538235455	510944949843	109349475994	467267366535
251766270677	219418319197	719637801570	216993367508	376005716345	464367177672	338758864340
564487156696	432104128259	564534984138	841289042068	204700761559	691684303899	934836679354
254921032811	336318472259	230555438305	820694167562	999201337317	548912203723	034907268106
853445403599	356182357631	283776764063	101312533521	214199461186	935083317658	785204711236
433122676512	996417132521	751355326186	768194233879	036546890800	182713528358	488844411176
123410117991	870923650718	485785622102	110400977699	445312179502	247957806950	653296594038
398736990724	079767904082	679400761872	954783596349	279390457697	366164340535	979221928587
057495748169	669406233427	261973351813	662606373598	257555249650	980726012366	828360592834
185584802695	841377255897	088378994291	054980033111	388460340193	916612218669	605849157148
573356828614	950001909759	112521880039	641976216355	937574371801	148055944229	873041819680
808564726571	354761283162	920044988031	540210553059	707666636274	932830891688	093235929008
178741198573	831719261672	883491840242	972129043496	552694272640	255964146352	591434840067
586769035038	232057293413	298159353304	444649682944	136732344215	838076169483	121933311981
906109614295	220153617029	857510559432	646146850545	268497576480	780800922133	581137819774
927176854507	553832876887	447459159373	116247060109	124460982942	484128752022	446259447763
874949199784	044682925736	096853454984	326653686284	448936570411	181779380644	161653122360
021491876876	946739840751	717630751684	985635920148	689294310594	020245796962	292456664488

196757629434 953532638217 161339575779 076637076456 957025973880 043841580589 433613710655
185998760075 492418721171 488929522173 772114608115 434498266547 987258005667 472405112200
738345927157 572771521858 994694811794 064446639943 237004429114 074721818022 482583773601
734668530074 498556471542 003612359339 731291445859 152288740871 950870863221 883728826282
288463184371 726190330577 714765156414 382230679184 738603914768 310814135827 575585364359
772165002827 780371342286 968878734979 509603110889 919614338666 406845069742 078770028050
936720338723 262963785603 865321643234 881555755701 846908907464 787912243637 555666867806
761054495501 726079114293 083128576125 448194444947 324481909379 536900820638 463167822506
480953181040 657025432760 438570350592 281891987806 586541218429 921727372095 510324225107
971807783304 260908679427 342895573555 925272380551 144043800123 904168771644 518022649168
164192740110 645162243110 170005669112 173318942340 054795968466 980429801736 257040673328
212996215368 488140410219 446342464622 074557564396 045298531307 140908460849 965376780379
320189914086 581466217531 933766597011 433060862500 982956691763 884605676297 293146491149
370462446935 198403953444 913514119366 793330193661 766365255514 917498230798 707228086085
962611266050 428929696653 565251668888 557211227680 277274370891 738963977225 756489053340
103885593112 567999151658 902501648696 142720700591 605616615970 245198905183 296927893555
030393468121 976158218398 048396056252 309146263844 738629603984 892438618729 850777592879
272206855480 721049781765 328621018747 676689724884 113956034948 037672703631 692100735083
407386526168 450748249644 859742813493 648037242611 670426687083 192504099761 531907685577
032742178501 000644198412 420739640013 960360158381 056592841368 457411910273 642027416372
348821452410 134771652960 312840865841 978795111651 152982781462 037913985500 639996032659
124852530849 369031313010 079997719136 223086601109 992914287124 938854161203 802041134018
888721969347 790449752745 428807280350 930582875442 075513481666 092787935356 652125562013
998824962847 872621443236 285367650259 145046837763 528258765213 915648097214 192967554938
437558260025 316853635673 137926247587 804944594418 342917275698 837622626184 636545274349
766241113845 130548144983 631178978448 973207671950 878415861887 969295581973 325069995140
260151167552 975057543781 024223895792 578656212843 273120220071 673057406928 686936393018
676595825132 649914595026 091706934751 940897535746 401683081179 884645247361 895605647942
635807056256 328118926966 302647953595 109712765913 623318086692 153578860781 275991053717
140220450618 607537486630 635059148391 646765672320 571451688617 079098469593 223672494673
758309960704 258922048155 079913275208 858378111768 521426933478 692189524062 265792104362
034885292626 798401395321 645879115157 905046057971 083898337186 403802441751 134722647254
701079479399 695355466961 972676325522 991465493349 966323418595 145036098034 409221220671
256769872342 794070885707 047429317332 918852389672 197135392449 242617864118 863779096281
448691786946 817759171715 066911148002 075943201206 196963779510 322708902956 608556222545
260261046073 613136886900 928172106819 861855378098 201847115416 363032626569 928342415502
360097804641 710852553761 272890533504 550613568414 377585442967 797701466029 438768722511
536380119175 815402812081 825560648541 078793359892 106442724489 861896162941 341800129513
068363860929 410008313667 337215300835 269623573717 533073865333 820484219030 818644918409
372394403340 524490955455 801640646076 158101030176 748847501766 190869294609 876920169120
218168829104 087070956095 147041692114 702741339005 225334083481 287035303102 391969997859
741390859360 543359969707 560446013424 245368249609 877258131102 473279856207 212657249900
346829388687 230489556225 320446360263 985422525841 646432427161 141981780248 259556354490
721922658386 366266375083 594431487763 515614571074 552801615967 704844271419 443518327569
840755267792 641126176525 061596523545 718795667317 091331935876 162825592078 308018520689
015150471334 038610031005 591481785211 038475454293 338918844412 051794396997 019411269511
952656491959 418997541839 323464742429 070271887522 353439367363 366320030723 274703740712
398256202466 265197409019 976245205619 855762576000 870817308328 834438183107 005451449354
588542267857 855191537229 237955549433 341017442016 960009069641 561273229777 022121795186
837635908225 512881647002 199234886404 395915301846 400471432118 636062252701 154112228380
277853891109 849020134274 101412155976 996543887719 748537643115 822983853312 307175113296
190455900793 806427669581 901484262799 122179294798 734890186847 167650382732 855205908298
452980625925 035212845192 592798659350 613296194679 625237397256 558415785374 456755899803
240549218696 288849033256 085145534439 166022625777 551291620077 279685262938 793753045418
108072928589 198971538179 734349618723 292761474785 019261145041 327487324297 058340847111
233374627461 727462658241 532427105932 250625530231 473875925172 478732288149 145591560503
633457542423 377916037495 250249302235 148196138116 256391141561 032684495807 250827343176
594405409826 976526934457 986347970974 312449827193 311386387315 963636121862 349726140955
607992062831 699942007205 481152535339 394607685001 990988655386 143349578165 008996164907
967814290114 838764568217 491407562376 761845377514 403147541120 676016072646 055685925779
932207033733 339891636950 434669069482 843662998003 741452762771 654762382554 617088318981
086880684785 370553648046 935095881802 536052974079 353867651119 507937328208 314626896007
107517552061 443378411454 995013643244 632819334638 905093654571 450690086448 344018042836
339051357815 727397333453 728426337217 406577577107 983051755572 103679597690 188995849413
019599957301 790124019390 868135658553 966194137179 448763207986 880037160730 322054742357
226689680188 212342439188 598416897227 765219403249 322731479366 923400484897 605903795809
469604175427 961378255378 122394764614 783292697654 516229028170 110043784603 875654415173
943396004891 531881757665 050095169740 241564477129 365661425394 936888423051 740012992055
685428985389 794266995677 702708914651 373689220610 441548166215 680421983847 673087178759

027920917590 069527345668 202651337311 151800018143 412096260165 862982107666 352336177400
783778342370 915264406305 407180784335 806107296110 555002041513 169637304684 921335683726
540030750982 908936461204 789111475303 704989395283 345782408281 738644132271 000296831194
020332345642 082647327623 383029463937 899837583655 455991934086 623509096796 113400486702
712317652666 371077872511 186035403755 448741869351 973365662177 235922939677 646325156202
348757011379 571209623772 343137021203 100496515211 197601317641 940820343734 851285260291
333491512508 311980285017 785571072537 314913921570 910513096505 988599993156 086365547740
355189816673 353588004821 466509974143 376118277772 335191074121 757284159258 087259131507
460602563490 377726337391 446137703802 131834744730 111303267029 691733504770 163210661622
783002726928 336558401179 141944780874 825336071440 329625228577 500980859960 904093631263
562132816207 145340610422 411208301000 858726425211 226248014264 751942618432 585338675387
405474349107 271004975428 115946601713 612259044015 899160022982 780179603519 408004651353
475269877760 952783998436 808690898919 783969353217 998013913544 255271791022 539701081063
214304851137 829149851138 196914304349 750018998068 164441212327 332830719282 436240673319
655469267785 119315277511 344646890550 424811336143 498460484905 125834568326 644152848971
397237604032 821266025351 669391408204 994732048602 162775979177 123475109750 240307893575
993771509502 175169355582 707253391189 233407022383 207758580213 717477837877 839101523413
209848942345 961369234049 799827930414 446316270721 479611745697 571968123929 191374098292
580556195520 743424329598 289898052923 336641541925 636738068949 420147124134 052507220406
179435525255 522500874879 008656831454 283516775054 229480327478 304405643858 159195266675
828292970522 612762871104 013480178722 480178968405 240792436058 274246744307 672164527031
345135416764 966890127478 680101029513 386269864974 821211862904 033769156857 624069929637
249309720162 870720018983 542369036414 927023696193 854737248032 985504511208 919287982987
446786412915 941753167560 253343531062 674525450711 418148323988 060729714023 472552071349
079839898235 526872395090 936566787899 238371257897 624875599044 322889538837 731734894112
275707141095 979004791930 104674075041 143538178246 463079598955 563899188477 378134134707
024674736211 204898622699 188851745625 173251934135 203811586335 012391305444 191007362844
756751416105 041097350585 276204448919 097890198431 548528053398 577784431393 388399431044
446566924455 088594631408 175122033139 068159659251 054685801313 383815217641 821043342978
882611963044 311138879625 874609022613 090084997543 039577124323 061690626291 940392143974
027089477766 370248815549 932245882597 902063125743 691094639325 280624164247 686849545532
493801763937 161563684785 982371590238 542126584061 536722860713 170267474013 114526106376
538339031592 194346981760 535838031061 288785205154 693363924108 846763200956 708971836749
057816308515 813816196688 222204757043 759061433804 072585386208 356517699842 677452319582
418268369827 016023741493 836349662935 157685406139 734274647089 968561817016 055110488097
155485911861 718966802597 354170542398 513556001872 033507906094 642127114399 319604652742
405088222535 977348151913 543857125325 854049394601 086579379805 862014336607 882521971780
902581737087 091646045272 797715350991 034073642502 038638671822 052287969445 838765294795
104866071739 022932745542 678566977686 593992341683 412227466301 506215532050 265534146099
524935605085 492175654913 483095890653 617569381763 747364418337 897422970070 354520666317
092960759198 962773242309 025239744386 101426309868 773391388251 868431650102 796491149773
758288891345 034114886594 867021549210 108432808078 342808941729 800898329753 694064496990
312539986391 958160146899 522088066228 540841486427 478628197554 662927881462 160717138188
018084057208 471586890683 691939338186 427845453795 671927239797 236465166759 201105799566
396259853551 276355876814 021340982901 629687342985 079247184605 687482833138 125916196247
615690287590 107273310329 914062386460 833337863825 792630239159 000355760903 247728133888
733917809696 660146961503 175422675112 599331552967 421333630022 296490648093 458200818106
180210022766 458040027821 333675857301 901137175467 276305904435 313131903609 248909724642
792845554991 349000518029 570708291905 255678188991 389962513866 231938005361 134622429461
024895407240 485712325662 888893172211 643294781619 055486805494 344103409068 071608802822
795968695013 364381426825 217047287086 301013730115 523686141690 837567574763 723976318575
703810944339 056456446852 418302814810 799837691851 212720193504 404180460472 162693944578
837709010597 469321972055 811407877598 977207200968 938224930323 683051586265 728111463799
698313751793 762321511125 234973430524 062210524423 435373290565 516340666950 616589287821
870775679417 608071297378 133518711793 165003315552 382248773065 344417945341 539520242444
970341012087 407218810938 826816751204 229940494817 944947273289 477011157413 944122845552
182842492224 065875268917 227278060711 675404697300 803703961878 779669488255 561467438439
257011582954 666135867867 189766129731 126720007297 155361302750 355616781776 544228744211
472988161480 270524380681 765357327557 860250584708 401320883793 281600876908 130049249147
368251703538 221961903901 499952349538 710599735114 347829233949 918793660869 230137559636
853237380670 359114424326 856151210940 425958263930 167801712866 923928323105 765885171402
021119695706 479981403150 563304514156 441462316376 380990440281 625691757648 914256971416
359843931743 327023781233 693804301289 262637538266 779503416933 432360750024 817574180875
038847509493 945489620974 048544263563 716499594992 098088429479 036366629752 600324385635
294584472894 454716620929 749549661687 741412088213 047702281611 645604400723 635158114972
973921896673 738264720472 264222124201 656015028497 130633279581 430251601369 482556701478
093579088965 713492615816 134690180696 508955631012 121849180584 792272069187 169631633004
485802010286 065785859126 997463766174 146393415956 953955420331 462802651895 116793807457
331575984608 617370268786 760294367778 050024467339 133243166988 035407323238 828184750105

164133118953 703648842269 027047805274 249060349208 295475505400 345716018407 257453693814
553117535421 072655783561 549987444748 042732345788 006187314934 156604635297 977945507535
930479568720 931672453654 720838168585 560604380197 703076424608 348987610134 570939487700
294617579206 195254925575 710903852517 148852526567 104534981341 980339064152 987634369542
025608027761 442191431892 139390883454 313176968510 184010384447 234894886952 098194353190
650655535461 733581404554 483788475252 625394966586 999205841765 278012534103 389646981864
243003414679 138061902805 960785488801 078970551694 621522877309 010446746249 797999262712
095168477956 848258334140 226647721084 336243759374 161053673404 195473896419 789542533503
630186140095 153476696147 625565187382 329246854735 693580289601 153679178730 355315937836
308224861517 777054157757 656175935851 201669294311 113886358215 966761883032 610416465171
484697938542 262168716140 012237821377 977413126897 726671299202 592201740877 007695628347
393220108815 935628628192 856357189338 495885060385 315817976067 947984087836 097596014973
342057270460 352179060564 760328556927 627349518220 323614411258 418242624771 201203577638
889597431823 282787131460 805353357449 429762179678 903456816988 955351850447 832561638070
947695169908 624710001974 880920500952 194363237871 976487033922 381154036347 548862684595
615975519376 541011501406 700122692747 439388858994 385973024541 480106123590 803627458528
849356325158 538438324249 325266608758 890831870070 910023737710 657698505643 392885433765
834259675065 371500533351 448990829388 773735205145 933304962653 141514138612 443793588507
094468804548 697535817021 290849078734 780681436632 332281941582 734567135644 317153796781
805819585246 484008403290 998194378171 817730231700 398973305049 538735611626 102399943325
978012689343 260558471027 876490107092 344388463401 173555686590 358524491937 018104162620
850429925869 743581709813 389404593447 193749387762 423240985283 276226660494 238512970945
324558625210 360082928664 972417491914 198896612955 807677097959 479530601311 915901177394
310420904907 942444886851 308684449370 590902600612 064942574471 035354765785 924270813041
061854621988 183009063458 818703875585 627491158737 542106466795 134648758677 154383801852
134828191581 246259933516 019893559516 796893285220 582479942103 451271587716 334522299541
883968044883 552975336128 683722593539 007920166694 133909116875 880398882886 921600237325
736158820716 351627133281 051818760210 485218067552 664867390890 090719513805 862673512431
221569163790 227732870541 084203784152 568328871804 698795251307 326634027851 905941733892
035854039567 703561132935 448258562828 761061069822 972142096199 350933131217 118789107876
687204454887 608941017479 864713788246 215395593333 327556200943 958043453791 978228059039
595992743691 379377866494 096404877784 174833643268 402628293240 626008190808 180439091455
635193685606 304508914228 964521998779 884934747772 913279726602 765840166789 013649050874
114212686196 986204412696 528298108704 547986155954 533802120115 564697997678 573892018624
359932677768 945406050821 883822790983 362716712449 002676117849 826437703300 208184459000
971723520433 199470824209 877151444975 101705564302 954282181967 000920251561 584417420593
365814813490 269311151709 387226002645 863056132560 579256092733 226557934628 080568344392
137368840565 043430739657 406101777937 014142461549 307074136080 544210029560 009566358897
789926763051 771878194370 676149821756 418659011616 086540863539 151303920131 680576903417
259645369235 080641744656 235152392905 040947995318 407486215121 056183385456 617665260639
371365880252 166622357613 220194170137 266496607325 201077194793 126528276330 241380516490
717456596485 374835466919 452358031530 196916048099 460681490403 781982973236 093008713576
079862142542 209641900436 790547904993 007837242158 195453541837 112936865843 055384271762
803527912882 112930835157 565659994474 178843838156 514843422985 870424559243 469329523282
180350833372 628379183021 659183618155 421715744846 577842013432 998259456688 455826617197
901218084948 033244878725 818377480552 226815101137 174536841787 028027445244 290547451823
467491956418 855124442133 778352142386 597992598820 328708510933 838682990657 199461490629
025742768603 885051103263 854454041918 495886653854 504057132362 968106914681 484786965916
686184275679 846004186876 229805556296 304595322792 305161672159 196867584952 363529893578
850774608153 732145464298 479231051167 635774949462 295256949766 035947396243 099534331040
499420967788 382700271447 849406903707 324910644415 169605325656 058677875741 747211082743
577431519406 075798356362 914332639781 221894628744 779811980722 564671466405 485013100965
678631488009 030374933887 536418316513 498254669467 331611812336 485439764932 502617954935
720430540218 297487125110 740401161140 589991109306 249231281311 634054926257 135672181862
893278613883 371802853505 650359195274 140086951092 616754147679 266803210923 746708721360
627833292238 641361959412 133927803611 827632410600 474097111104 814000362334 271451448333
464167546635 469973149475 664342365949 349684588455 152415075637 660508663282 742479413606
287604129064 491382851945 640264315322 585862404314 183866959063 324506300039 221319264762
596269151090 445769530144 405461803785 750303668621 246227863975 274666787012 100339298487
337501447560 032210062235 802934377495 503203701273 846816306102 657030087227 546296679688
089058712767 636106622572 235222973920 644309352432 722810085997 309513252863 060110549791
564479184500 461804676240 892892568091 293059296064 235702106152 464620502324 896659398732
493396737695 202399176089 847457184353 193664652912 584806448019 652016283879 518949933675
924148562613 699594530728 725453246329 152911012876 377060557060 953137752775 186792329213
495524513308 986796916512 907384130216 757323863757 582008036357 572800275449 032795307990
079944254110 872569318801 466793559583 467643286887 696661009739 574996783659 339784634695
994895061049 038364740950 469522606385 804675807306 991229047408 987916687211 714752764471
160440195271 816950828973 353714853092 893704638442 089329977112 585684084660 833993404568
902678751600 877546126798 801546585652 206121095349 079670736553 970257619943 137663996060

606110640695 933082817187 642604357342 536175694378 484849525010 826648839515 970049059838
081210522111 109194332395 113605144645 983421079905 808209371646 452312770402 316007213854
372346126726 099787038565 709199850759 563461324846 018840985019 428768790226 873455650051
912154654406 382925385127 631766392205 093834520430 077301702994 036261543400 132276391091
298832786392 041230044555 168405488980 908077917463 609243933491 264116424009 388074635660
726233669584 276458369826 873481588196 105857183576 746200965052 606592926354 829149904576
830721089324 585707370166 071739819448 502884260396 366074603118 478622583105 658087087030
556759586134 170074540296 568763477417 643105175103 673286924555 858208237203 860178173940
517513043799 486882232004 437804310317 092103426167 499800007301 609481458637 448877852227
307633049538 394434538277 060876076354 209844500830 624763025357 278103278346 176697054428
715531534001 649707665719 598504174819 908720149087 568603778359 199471934335 277294728553
792578768483 230110185936 580071729118 696761765505 377503029303 383070644891 281141202550
615089641100 762382457448 865518258105 814034532012 475472326908 754750707857 765973254284
445935304499 207001453874 894822655644 222369636554 419422544133 821222547749 753549462482
768053333698 328415613869 236344335855 386847111143 049824839899 180316545863 828935379913
053522283343 013795337295 401625762322 808113849949 187614414132 293376710656 349252881452
823950620902 235787668465 011666009738 275366040544 694165342223 905210831458 584703552935
221992827276 057482126606 529138553034 554974455147 034493948686 342945965843 102419078592
368022456076 393678416627 051855517870 290407355730 462063969245 330779578224 594971042018
804300018388 142900817303 945050734278 701312446686 009277858181 104091151172 937487362788
787490746528 556543474888 683106411005 102302087510 776891878152 562273525155 037953244485
778727761700 196485370355 516765520911 933934376286 628461984402 629525218367 852236747510
880978150709 897841308624 588152266096 355140187449 583692691779 904712072649 490573726428
600521140358 123107600669 951853612486 274675637589 622529911649 606687650826 173417848478
933729505673 900787861792 535144062104 536625064046 372881569823 231750059626 108092195521
115085930295 565496753886 261297233991 462835847604 862762702730 973920200143 224870758233
735491524608 560821032888 297418390647 886992327369 136004883743 661522351705 843770554521
081551336126 214291181561 530175888257 359489250710 887926212864 139244330938 379733386780
613179523731 526677382085 802470143352 700924380326 695174211950 767088432634 644274912755
890774686358 216216604274 131517021245 858605623363 149316464691 394656249747 174195835421
860774871105 733845843368 993964591374 060338215935 224359475162 623918868530 782282176398
323730618020 424656047752 794310479618 972429953302 979249748168 405289379104 494700459086
499187272734 541350810198 388186467360 939257193051 196864560185 578245021823 106588943798
652243205067 737996619695 547244058592 241795300682 045179537004 347245176289 356677050849
021310773662 575169733552 746230294303 120359626095 342357439724 965921101065 781782610874
531887480318 743082357369 919515634095 716270099244 492974910548 985151965866 474014822510
633536794973 714251022934 188258511737 199449911509 758374613010 550506419772 153192935487
537119163026 203032858865 852848019350 922587577559 742527658401 172134232364 808402714335
636754204637 518255252494 432965704386 138786590196 573880286840 189408767281 671413703366
173265012057 865391578070 308871426151 907500149257 611292767519 309672845397 116021360630
309054224396 632067432358 279788933232 440577919927 848463333977 773765590187 057480682867
834796562414 610289950848 739969297075 043275302997 287229732793 444298864641 272534816060
377970729829 917302929630 869580199631 241330493935 049332541235 507105446118 259114111645
453471032988 104784406778 013807713146 540009938630 648126661433 085820681139 583831916954
555825942689 576984142889 374346708410 794631893253 910696395578 070602124597 489829356461
356078898347 241997947856 436204209461 341238761319 886535235831 299686226894 860840845665
560687695450 127448663140 505473535174 687300980632 278046891224 682146080672 762770840240
226615548502 400895289165 711761743902 033758487784 291128962324 705919187469 104200584832
614067733375 102719565399 469716251724 831223063391 932870798380 074848572651 612343493327
335666447335 855643023528 088392434827 876088616494 328939916639 921048830784 777704804572
849145630335 326507002958 890626591549 850940797276 756712979501 009822947622 896189159144
152003228387 877348513097 908101912926 722710377889 805396415636 236416915498 576840839846
886168437540 706512103906 250612810766 379904790887 967477806973 847317047525 344215639038
720123880632 368803701794 930895490077 633152306354 837425681665 336160664198 003018828712
376748189833 024683637148 830925928337 590227894258 806008728603 885916884973 069394802051
122176635913 825152427867 009440694235 512020156837 777885182467 002565170850 924962374772
681369428435 006293881442 998790530105 621737545918 267997321773 502936892806 521002539626
880749809264 345801165571 588670044350 397650532347 828732736884 086354000274 067678382196
352222653929 093980736739 136408289872 201777674716 811819585613 372158311905 468293608323
697611345028 175783020293 484598292500 089568263027 126329586629 214765314223 335179309338
795135709534 637718368409 244442209631 933129562030 557551734006 797374061416 210792363342
380564685009 203716715264 255637185388 957141641977 238742261059 666739699717 316816941543
509528319355 641770566862 221521799115 135563970714 331289365755 384464832620 120642433801
695586269856 102246064606 933079384785 881436740700 059976970364 901927332882 613532936311
240365069865 216063898725 026723808740 339674439783 025829689425 689674186433 613497947524
552629142652 284241924308 338810358005 378702399954 217211368655 027534136221 169314069466
951318692810 257479598560 514500502171 591331775160 995786555198 188619321128 211070944228
724044248115 340605589595 835581523201 218460582056 359269930347 885113206862 662758877144
603599665610 843072569650 056306448918 759946659677 284717153957 361210818084 154727314266

174893313417 463266235422 207260014601 270120693463 952056444554 329166298666 078308906811
879009081529 506362678207 561438881578 135113469536 630387841209 234694286873 083932043233
387277549680 521030282154 432472338884 521534372725 012858974769 146080831440 412586818154
004918777228 786980185345 453700652665 564917091542 952275670922 221747411206 272065662298
980603289167 206874365494 824610869736 722554740481 288924247185 432360575341 167285075755
205713115669 795458488739 874222813588 798584078313 506054829055 148278529489 112190538319
562422871948 475940785939 804790109419 407067176443 903273071213 588738504999 363883820550
168340277749 607027684488 028191222063 688863681104 356952930065 219552826152 699127163727
738841899328 713056346468 822739828876 319864570983 630891778648 708667618548 568004767255
267541474285 102814580740 315299219781 455775684368 111018531749 816701642664 788409026268
282444825802 753209454991 510451851771 654631180490 456798571325 752811791365 627815811128
881656228587 603087597496 384943527567 661216895926 148503078536 204527450775 295063101248
034180458405 943292607985 443562009370 809182152392 037179067812 199228049606 973823874331
262673030679 594396095495 718957721791 559730058869 364684557667 609245090608 820221223571
925453671519 183487258742 391941089044 411595993276 004450655620 646116465566 548759424736
925233695599 303035509581 762617623184 956190649483 967300203776 387436934399 982943020914
707361894793 269276244518 656023955905 370512897816 345542332011 497599489627 842432748378
803270141867 695262118097 500640514975 588965029300 486760520801 049153788541 390942453169
171998762894 127722112946 456829486028 149318156024 967788794981 377721622935 943781100444
806079767242 927624951078 415344642915 084276452000 204276947069 804177583220 909702029165
734725158290 463091035903 784297757265 172087724474 095226716630 600546971638 794317119687
348468873818 665675127929 857501636341 131462753049 901913564682 380432997069 577015078933
772865803571 279091376742 080565549362 464641260024 379684543777 339026472512 819416320076
848736251764 065967540693 621758879307 855916478777 274739272002 910342949562 447661308200
729250734529 170764226621 047673037863 169954237455 117456522022 783324096803 524667663190
861011206745 856287317413 511162292078 865132941244 815471628182 079877168346 341322362234
117788231027 659825109358 892359162055 108763298087 993165172528 938001237817 434896832151
590562493347 370206832232 100118637395 770567473867 102173212375 224325241626 358034376253
606808669163 571594551527 817803921774 322823436633 772811186390 511893075901 666650742952
758384008544 635419317190 531363659724 905158409106 582201814734 799022359067 138146905116
051922301269 482316113417 439944714833 040862484269 139502336713 412425123864 026657258130
943967621939 655407386524 229897879782 198637918299 709557924747 320303239116 410445906907
977862315518 349593035305 923789817515 891457650408 025109479123 421758482841 881950138546
165680301755 035580054944 894884871351 605375593402 345748979516 602442338321 406030095937
105588457052 515704266284 600354402823 678768550982 678161765520 375795655481 677896038927
498355608791 541177749423 573400764161 093294003899 982199267257 086957326068 774974224802
023307525187 650255968420 760693229988 587579898896 460744381788 170081548895 226516722834
045277219106 991415764639 485231126794 730865803195 076455197675 628957428881 796812090026
387145257858 315277615109 088631740243 695680567873 015235427804 793414266495 223833707117
511265375503 942372098784 668049139473 446530714079 622597287130 503077258714 875570502582
573466866613 802351426056 116197405543 436548698005 444879295970 287590352258 409782683598
666446586045 694241390729 095266249932 902973440568 160683805726 626057277088 407073471496
060064561454 070734432782 514087474275 506722304845 357006092214 390002992981 608211717047
917614505191 008132670375 214930740567 853311106058 352912781007 391749949197 845112915913
681107394055 175208019630 539350740248 509553772500 367054665162 330430425087 442324262404
632115078997 336929985407 041656261041 976700202415 094892411856 092409637604 429612002364
590706449770 627207919019 235964807048 923636979860 198283087284 228564752353 162882791324
295524814447 505521909672 046080689545 181712204930 321853740627 247421519740 305769043602
686360780792 004776232429 551829473522 027244376339 027721392087 767065716241 639751785859
254426923428 535274328856 336850789651 962072519416 556061870370 550218462845 434257850383
000095374518 292958440464 918838685793 483961151297 160581665745 096703677495 836666693121
881763679644 943617130416 037243050658 485131749264 055855194018 005180908475 211868224616
976149243238 319486434415 908558011073 070311201502 243416073157 929528752936 835820397003
389112114170 685219366589 789459503154 389589015303 827143001929 589074149943 592894083097
077078362875 914484037045 038618966975 811201852319 231868659968 038583812370 329156207578
835948780941 688205531605 128190152647 592807574958 154564221341 459378167056 992868299895
611982353837 157880480478 704584175394 665497690173 220310890070 303362911767 308448450372
145669644401 469545173857 434157810158 618783839278 552609399130 570255575559 060947051498
093487773320 072797573038 245989466809 680822221348 485873822999 281794090825 665209581655
472475244566 743697594474 686376332428 904269776106 791933910983 300422310293 728298798903
209391092682 836306173610 173878123679 898645149311 702437128285 882630486298 884492207415
640607147059 137405524665 756971870217 355287245439 427714809179 364437650637 861861324348
635797411258 520863459927 803688792498 354363298457 687650165065 115345008695 721239507544
785683173631 557153527046 524235259737 513408825461 609661440746 675514226836 031959801072
152463551069 171871335731 685485631280 857834435623 670959650949 946968820661 185118086034
202821331801 249410991502 601435450017 432730793625 113070298250 499417994284 451146479329
154599555909 587807621636 668591791065 435966065253 525320273650 725989121255 686842802077
246487722010 996631829559 552903393312 284364864475 973560859840 760947298389 542433932623
153239918981 852264180831 296333546356 874828863465 618504810632 288805596737 844562000941

465603499280 879405115310 057587129552 571964111506 850340773710 604380371259 575596985949
362058477512 026354947347 534748189262 254190352671 614429284899 857536740692 165271630086
060654373736 823556588626 486343689153 218095572204 456777137368 310458075584 529612832832
606319629728 527966674362 974800821318 627921869044 284342630735 760703999669 430789508147
269730253817 375694922751 795354326156 912040594832 860949992366 412287881226 419148504856
328072066418 557059520375 030322916894 489427578306 090910852410 601400683274 205583969773
823150734996 108758763704 255564964086 855071942256 344966732430 656259250474 581762733281
816017019698 166542426378 763601453035 946538450325 476674999737 340835665138 186025156520
283637389171 016545414882 674448009105 704186162626 837971120886 141357279611 099088292970
229692128180 978798951391 504270936786 444983196420 134566833908 775943006442 485623012124
614511697921 939634409508 083229281294 270436599146 482749984375 942113020418 297308417178
813090379558 545603247170 819195302771 465794555475 544754284434 408139388908 609776017857
389307518661 906505018077 165001840744 325854024184 360501118242 990702323417 243674525365
349594799063 334540754371 812699399833 719218485418 735979845348 934592268515 068182662490
078029335012 658824974226 241885352526 636702827662 499349829488 748331061764 208429016923
052899608978 604130065109 028179805040 587107671179 041130217482 796682353001 960220253185
576789843317 586806378359 968791601538 922220236575 765581586611 409199394861 599209159917
553341783033 347643131635 012705390697 079326567812 415906434284 721360235218 236741214733
124499944334 155915274315 931687477882 533155092770 336202901222 597794809855 392200064527
162280855398 278906584233 447552821276 517650572663 267691141075 034845871896 996434875775
138479148183 635100621466 818585096348 887081456976 722020167991 199462417776 688907917136
865945960726 468538810778 783002161368 276697026223 459418737476 733537998884 403427046803
042551694127 158739320398 444374604547 816113056625 176412759821 181939661101 850562880555
942566060032 312116180994 622129301002 470913347150 682268430458 680300904242 861682025562
140946087900 065191099495 570815816505 828983340739 466084457565 780636690272 843462018587
328252924796 505286681408 503538519837 523637451925 622795490290 557907030283 950104854835
929834542814 487304358047 053315081510 503001521428 117175393649 133166172621 235405527863
308002083177 055630294963 594201654333 094094177196 326234119387 105161570101 798053551679
370860291366 756986097124 120368583812 957695307798 141365700174 761356966986 146068491439
699573837631 695824602513 342108072621 713601943018 087209888551 415024163818 325975259593
165531865833 117126857941 527206612218 422661411825 154657484878 312610347834 546749258308
729985447421 206445095233 245050877431 496166555251 797168020991 720026409374 921907569936
896330281391 647208963581 771735555848 592706524504 862516419540 550801343510 323389813378
302497701822 754906381499 964723334079 613041469739 476372650869 273347108415 685608430921
316240434629 863920841660 055904598506 491243505264 766067600344 441618186403 670083774114
101094320588 955598658670 077863671896 944089622321 374034113597 199133135946 553685446692
367652589012 108413777432 482191812747 847892287264 892970032371 873456157981 599834839100
412601050746 964599430331 978810634913 923812490503 061433407918 328004063907 098672596197
098311265960 147473725330 526853717742 146554005873 924623727617 364905198713 368067723952
570781360686 683261395014 329509474851 594724667527 201684316586 608807512768 584755541184
381169011622 005552113484 488960668259 227431319007 963011587084 670117654935 393046563356
225311244727 796669005831 190616101972 663073970542 531439818457 379449486780 134618217875
939076999602 029083965677 287846905736 401564015047 696448993947 541474608339 918696889271
156942345492 651246645507 792554028105 037622035967 530558601856 492056062879 090769453339
208808849477 828894851122 154743230191 383245562993 881020614490 266876010207 753210915684
977830740859 649857967152 617010039475 494539917698 791323546550 106407355816 999409756248
149967443278 429202762644 189793918158 394562708173 301582160225 519659898769 376164019861
207466755048 861110855726 764507052622 446130222335 852072273620 485057289238 815884938754
535229186399 714380884061 757286220950 122506515863 104258884134 355431973729 856217753072
022629475552 483044445340 434888878581 170341345342 522354319407 877972846760 181583227097
745180929342 193189815812 482832658950 040704855206 099893783900 341914163044 639163880549
658786501375 046341695655 156618298878 630705842306 967660254053 024811471007 899784211830
489010464056 896539702885 595530925558 636052158957 375114089564 905844156774 937105859648
014315874614 491250549253 191164653821 585197370093 280194530320 572628452658 046046337816
631429933076 646646530760 590548962888 724189716060 225882617577 539922055131 509377200624
863085562820 493575752724 995567089221 634233983602 565328731029 194007041176 919220850015
116735670101 958971001797 019578120892 910969417754 369904368202 563024054822 625401905696
507710581574 240721496339 560365270283 334407305750 073674562260 584649886115 101689612181
119058471714 461068719761 017456587373 796740697137 423238753839 030317200200 207205928488
785123911746 471673743737 923283881966 201687622191 346233893762 599527025672 138622112458
980212130501 407288904300 322535504095 866818724139 369938193069 148744717186 646183111942
603161664070 377316487001 864799600243 044003242241 809402278533 309011509880 870678268835
317200767522 553138008818 780431690190 072804831799 287414125476 123089606833 095828377667
688287578688 683092976001 011974533898 331952588619 630132917094 385816615374 171794496319
177154312506 959853481285 684619377669 894277459170 918802520012 749905559407 289696594793
331672243621 567896776966 708035229039 018485730806 275670867658 627104769409 203565593025
352743418965 927002227049 233186829991 560936413757 004988537304 596396152734 629396974951
748062696451 793018719986 788537581415 975799314806 608557232568 374305282764 175670050288
040489429899 580948103534 833934144927 885925262192 415547231997 143385086637 320926632728

243514933640 704589683852 345624744361 175256766987 767597223439 206357507471 552918102762
614012992480 422883990297 879925418517 499129630283 990729635588 579890593317 795908769073
905646025623 533567221552 259468838298 452882922966 275137162422 172954678670 715840924184
084147557582 539385240963 302051349704 740695399567 897981727860 920462286839 735779815111
868152659884 606949758965 481314651150 392626377749 513761557248 195116119877 250344564710
738513435927 355538712462 375598193813 214238441581 929070046389 771683887207 916361741432
497079109658 162746429717 072871725142 745898356897 095534626820 169085356108 944898407100
581920302176 945120771774 588795519510 473384184739 980796306767 885845167575 729904306971
542642383498 009870869933 670912108394 453506245922 432312348278 549660374657 188014892937
945147870540 607924575900 601219622123 928720017215 588666345734 971409533721 151655985757
941724419889 026167016101 611557834315 025460328781 198424027484 608510722406 676778760855
247617773833 089502610064 388350550205 456324346167 859451941795 669874968515 244883847513
618180667108 316165564209 369270520611 898517292617 141714434655 508706306063 551012949400
309759167799 158426049197 120954322702 678432654296 572403272088 714321999645 313202587109
677165128549 669962552698 607311763718 207498827399 770601991362 093083230736 838206455732
563765982912 578131492224 220427971241 441629951265 945639792759 380383804782 623160424325
399132851123 032247037561 942321733047 854078576244 013291717992 979240783390 715757981426
816864655382 946847399205 888631655934 919867896962 840447344968 024077092831 376408103352
255242717404 107673565424 441004483347 440101726441 052954787296 345898640501 203608024451
190350994974 493973617181 575277093780 209236668135 841636268319 263406714182 797421342546
220705415600 050959674045 616840451771 747952790353 254932589120 483385746590 096781730416
000521088934 610768754004 241977803082 885181200173 369559127137 714195011361 304409753279
190504891583 246399143483 531648681548 579178632935 123925552510 211182788573 696060276931
301469661433 449642302114 382483705633 532793858895 267672076688 971274435815 632088106650
149568143558 796576909857 765902768707 453659276364 975553449617 308078160987 103248013795
136170367763 457594975686 208013996374 551762425147 780628722265 971455482906 769295713643
572152674468 987889418820 751292225756 509143552828 874614195097 862427527881 571566400763
721037803194 043095844272 549269987169 234331890022 141503113998 765260688761 566740210197
201719602390 861082974927 639569541153 032275460173 870795625993 579785302443 476716399591
462317931239 989986928437 975702492369 551587297683 854005227651 495614447105 971962889888
157109415171 701518114743 513643854005 116246202131 174800791983 749700100471 363432523281
578911355450 453371905275 068229156185 003328469567 926226208190 442473340362 503892792071
585960039363 153368842724 375366799698 647934741133 198328619441 460653922784 099903143840
354565047056 789552024827 176011874335 643690243503 085631309559 055250390492 731613311734
922584644609 024535079190 184411299321 699770451832 853586480428 556822208737 213616490586
303256368913 084103760215 679927020005 322355439804 653119339775 459044045078 568021398465
009693429547 310269249947 586466058091 669984160684 646087293943 808274308285 817479694172
872990311013 192675573897 984091364253 479694943480 377703364634 958476862982 590103470727
861218623001 986607987782 684245933835 638919570206 853521603211 635230064988 744600200170
413056985365 154668752023 859375183280 372851143274 811699683692 849220447380 570633496618
711240947835 915869626858 643589141359 854253577688 774932743634 514754488640 868818030369
652431755688 300205860773 256959716086 485415834468 432489963077 011371344675 156930244885
482077124133 557732306949 458067267845 235943631507 872728157901 573070033178 796854436279
525719023623 274614262868 732738009497 741122856237 663214904653 294072026197 539071740422
259539242888 164559796570 030957141389 106936845036 268231053986 743753240052 701534745893
325679514941 854537808827 063457295962 169085383535 370381418115 573816378209 032561519869
745357646412 125498076005 156141707298 046994813593 483150568116 642793219335 279822714715
767340186088 721518799669 350252700757 556099719882 863064285448 128275139280 694702750148
163289727314 347348528529 504604883271 673978981563 678804780443 602109007320 727369749344
630499731442 571560433133 690387618100 948873120713 482710815889 857483265854 207510077953
118326861708 037070935927 614936782530 858340482351 003632166378 957426202550 350116861543
407379504516 482896755698 358935522020 173679548075 781909502697 981271148703 431190363112
246128295303 820512870430 929471974594 690821025634 788995431771 524379696211 281224503426
066399268852 133079196370 277780448857 920573046990 800923440186 638113252097 123096476059
989947925759 851008173039 606822219975 327301606582 628527582576 695078547260 349382981335
825281786706 085126560022 688717811253 597829337347 791412736284 188656175920 832879447410
969703879854 736984025458 063294835022 359393543587 480223989760 916296250110 473931169449
100666907230 634693130169 711820632535 269244043840 093724284428 209709364856 909468920087
371753252557 030543539828 727812301139 808093867015 474885803445 631871319602 678548793893
316205007675 264112044390 237583342724 298699654786 368534102848 857370254725 502365663418
680919038388 670787907208 403619402164 670121534837 978151832826 472578628815 207101081499
558980338118 961569441756 761340717046 538512170902 123777884333 649651872119 905407581877
394397528364 143953044245 913903178813 004188791887 114553148267 469987055587 931040240388
884083850687 341625071657 274185134952 084963670955 542450439483 948045979156 228282483787
934152720362 263369561805 556371076814 888893619275 742659935823 559431530887 933052767558
747512365065 843969475604 297192002319 868024351719 937868100361 102312568364 256079597410
574153628297 180046497748 573718378639 037039015397 374911654685 499716453941 611216417610
717145401765 190565052520 662277883129 045719693205 990241375395 983861982603 205495839501
675552509644 137118222561 496014003023 035407899209 698677507867 200038074267 970530307167

932296015648 622808518403 352350170608 589512912223 246117830253 163628943946 073652771336
511631646446 199099021224 922412315168 992767855863 736315526002 503488487813 233001910189
399616702731 416999626511 945742636761 965002434737 172729028462 209798394871 065982270009
954918877696 188505432653 211802219444 282228425152 556141187434 018041946141 394514712872
527592391255 964437356833 972896331267 678234910356 332961294719 101515714311 579549093390
326141191865 475237624721 531102079369 115848742205 822747343201 735585077122 437969857965
491580627950 274097716886 114807616315 161855306856 692457171769 220443668433 127398933794
111629722451 699985468562 215702417594 711769952916 550211685500 108985761934 639455908826
270775311465 775223884634 351937653973 498480245497 607602440308 084489010683 878697261237
097835782451 668011714859 836794055290 461982621656 691720274262 854823933960 018254599409
254308169691 032978411234 022885600190 549342750223 185294712829 609693976813 734197704278
121300147328 677605719405 969979275512 461718434956 985641712872 481183465420 642318714551
824152867630 567513116267 717735061751 124546338799 426529127010 578995671805 721436557918
350691777930 704075732904 397494995822 410623810514 917650238504 182730096620 171750940590
805408957283 755406355152 219965820757 351315707592 361539863945 921115586400 098809755261
053838256899 272158478504 174606516151 133788336097 601211484870 055601658124 924706825684
427204547289 630942030665 044529864622 359422600855 499158914995 360649842803 457949275700
949795945060 237877501947 062463239495 495782308228 306684081880 252107663907 423097372091
628533717680 621644693543 231791785530 583317142084 798863034084 657264269395 570026857605
753934788858 709460058272 323051910811 751423491268 733658596079 989173292891 589600181509
181633740080 603547520005 151175102901 229924870961 545928026206 076169827218 102916731554
892942374085 196743307916 607849905578 210193571366 243599088361 385980851615 641747694605
478554008195 353067080308 969763045294 686823321053 287823743894 411568517627 171163630940
147990964945 635459295013 073900362682 100732637008 235615069126 964318335171 625439030469
898931426154 426359511363 466057378654 951244574752 621678954703 628904830484 996804037722
513431937373 441236618586 944588064018 584073147633 792940386340 435919419872 355263015654
608051868676 068043160845 128459160424 413269879125 385602991599 672787661951 950531764883
134693257366 894644382558 139108486209 663742674579 831301222343 872583124422 033094571457
541470479293 875858238997 738515213523 723895596643 122356432626 286011474890 868171592810
668727084008 203377186921 535235269263 472268090825 989889840026 208152178282 611229313118
208660070996 860365409818 326807558247 767069504109 975861436243 552161945353 029200254667
367996485043 373133495208 210751199258 926638995647 569858707901 856123791578 864374469037
871509500112 550210038845 311923652965 599461900474 846620642347 942329670060 529003709175
578188708193 522146871427 235277632559 898086948721 113845980014 123842163827 824412736542
446748833381 679716201128 861914154019 367129094789 902646664431 560983729615 019686242282
506723061667 209435465714 251493086424 887785986827 595887490650 772602509518 295367651811
823686169447 243607837642 947624692263 194989219646 440683169287 661615060508 138463194151
162025779078 630718012311 594586038965 625265542233 462344545073 947886902681 594975131168
851436945210 216883190446 168629763325 229863851818 850049286935 727647668238 555646365544
964006317648 285575785866 610228551564 859908820958 689444362546 986795238226 861159699100
563660829267 915337538160 661122478695 313261585318 717638859893 779291889029 987938798100
036973078489 592706254104 848593158543 233956831042 390299070263 443797875691 855434089764
407601308444 819786265079 476440830134 942435834281 885915259293 471436317533 749589701072
873501270788 980481635045 676667693207 553051840432 446100740321 676471836083 708475065126
930707660849 825299000317 850305853682 139512735038 638246056425 103377755809 864643398017
186208142663 074172592226 000511091342 681074670129 014301654101 064933212283 790827515001
003530015654 597508323772 965439697382 047741626571 065740821649 960626227496 187953347907
065988974871 779564334064 841745645747 906925170149 499810095353 413548908754 836327579522
407206986291 024671703579 251441766703 886609906985 726260581240 825336225218 992000418975
745765315123 000064445715 931701771688 635483333051 921582055946 117357716321 132233931965
320386199005 116178171334 001070576652 689919708169 202219464704 323795356411 866063920558
609034457064 151797782145 054722278852 987210197858 846070047420 028468873795 844228949974
333656271877 991721137916 164492541329 715652879529 532639759538 535920950138 633380507561
369530899547 584883024261 962758985941 513780515805 025767540401 785795852448 831172105089
277089227273 431973823884 687307168230 248788688585 510108073522 781405371406 520758107270
848167263977 098731455162 646911423286 103036932984 330300323676 162714264067 587806731883
971515002798 163374779078 775038307986 759404591073 921034587404 219617034925 808189907205
961291586420 202885734009 114955238865 107911371495 334639763988 183948804530 075074740372
280936820535 430494951948 332833470075 161979008687 285439962981 575605891637 624723069162
871111137676 086480323752 459664930411 753946136464 337804671165 055504670671 836221285795
048067165630 427626711429 999113487698 447050370637 900181096888 629721757951 732433802780
617470496302 042492916619 171886243355 599282093243 919445711886 321556320161 654247055375
938696624656 334121541014 032286990930 159132885808 831241242882 876373872742 838038590710
292748633351 503090445328 052597795658 920554562434 297982794134 891756382400 771612173324
736428540160 610044337641 457220785921 715591401037 832020132133 833096380778 904095723810
558829392796 374381660686 835195059277 019515361601 722158904287 856784820682 919441698718
192862730827 044416303962 547130532843 883379133747 687358261221 162583602728 961624559041
896770247453 827583966522 993712351630 489833012421 417455788591 594256059792 427721819908
556279848605 617453684478 923796907975 594555154646 853163024462 325674034895 845462256744

858202042457 391994253094 264224504202 689038150152 683602412559 807597523648 162809304891
274615119623 154611400822 056396780658 535407668688 227542650381 225999162076 017089556747
446524234452 017661650325 945665912966 786324621379 919222961458 671422482492 880647680321
086477994100 410060033906 792752373625 460277429600 734788038356 687522003482 457694908456
862696057715 701919174892 260635208129 738797443835 483286136939 562450392976 805783223402
171676555917 766840375723 484409461762 931288492689 936871389838 822271060279 037990019045
583360079739 277410926655 739233147025 909233890654 388422351324 115388018559 234956139930
223919645050 450369352927 011566305153 351918641864 823442499919 272027295345 959906304872
360804159576 002966812111 683172366038 110542803591 445720248256 456105714055 462420821343
520948108417 158289572445 072063546816 002305120140 848054358742 526171017681 853883557558
717415424775 449772221419 261315525269 109175563331 932322243218 525422182729 149159810583
689702503522 813002141192 486014248068 079753699647 771939490680 468355280834 732761030604
940973309169 031678309793 463661183278 453186871646 268073883365 670456601042 376850580139
507443647963 922284112697 945134773004 924987864965 636794909929 132712528977 651918175427
962806084932 375520815361 113240339713 165504391887 960198382138 585000773242 461778849187
581459642642 337889793330 819488160040 113126525635 693244659398 400636890315 254722923991
414474377069 633893576192 603918924793 631780083102 611419548543 605157787160 049557886565
797066588551 042882466363 057207778902 266777042512 681571979533 225107638903 681976284402
861025880539 233932947467 202408854127 649238644760 216116262082 421299166036 229918492378
223630098347 811952291382 184732634228 575912097980 547828525059 183798336801 787411242644
746002256241 498069140074 097972102327 853957561512 834580616541 111792671042 799057939449
713494632895 045651286884 784187175802 050458328387 485313736911 351025506201 027753458094
391050010218 339732456504 728894768792 989259450198 750767122363 791875864720 121496606115
128048709648 863056228440 839369443872 169212084920 085155838125 107074195518 720809374694
245973117281 172105192890 389637039423 577686212766 821093182763 664984042124 938144097959
863114225436 483965499983 479084307021 764385554351 257436828228 153032222380 834767951113
557014806318 200453220723 794891863572 149106242526 993994671015 366846234105 153338142684
770627585203 524099207972 086991453730 109551641503 317628200196 916411546026 820723669255
275141842996 992053985343 307306805737 238050416719 722112737405 078927266340 638850686734
458560773266 648384578027 718911475801 323105519878 413365218519 071460681389 868867103147
598264611293 795439526672 867275994833 590259744587 868768496462 683484434414 135917714587
766088077845 357183932937 193739323640 835633757668 846821111799 350554102085 561884901020
160050563954 168745108220 603555410817 666460524124 966224422804 545243216032 036019464135
609792001959 024049792923 673298924553 990101980112 140290868699 920575891777 188074146122
205024728585 715367530747 814389730571 787268366360 157613610077 228631963885 264623512553
807731945956 356796538236 249992655180 433079635962 110674552852 142902629498 265675533527
310046878865 731047246649 332656792733 134512295505 918623293739 332608607745 135077530901
574443829487 339779605322 849358301361 837958626480 321297368474 817516476913 662110360369
509106666505 171711508278 200932788358 722598394046 306837631811 808904423626 219988123682
680785795262 197216687201 745517472627 818032683058 548803970977 047934831035 439855907843
552776676033 139884605271 503138856332 467688927104 595851932895 139167823857 735772658100
479825639355 193520055204 080028705967 824973937478 860528356493 591497838037 796496000521
244583477900 175604246586 665199807702 883943851638 095504304921 960324436090 340085174660
429627430976 838715194598 264473594023 424821104475 729111777958 773134155360 952759570898
612586771456 252399450075 938020609355 024892008476 733229308574 222255020645 569023912654
366357852427 242905605320 575403082101 451238209021 746697579765 347517250146 583747884808
053773515042 222404295760 361375432486 199655891939 220504699982 106293160967 565179075132
296077785755 331026585842 576086686764 535520927748 275567545177 169950878941 180593630524
994496701237 598006553499 873966639539 441701705969 810151271933 311840767923 271853953980
976404852784 674387231643 291002906549 530861283330 266400758012 961849920702 200255597215
695758837616 878436434679 275586357397 225356488413 306011928957 464280935785 808113233143
311528748217 976603971257 952890036407 198923328131 611640416937 736628013259 738222237426
818917648959 642270338039 059295964969 648213311447 316676504197 678110849096 646942571706
945700787126 401448652242 846948897617 256746535220 506162107300 101926248314 682120355169
950152200731 638400413203 033324231216 708268546893 175843663043 078435078592 810447849266
395265239871 864417338008 568169232134 742975458326 940216125333 283790096064 862778549412
667951367404 587741694559 614076265662 502990069226 726787603658 713793279604 184883939339
346926354341 548095183623 323317522937 035210291464 133127520371 171667548720 634738923293
785107290295 144629274154 676194794274 716691603049 782928896147 458702649979 707920638724
082502300642 554499590401 197410853516 784440901880 646293748354 439614400353 523310304041
178457228902 958180581032 123743825898 702747370401 068377771592 512645357065 083009214792
583498924751 274536220061 058545759973 693135297078 143742841340 551954446721 489415057452
839171603715 453082525558 343202512542 416624457524 562964457910 769717152147 095185055003
550543906316 882581057850 746356562047 914667680556 984384552027 709969719889 807233714869
563567031776 877637897432 734928293439 051455670607 446079704769 316462781214 171381827437
856146219708 808702106421 105737785147 135883737738 824076528045 191427137488 110559744718
310093937519 765980210024 101251123081 368260338474 491087716132 285766026393 884928495989
823656572720 426357202637 482564949491 262914191713 064628059566 982549360326 132019252804
346170439028 926027993140 436137026582 012131285148 815857311178 210413103357 288871817295

262711200081 475064026830 464189887697 478791731737 038139991888 242416994212 152776045185
956711909418 073734793310 997092831554 681656395271 010461137625 406644958618 385463898220
899677832955 011143149959 368039822230 371363295742 321735744647 342109741491 743641994731
958840052638 726959231836 423254918455 955045343778 467094704509 594201202114 220864191279
049359945213 739248711074 323149511380 429379365543 637217263481 907571135312 709307952729
522112479531 498969908089 466574769556 512436056114 200866399056 099000380302 506124236077
503293413472 890501316772 809713162683 495963409292 243031195084 878867103533 520023712730
202916592975 252657039210 421496349523 857085605723 434621576956 985134068304 548331545907
536471146996 824209102321 431171769227 738534770417 794076441001 301048596092 707211320523
185382227444 870243327103 987811479127 546080836115 687792151311 310450083663 631007517511
025900280864 277150209627 136623974010 752884454683 316182115027 892643072976 355761055112
462033248005 310599511150 543148482955 343295983057 427245173788 652719300073 232173623758
732731489091 094553740270 481185557199 051683938745 352067970859 211896407854 895041094056
996598871598 863362077955 045219321563 361246853031 747054439402 941829263552 401554523160
986825531389 701880153970 459625016917 966481250155 593231148267 300563383579 726032860177
847414960045 697257834956 205873287301 245145557634 523029864814 954410090788 352980120701
265410952518 460666201767 420452573679 946907719084 537874820608 029048251670 176619820730
618331239219 353569004070 521549893903 446593880904 750772416954 365185807506 649045944318
886297872357 160302248135 220460109063 521450828063 974927551284 769435499620 339916448879
197437902095 718886320024 750207910237 907307296374 632633667459 427556378453 569136734552
401489712590 948036856628 232100500394 007310663207 525728314711 519263328928 520696723934
717509829526 021254947643 301953574383 509258283111 339115390633 766173730772 363027988986
998579945016 592376906754 883798892940 060516282614 004815046948 281403308391 643424865093
963545890913 280595111633 455036563482 451915058317 949808318272 813479505077 271733594966
337188214919 283787116463 903566925779 942457394355 473044935559 396848032790 208614196815
082606481092 468854338332 986639074547 805263629161 562798803187 828270745163 032786390756
653362197506 322424864576 945975359667 320060389826 293000076125 149479800895 671245256955
982758548576 901246368659 494224227727 177151849641 751071598416 357207241224 371968067203
927064789427 894217128426 413342711831 847944133460 647243141150 155098551171 241466824331
235206284065 722692606904 747919644729 752832274956 981963277872 816259540120 205380732958
250049744593 080978240952 991296542331 849879880077 168163198608 651208831586 725650659441
406184468374 963189291374 599342160348 482288315828 973094216147 368925585169 927155311558
888760072170 341024458744 020844342827 300467309795 555666811501 300338889583 802314643138
290026007632 285034758307 808788951803 139810207627 889851743534 782251208467 594974300244
378958428956 807526632036 276962994601 808349419949 127065591308 400058626563 996391104068
510412820071 532462564263 714563557576 945284927112 635577196325 065896545536 482125459263
355257292595 281499341587 877651569223 119151023373 440716991656 476398200089 698462984399
775938539811 213321810328 198969945792 617649358297 483733877523 528594640351 382382306269
453634581003 193672502069 828073843334 117528315731 434263989641 634712705303 477569915580
031181591809 113788026883 854757697292 339888286032 302997704306 662886955301 210272705763
395989768941 024996847949 816842011992 561348075644 040655946238 370872368881 254894914879
487348086141 681055211400 184551700844 448429484755 073273664282 722206336582 401745498808
291301883914 015680905000 084954657373 000327477972 099175074617 859515799532 022372852359
204007425152 256386166756 203188398117 618611960221 628474319079 702503674592 828046781785
366473935600 354038278281 845766947823 374571138221 219326167295 010427069409 520265028052
289859093500 239449087456 262053452217 311940957783 019536051850 385496140621 825306182036
518273370621 119893902448 897538635818 099449181578 487833652886 543654224830 202789241704
968965110417 275947501781 226785814391 748649424357 300909171264 877160595920 974458114629
554223100220 085120522589 764778114827 039426776664 278274625939 511743807198 618722265586
504030028469 146927864680 031836034638 172640570270 742262034297 187555809938 687124046562
233389146465 830554301315 509528510972 630050805188 265272685335 372937338569 182693717167
730316118647 494810424215 127915910146 065697953331 337740959367 493264414637 024275245393
350301309928 336485407069 840343991212 452492755802 997988240920 664464042585 966200888741
916498773027 540372920421 581093781471 313622628866 669454742124 495528490914 921933719362
340294337125 575569988652 966236450353 519202677763 794248208286 056893623152 152317885014
521313214914 698685483594 470686585010 981314205892 676416115162 109405356780 736810089734
245872932705 210853572676 380564228840 929665884477 795279546710 735193295474 713015079220
840328232204 428944678218 396547110902 117340725139 724757357008 555312743219 996751259582
568063235880 883884366203 262266191414 934740436498 000247398332 092411838667 429609269460
701418388178 110714282439 657796388439 864782313715 424989472583 041145149526 872423618996
763058816820 846327437441 210390552765 218710735564 525713360114 558045585684 558650432859
917676519619 327114349866 540777451450 047307271171 479571222757 201812886446 440777517460
328242317338 533765298981 044232240467 724632047951 798097157602 580088576897 513405948054
826877288477 629384645496 040270370508 539419092769 937066804551 719416040376 351180185513
657545109524 703460226002 074174282384 948178225490 636599208474 903758320574 467795910675
566064077500 934712981700 581876940802 799269046059 498721176341 519148822518 670439557310
017937100046 657292180372 848797971569 227888839704 198254565706 428908985827 958625659901
375968750078 569853420944 399597152366 767355991155 709006141301 885395600693 305082611578
831597901882 912877765396 964067539208 084858229047 556190518637 549059417647 208090848523

929966365377 746870985680 142361370763 704674236180 292186795924 769777652926 292904179839
275053432943 384476533398 501228283627 985150263745 427966717714 841975733906 572871543054
321575235449 320534653754 238204844850 884634590853 386677292538 520444984413 136863751894
117684862613 603681937363 513393254080 685226921474 307329134467 625293226408 453308449386
471515618139 413634350364 817794755097 633925598827 869036963238 633034257944 529229237752
032874489020 040532668139 354752855017 464531717214 599508145561 364692526650 227115337381
817597855795 041988075485 811336289154 900903908060 775415757361 373755988018 757307536248
737001291223 826113438103 923437231353 689889153374 949378632498 494176428141 704528408296
939917243232 867725641504 837657731144 933521553852 300178110827 616363037090 205259503779
092534110470 570046565251 977925679331 410886632640 592623178893 126031528575 871642421190
333798725775 874290129037 593626972723 431489357257 241883794186 276864566775 868692027601
439805016387 143520477673 880900578928 363381779738 845734410014 996643323582 225792535171
105948560789 182401521998 285226946509 587631492471 279520164467 647402704689 545435103069
826179991402 234072854891 546806842095 743207506621 154487626644 675798636443 880232586360
886918759442 271521429650 664161384963 815027972173 071265920578 266002784718 140034209265
693070309044 570245964675 764901852781 393148131509 203641049845 969060225314 474822945707
025270436304 061114455142 227669366501 254252372074 394018277525 089414329152 151705997454
593125946821 214351062276 330331850433 948895127672 063729151249 368193570319 104693572905
276288768782 500485054800 597323075326 522779255241 991315961791 152206941968 547918734156
699781096702 562993993208 164507174173 490564339865 219986639055 709352119852 439067986150
214486239284 387398201876 022854712303 949459661572 587509650320 071247665759 381372124801
134153550616 754720369579 105597461067 112541711745 369543014719 141993731972 279716902116
135726252431 164722893666 441426212438 549813623694 963571282116 036854416071 082317751078
012983042538 141908922492 085953646108 213956481132 053160737077 720760559934 981503424064
077512331512 158999246297 497845474385 785595227089 267102479199 199645043040 166005621762
962340149282 181611520504 643814051201 017632797902 693271222701 259270816304 579408695938
850308858577 776769880577 120277461858 372818585997 017721116037 109827393241 471979376638
648431600084 157927253061 164085015150 016520300200 142743376390 418788622635 274702258984
849469077694 747613276391 052599405660 382382371636 943555470658 174827307182 474182726362
724046239944 028444473642 458644475104 690299765267 497344356985 708539057819 159958599609
675061283091 019474886565 075126139713 632927641583 491304208300 950851100414 074557443784
927898576072 610576974181 963369679075 518838322017 344376439805 368296268732 851893953081
597213840998 753657746635 493253113936 255978954300 091191426740 753859254969 015797341918
371040169991 790094567835 962857322447 147907320456 964719786315 490862841233 325174812784
828809848761 022100974278 347516462790 553938519668 895696510876 062872957459 088920170238
672074010602 453894151954 739328142466 223126892362 650272056402 643021776903 189555520611
271146314671 703891577339 006545286923 272080811157 875737499103 532444669361 653517522124
688660805939 738054689486 755602588706 871030811898 922024217495 293458219535 300991561355
360731590956 734699069924 874268001953 821752462105 349862701061 321590757260 240804300827
868356293198 384271052198 354727511764 233027995892 687273053118 355805687527 612409197424
447633568095 687484441045 467028352365 141527656270 080436309747 745376780982 087349803849
825992488106 702977549495 352282995165 465598506874 283176285208 571961393797 828505779014
996232139220 462341524168 238038894466 242673730018 965433764765 036341251828 509512088864
856294714398 779566559280 749164896256 218592671541 469217676839 605450082164 216260561064
231444357982 306919657804 705747148460 072968182372 287977560496 089158178686 729363237902
415792047283 646970210313 975180097841 598550007055 364938753212 574961674875 872583259925
957615074339 186228437988 301346044540 880817809685 491194541193 470268965059 919860410997
653211196581 062966550051 161836517062 029288087760 914984616731 644268641970 892306484630
567545738872 024760165257 760852937721 093358445387 107402729259 191524626762 353817978693
064215340131 633701135735 635111098141 821129662210 736726269615 672674830775 248874448416
766573702400 485083937025 583859101226 694835806839 154547916601 645691486305 239359779324
467255886717 416048550387 114903176075 537321944728 305822191558 078807524536 969327446017
473605242058 646968697577 061218677619 720587491045 165142715495 423853920232 526975123495
465463090613 294600566507 283098728033 873735155375 223563183570 253700649409 263808031737
463485403611 466000484687 624231089472 379165007451 797052486284 672766337551 730368736838
564403704980 661790920083 171078821049 818331552614 850537354075 035108223939 247445630109
692042278844 737169688950 911185736926 890336659718 522537770329 622016708106 551812675800
940852515068 477579219138 932138092869 611953122090 503801810765 874883683178 827814252786
261879667606 821977039093 260067296151 275571252786 437069898354 444096139173 790354548518
040397333137 480523587910 955583040481 534804539187 854038243236 907304310274 062641777762
657301034703 384021129669 084818046162 496487394734 584412155302 581522214994 582224994194
195472564103 175021144228 086523028022 134240931939 327276781959 906081125986 239673394589
896190716797 777802595116 314775762640 285882625148 158216439944 135061960811 758904619511
585390826133 549603880323 713522245169 681180597512 189590028591 797390866524 495280407827
130270045377 437267855532 504850397463 757394646098 408565893018 482234161498 658315034660
821862236058 019481145549 035154742662 660612950268 784097547798 140726823956 931472487609
828034508118 938340409615 343148630112 486764653154 787584549465 222275318773 560890835043
837081120882 441759938586 466309397048 117253004020 305813409044 745051156377 054103501416
686191248525 269493348297 851018111472 329874045396 127540222219 095844050872 306623268888

497042234567 000119497518 597964940991 489713853622 794588740760 990432854228 127730581830
402494510870 633698694686 740089481097 539710090849 476830410711 529550638887 652490545659
994260773886 347394552511 448972036104 793757254472 396602354774 812749416069 835101314764
023641949146 105980556375 704465155667 123652568282 701574452847 602207817539 723371640969
862649205576 687615644577 446446649254 773467297255 570538828590 789231759706 768639824966
294555601938 731527103627 201242931201 764252246448 031819544683 337639946131 383614457041
608883422253 715587835807 016115602717 754142472333 152781356694 009898004445 823899842006
407489589238 923892752289 147329455312 404247755208 380523795101 239384358587 754549990012
720682866599 985790984293 038460073296 238426290797 218233372747 669464015269 204881430422
739438838386 988072365034 008809524512 726001361525 704157749789 546427459286 696216415427
519072078965 765676204708 762910259298 887712834058 061317182068 879509627355 230802280366
588530930270 461940061446 449186278566 424494208162 102038327611 169622442138 639731157130
118991853169 915158165025 834281284874 149275360507 355014927516 496556894986 881445782807
241540090116 176936589862 811374592790 322578489093 397688160867 085700299534 572157942098
099722053214 575142715411 220939886987 456280116533 207925455196 985191038428 157268351201
092367995242 906867995456 830838859301 366721852113 536417244228 370492060364 815444971779
988618739061 970126506684 370640425124 459951909006 226082179845 415139874086 156189246593
084402747014 710167254716 016686017397 691997662011 119989301553 540628177813 282386798739
883185480936 514175269040 502739923269 532293931036 045698425205 947108776022 321016774679
279356253076 833772206929 809952133275 493410764068 293696256538 097982992215 020076190656
713323330719 175311095376 967431445827 047452191856 565617305618 532166042594 645538561688
375993453276 738278878122 231537281113 417355451707 355320827604 407745254423 078545374811
259665463557 459604327036 854215738696 224447960925 936750083098 914000685383 635881778748
642710688257 878740799283 418251977140 842230489497 915517987678 274684754084 928993864763
498391753924 459329312913 808073876500 505220066666 272734384454 049896801183 432553499976
250119217678 755809806723 324167826178 257089116301 798088195583 791075401180 509621601093
080422570180 549297646784 115387691430 708824753121 723137940372 365928771043 455446962665
999926233933 298641137100 126804081160 276969402287 136507298106 445252016551 733860468650
406212924578 927147227426 763861426823 676408516411 947662651437 101393855680 642700778296
596804860775 179492212156 291738671635 464988985383 575153249743 158354139913 221365051551
384109030902 755433236441 202253007704 282111471419 181475709618 331378229434 207254341031
555828186693 283866836607 269163836967 793201021420 290468133704 915343805924 654711497083
540122724100 650394974216 418866922744 736899506252 894502777189 894691329634 675858792642
352116335464 746864260548 561315778403 611431490269 544275056480 384788879432 956556048443
391840602027 045146827824 231514065070 221048519592 072312004933 717673835237 093088565264
344841946773 453824132968 854306302477 825543502819 595717543326 873583172827 933774101026
347172525800 055108998087 920427447783 853642749720 654309224796 057214003306 615979398156
970613660983 964055202876 699917225472 402063960609 642994542705 915460007353 673154988077
390830015813 351603573011 111410928015 412280666670 587855509270 333850098311 567628516164
924255092928 303908770988 934946072349 028658560205 422067037156 804635003826 052763710823
986597931848 309367641656 360790706605 233434111377 931216120205 880951461437 739476835388
395047212945 283498654808 648378850194 676769456232 670199871331 845545348373 608451276718
005678754235 887195105895 652797804537 834484650468 146951677538 136951845103 083239037496
571621433079 638601544816 144955239351 112121894430 238269540578 601164673736 647956520658
725081592753 057131343835 699200489996 180432549502 052195550206 179277993056 424583665872
167535192817 503344992391 833256236162 650208149035 578612440518 344040381599 135827173843
373404529744 999640599186 566641535612 424308001626 179337509214 296580882832 219570578431
716979462845 513309683824 600036989961 805929879506 603760712432 725597536508 820386360958
809040038001 760475078669 744332587723 215438325998 399864395011 449541507700 972822653695
839438085091 284110416290 966370127424 988176163441 016674234005 068361676482 327103889422
394820253086 967222925243 407506026512 988576358781 375008510056 886874328274 718732324289
847733542581 504162589550 238544890684 967676489282 970728115843 511676077617 260489135585
109814789508 429849836055 936593710532 020599790443 697353401662 876453206371 886938218978
015732190762 998103612568 387648387269 853601294481 607317618658 066805968373 389411982650
087326242669 600240908832 076226117839 991574402105 842789845063 036014199339 283624554027
683509989720 421859620902 016210156519 223584211948 820209123783 927557185605 541656205455
347196978661 235058348962 821286082084 034973119988 107725904545 863376610850 509582385030
751284259642 859749471596 754259240349 558609796434 019664667217 572372370707 851846466383
706717029954 169832988691 247281876802 738125496293 898760722340 846570950989 432016548760
479339467946 851343732630 392230933179 068730316994 180074048000 687251365978 579585994780
199496523427 286889887178 135161715505 778391587138 640405789565 918232137081 400587138088
365230471671 271822006018 608811257260 339862403542 067521276908 921081552260 329300444101
890637236591 957119530302 882485868478 256488300525 181260810354 213518122471 584004627510
592444870583 709540835318 975215236103 420408450764 137674234730 058822034323 160474633043
506281423210 829487240902 594764411891 032233740497 947408578277 622048261821 951428217981
124372676625 846895195106 998673740227 323002602615 059706421527 460232699949 700615823592
828222978328 684019972903 653781681600 288411730673 324496628384 032435365041 397536205509
105219749095 799860595726 941384024267 555967486377 429308583140 664803184453 153290815321
549434582880 442937355680 052766701800 094788733588 609136494945 838526892791 365594342881

741864555941	029617929958	126080970645	474650902342	618403450108	124033539000	610734694120
978386716277	216137083614	515110500772	011704214057	510295511491	370255453350	206814116524
476917845869	435403411879	135071947286	833389662476	101183017004	972618956118	398981605390
920089117277	245282732995	868083801073	781314001876	067250126926	454645097673	374700236767
820135235673	242624788804	823436290099	963301097657	305710745086	213218779682	807434398964
835524271448	757305830321	802494521092	319912041786	298321106456	189823450495	054397161803
039568512653	801492251694	878479554724	186382786275	823278212993	978207428675	547109249821
824468614795	808140835500	466875596261	579061717590	219271869723	784547241129	855757317937
479535182955	842991336928	140588480421	571538074685	311302335494	627214184400	563239744587
537727518071	466016570650	353750000780	005476100367	863699111323	985862132218	224624643435
010363223985	967017289928	425234113154	343262930390	735953429144	139338742821	872148418613
127907162685	826684720595	466403565113	327927292836	704215333378	156489787872	434723165771
081189058811	592205341344	776752129774	635506551109	801811454708	921701244106	349239492424
226738349439	407865465836	386859700260	199154168385	586155789670	127220023220	031686195419
702892475742	166676680152	480824022111	156190982909	528829342278	406490395339	672008649956
965447075211	846134340977	857777364263	165869169876	274954188683	133247514531	590023354409
517149140813	592731911461	920067757921	585633107612	547070933961	164415088007	272939456368
492532718589	155168814720	960114154056	640038921028	118648545950	411900558007	928394716199
676003018770	007299166134	878103899189	799277933082	603333383340	579193386012	599266354350
647100912606	346252385743	463526847492	979065780017	287665968256	219468541077	987421844550
471048251138	993654279944	593202443898	985134425672	669327861329	504851702042	670416810423
988787766282	835019312545	495101087037	669638120603	127617996218	893187778305	204501948120
474270520457	321254873390	393028668085	392898551453	951830701677	372533915679	276903907336
248590343351	476117870517	797664710107	502450768161	655725395482	009480911058	631732989175
311841603640	219503463573	219594755860	083208292675	123788495516	672506492207	206097412031
293135743537	452185545498	302580415651	798622780164	689374817239	713381123695	363735811057
393910536917	973929343197	751880325243	525860808275	537409997210	154008004697	992794342234
544768970758	031314906549	976457271996	996280332692	090891558381	760321398926	448802376910
082742090668	080043739925	045412236849	719409774670	467316737887	852049416564	473707132543
728313954096	231813376473	848894121827	756876058275	472115348406	411192866091	980614228229
552490758852	587114072134	140163523811	998912747789	131397574682	809342472823	110218984300
702443999642	906444508447	880276686539	463578359786	330143574307	385522480118	057855163003
059480351702	305291761937	668044897455	190062298141	740225468793	859809142285	837449414294
668405678447	862996873037	366863397510	139100798455	883197189398	404205851783	126255609907
516425666609	144857660683	679374480652	972403709933	396292834348	332661041368	713447259629
441715366168	325692987460	751934900436	754871245012	517388228959	426432206171	837705951665
664903889623	415903428365	924676238921	543162109473	965009869257	089507504114	157819718945
799485168292	399767685260	590940847692	555560320947	301798892618	229473834688	688478774214
747821124629	005048761624	209757229517	860733959886	964186053995	691274261105	379964864827
288214729865	447937270511	431036415399	504302492489	038987190473	804812173705	725663713465
147154131222	056319569952	971074484542	325785409319	607037480624	328873057403	741431323821
583556267142	756875575513	618201917633	010862837972	585511567417	230504719060	873616277083
262964429580	482797563630	823764361615	455540616980	045819644670	667810243347	845988069248
477274895298	262045169437	003711201912	953531129197	138017595577	974532179706	899810786979
967116140647	258355731385	280378144794	618645821634	745203985589	751231713640	797468385145
592041450052	177212291446	699278647652	010036539788	997094195677	954229000414	384548714348
852855651763	080299251676	444247682186	490621512191	723425686851	600605859780	896623668832
012839653122	703074654818	211999482253	881430040168	114450362116	720244462048	282967776160
165637897576	349795548725	510809105781	339420347277	448474876989	841921828085	630416492602
991762303626	322504418296	296521543856	287607037421	868140047386	309450159109	132542103032
561351107575	582873478656	260809325645	074346337233	422408558581	633853715306	945878269202
052395067272	475369001398	011496431659	458297164868	632204841795	219642449832	794880631346
462010891393	287053134556	150378876921	145927268505	146771355995	890632238650	764778282690
168036013061	708569828863	363533982166	411661335548	040370382100	344583808150	558303401797
120822493909	503856609585	571395374634	762832404217	519342656686	392559177433	783255482070
386105633012	623762876981	734728224250	946153189070	215082050421	810397748940	765721499083
247852854595	100246795973	930841106272	522541569649	389236827358	143460772759	803346264312
598278889441	818491738026	870449603886	707186477083	156478758911	780354308201	318656582034
354073422928	347455769651	498683915039	761412613360	789480997559	164824906255	168553679482
474050984649	608568188917	203699873757	964398001165	295270277237	226019357555	720232631014
768692847626	362851893048	492690926409	854724936481	814128316893	832831257956	621359883554
452066740895	840923148625	755911051962	200050308020	425737002899	660124136355	648802803399
956946560958	857632199260	300046853975	598028765558	317107063997	506660476148	677763563226
116127152242	671096736184	025291082552	446153885776	660277960808	983028370687	781398492381
254517178987	577906769165	132460310875	518147960012	167620168554	361388753511	114464644596
594898628685	003842938167	759796191272	999045913439	604283622782	145743849108	066267372039
815968331145	831327755737	193964762139	470369487134	483796533672	088650760949	443106748938
628101668608	093548762040	629531426836	790162232434	421625009619	198865282501	847807500930
929896168789	351440485278	448521019497	293149122933	664283836109	583591179266	973210503286

586371961913 064985733208 661524319891 775175613307 253369060628 944014036246 735791686124
190767973072 153896099260 914778003921 829096605678 051574245394 812705158278 656086176628
088767548528 264353457929 751091037432 431480490509 972013400938 712099679922 667327456972
199757397498 352955663444 532434557032 626027829313 689388962967 691490051117 916415739641
516223459624 143879984997 239721062591 045242665562 829601459679 012861764153 524786433047
855814962571 113956032515 036318374506 194258790732 974799065403 378129323435 496477095994
159702169181 036814733833 330641513877 132215173398 409381746568 333237521245 212042635149
480179573706 485748255881 296241114146 469266177478 173860156155 696776808063 542808133926
222268057358 604395739162 738771435084 847701866265 316974888647 386824309419 601892875891
202138727709 615384880950 656532073442 058984978568 214481099344 327143794129 234072975479
326476182962 040361443641 127465240436 917542835856 614059594332 610091323144 864164204976
494795520171 710865170698 122416084821 707217101649 482479807749 180166663180 760457163952
518386095827 183272086570 529825589266 492312740506 731234877203 497799829560 941063603051
658168190384 801114703042 390182045758 372731652085 922539947510 938900121122 194266654459
086779269137 115495078966 657667654609 628827777519 957055450729 792366620852 350781689434
003204754374 040076217990 918813510949 939669431342 798599215806 292704213826 756214353405
924672023502 064258541096 859551282959 888016794748 534882762322 608988214260 279669494883
399735380911 531026157275 260615166467 574723112673 113045630210 164427562827 821914879246
698975320978 326529216825 843304790854 783365426975 843307795571 952000101207 872401988134
949844384367 638270411742 100369511690 111801683269 994661201008 605320941579 019288976139
784035165111 599346420444 148276820545 506341848306 161979946027 048964895243 897025843417
177319031533 093214798054 202089619512 507592936490 162781474077 322477257322 019135045680
559997856927 754305465787 984285946840 858678413411 453824124072 065675598264 826257619030
338341742518 485385403847 037100690876 508085350864 021762101015 672829143567 367711035116
439783634404 283023478073 545669143817 704745089458 721178783915 416653092472 697951952686
392823300371 685067876207 877548178391 081973218290 478799329139 607887417683 308186531819
994065979267 822132271345 963247140952 946307619739 674998463493 636097580672 536615518078
598145349535 821601480260 233176252015 063663993913 514287751153 532124112251 505706572311
520853765028 432210158406 189825700470 439171864907 241208917145 612024917300 437993499942
065866379857 873460604806 192281194643 315629256867 108796971234 962364061937 388112180207
379159818010 975908011327 225784300250 111378803495 792043918992 883005162429 217600337641
079337196813 319206758299 182607848524 757117752420 168349348194 140053916463 935218273710
489150036580 479259761583 436513553494 384319150921 462930819950 183591670942 530265403298
032496761584 396347114353 247143703922 148617843828 261138668855 215984613445 058033026369
143941743559 917537871666 881400452968 934351987652 723008458465 501565659895 211301104852
881693941568 670635178319 221855955305 000298648325 444774777199 550165082658 896713964088
988056795806 691606580609 404851392801 022276976156 138260831907 603324548465 286614649429
483966773300 807073200675 104262514142 962447145368 750970687850 660059394026 518778610327
654702806325 729906196897 591887386672 305110123794 932925976495 748262551959 273944717640
092556185211 857724430888 945893130457 097527258670 714556514236 034181989031 519545721886
211491710345 305965784508 261868074364 977358317577 008647587996 432274454895 007809667119
616215136769 508530892336 123866628348 110293980460 743553427272 442810490328 075676700337
727112094912 843448745081 356882215603 305043883517 541081483037 534434208412 208168360581
326234576775 427931619860 454305044485 105558004116 794337671320 558147058727 208825360473
106496793184 796373527884 478852058731 828660065633 493256023590 888983537772 507970200505
414402105594 610720764924 409136337227 897399466397 512341178836 631250900614 162322765702
854104850679 744981271814 676430841410 300237525653 730495276727 548454599978 716332533105
061902402151 814681001465 126285103975 983941288236 986211318315 247764967957 774419133239
479855287165 302319986980 239839847319 817881713331 034433989083 795800005131 965345233833
901090970444 714347942650 262857403151 815203546507 282311838519 865802936213 522437975431
938019834329 143125027577 667543168698 886028656770 135003725896 964458686834 176473878390
665444218192 358577310787 002319174454 287141600302 682837240494 643603478769 035733261881
143101081321 885527985897 303450534403 303722769151 404531823618 783217199889 890550829089
662419765855 980578341428 737306480985 290782145941 126494992196 511361256777 307699460580
206407239180 866900201756 956417595527 211359337589 791160475982 315587253564 456825714374
658566889820 373705497045 290715846973 763555870609 280120176978 053293579678 380795022792
200105201676 898873254108 389319250907 174288810810 708623207551 018480041769 696826290392
399839381162 366384787130 819320185559 267865898070 985022953739 494217542469 625354704395
473241339247 648521037611 777311231385 001618713047 106477839324 875850063619 911967787753
268071392468 984403882659 360510854652 369222619272 403499121038 316226297241 144083556868
049980746048 371359252075 390170144693 739164092864 863919053757 393294556536 775435632948
953085479197 356181168943 469443443643 030871444254 910609829482 881581159563 562993377947
392209785110 406721664480 320531067091 303759488434 578734398473 707653747404 793080903438
244339705830 532695856299 847938304808 177975089019 323978819644 747281348548 648563997367
907690393025 212859195095 945330313797 518529818662 620117612609 532139263391 827182563275
830591189372 106915776438 388722784228 529009122612 514080523150 812027262477 370667161537
297962365171 711830918171 522805265375 933737558128 234864296932 266784713386 959887691580
950811504993 633735690590 084289200705 482525461768 954164710778 011758607143 286624044830
552364259377 579855244869 608072673059 076502488514 081476189179 998962929079 540606916509

862750703309 100886611993 183653478110 689500553232 123231040994 315669757128 432110589272
907562665298 306834612688 174350276344 573487313081 278785396682 594804502445 089945385062
622281565720 665625908071 060090719474 158064342896 173131515706 055811399896 076568427723
954812062465 492792246644 108673930170 526784065224 750410536043 235086881525 438218840578
152295198789 560649956069 827453289227 327038537584 520927092429 466734689593 377789658067
695128590449 057399130794 876253979899 894685344867 084276328476 440980465348 855120943606
428893738371 053515595879 507510368199 958600924794 052205154880 777749983061 313790264128
273715757106 128173624978 364745020722 775619521267 432735816854 961196988825 831126166950
522240218811 466930625749 538470869958 657459988789 278684738719 864383790480 463746222816
126871276345 113094783166 175997075950 853325746028 493740010436 450345565804 494429503453
183381290785 088833385837 869771084982 066510206279 570766983344 517793452718 037691141020
755747743154 293290326295 321149788262 035159874125 464228843952 777954992895 647543471058
985851590055 084900569690 369399463805 412744078272 079588120610 950182666750 528291004286
440115969091 560260245872 117456045510 940768469797 368274814597 904045521904 841801154566
347833534380 881534140372 398178819077 576306472338 368480766171 878875254440 731865830501
186475632030 171398339007 898754244110 262777492594 557872631516 087487025048 062038162606
284156754299 711008457236 079436838831 775697116071 774760197736 299860847092 256124190334
430386806075 160778365027 891666283609 317675969553 014936812797 935466652393 898654922082
126132776378 982029467995 816243987059 362391705117 507050493924 429371228752 072100479003
695203530541 747026881003 131427531174 456246407354 520013033515 441611612845 306363822062
031827141203 471057333057 060956104199 977441294378 972333619529 368071162946 497417467460
616194428419 577150642124 491154067073 122138420641 412696715456 643891594717 779694935195
834684336783 221413037431 073429174373 437635441590 737738077683 355454522041 607558324500
141271289974 101494705488 647243415899 129609228298 624074551605 891496310210 005958713471
920979723983 683128011017 526431868611 183517017358 675406492657 915137405821 629724201883
751029772027 692280780173 235365852486 610373552463 605197417587 182349087381 977451996041
351604688086 082725590610 482822257576 746358191662 903439070547 597034809044 004304333317
413461423454 127456779872 589232409091 510873059202 427900149673 701513477215 142571480238
781897278909 931923211885 180400304976 289387311988 687633977056 903190741451 762975055829
507905515712 897726034354 672225187519 472277750347 806298881580 276408830585 887321140899
356256544526 325626293042 854399332825 503295028936 990777054902 947079622008 390293221444
112657382089 568543447852 253558437312 693375479376 599430699100 569908215603 145081988649
438948867959 773652023776 380526949555 871454270658 517474445964 682352694105 685193373700
491448623760 659795743742 949313762849 542374769629 842362040406 990322328625 482822335420
165228291288 443421575127 060202153831 784521856484 115066939436 436446339032 946286921500
120033173722 315945993702 440466546440 107095463778 627366769045 642599775860 341423376275
925853631264 370897307579 552699685031 320690918306 791326542030 640031482455 986239265759
757317759128 625308946541 251662284071 633701497902 673843253016 190101372978 864695403425
694557263052 203876294232 648064996238 163085500312 651680544788 556819973108 967957554426
839220485130 919026882403 377120177863 986046398002 560372060692 953460153673 513009351664
904759969041 534844228406 494643578396 273959796970 119995996897 055007139802 671431539123
914611613581 834068087605 346672553050 422397928096 566221091111 847789650335 190031281930
814047064787 403671555521 140340703039 890722323391 594235126529 717112144915 912874696964
544557092280 434733841013 858874280507 251493201836 765498654426 190687675030 397956939024
213437475259 202844493707 032198240950 852874392941 278159586475 430366953365 464650438122
955385696018 708146303600 068102231935 356775884221 706627177875 228953937497 394498460688
195899260579 042663242818 188329768257 087830890164 354054641753 677975214014 916981613499
304491042042 741729907318 379698513124 559586063991 996596689961 080050494007 296397098959
517574634950 113152395405 436384247715 767305796899 780935112310 127000606831 560134705616
884208186210 590658438546 853522653099 408095506864 518196431045 500569852864 036972272644
964072209107 280506565175 900536331942 571882619016 852091109444 623049387276 226013009665
098018150216 116189314991 755448664845 101939640892 424535185862 966853588072 370252086290
396375135442 408416767961 062540774535 439718720220 389829258815 048817462632 144019324591
263846776453 878214900321 873605288401 615814676934 097243424966 959679745512 952152475413
003838241759 677554225154 868903498467 584610663159 419881211797 133452509275 307014085614
263503015271 473708797902 296635683001 787990288084 193893922491 884489117670 080380387588
878016977011 134533491153 480210658508 757002551736 325688200975 955274871225 357182551697
875315095569 086898546483 794843035187 061492313573 402963136527 912761526230 610431409239
565352297493 261018023574 144940020107 575292488958 929324580351 889348336232 266211070472
227951789643 113533222151 331112813026 996570565423 666607124273 606758337678 351910125109
944370304629 076346614964 495599673032 125852284006 812886320601 384391535239 320911579060
473413936297 323492759180 894233656526 093948313364 810290643586 311830825965 878597847150
234490787476 787995667424 852051040103 999757103940 220630691734 742020896991 756005288898
736759396629 367401720982 195418337128 233932862477 317196438625 665314551269 922236776677
708198643496 799841526045 194640459016 395789604927 913929104349 027568381726 840470522981
408906713149 152625044175 452710112357 868012989368 284933913963 833660781422 917945543449
168097066491 318845378120 257962155232 128839888294 830960254154 515830155645 623132845031
741857697997 991078955656 799608252916 553758612233 838070069219 579639419837 426117676769
100507357501 471041273917 783596347944 115924160740 964918923864 162314431509 843379999957

412386084556 879065017966 046590401190 093106491459 764550874416 917093615978 054671746589
930170413753 904682544419 849306977396 303361433004 032263704413 884245648531 960009102403
591486043419 567188919858 561565546577 508901443177 712861645686 219001284594 607421607429
571045831400 462012463901 102101932368 874623187463 906390518460 908247466122 225868317169
890636064025 404893508750 600193538323 584777977777 184156692711 224004455167 705419310730
388369438797 889046242175 900466660910 401636227006 450671672563 298135619169 577585613333
903982775996 522509904038 709327898622 159549437997 063064807096 494177080058 122705593309
162118440046 358937856324 358641910615 400682047879 016214044578 771739810295 260717300099
121797113754 243334882266 618671805934 535003597940 626101694558 948798528738 239461925927
383005865786 236901271929 638265926393 781959687776 344919278138 391527346851 031712835011
677541289696 340176336880 334761324250 065479448355 160024231256 646080107867 025860376099
390800451756 260090655554 130984042735 743005006687 743313528206 170729903389 370532225467
004205889640 465239361428 307918540416 966678324070 955958770942 320094156109 555343344349
138543884086 108248624289 859619741256 571704240067 876712368593 537227109156 704060621943
472602040994 139547201317 552449158345 944274919192 913502355834 404187206974 345886053833
701858976572 062254668638 991474061713 844091114054 244489241812 528058737844 437599033702
714432320785 204641931475 594758314291 941697190629 769790449882 130801925875 904858757010
280498900927 646674318174 193127387987 919086670564 601741410451 836547363921 120183127264
213529907507 531674186041 139085079174 044172658009 288966400350 856182993724 721368434131
495692957040 198130016060 875412795746 641903179733 259392402107 416767024235 351742211828
571516183297 681422260730 902963694871 330880778555 666323972833 422527065650 730725189030
903950229751 455450814134 444281654143 644104921750 622706436286 101757171120 483665814970
582463578007 550456264537 446280525932 841567885798 506901058045 279756262857 220830478354
366813133031 723323813526 470752577952 330152891663 952865431899 957317457801 678267281460
222640381899 566937994842 421098248974 200882331114 001341044095 160930831309 054655031595
551547397748 022146240676 110527161375 799862835439 696657835524 567007936049 751876795850
043478594444 834874734552 599963239258 820104452878 957672333911 085208137994 842347153189
526128187510 890512135465 496924606655 767345185717 740511398090 050749322800 709405692065
544287992897 680913853288 239231274264 963790719799 785249090304 609585020328 130118819189
798753861277 050983112679 686721178100 609428860334 160740802044 853244141445 794547210546
989291664998 194159975081 170839975855 253125347930 707237719482 373833676065 541850211333
735753571160 498408863069 626498901511 556298277922 304333498449 367839151985 626850432520
084479855462 969126299788 313029363064 633704503315 526375204047 392241570728 577799880296
353289006984 007678189697 563540217661 942944247537 256498457226 550678735909 340572389793
781914608031 982711392480 497941100492 298143175949 919931032808 979574725337 681460617454
331326448924 803701346264 266926317342 443574270517 747565067556 341333600591 783137637375
920389020426 517169186542 244841360946 598636267754 333221729097 280677212181 229450177664
232716733109 192752337724 245059080858 927565564344 115484438889 532132702856 054060064352
403401177439 426383149269 420366767731 249233446046 152792228711 747373206820 737950407753
807024875139 736974872208 079418362724 579267158605 875684373825 696601528845 015936360579
976487955466 689796317276 414458267140 983930260584 443731183219 527357824299 238053046097
925321759529 437646696717 859956554797 526010481116 090019255987 703160369289 053546421969
361790098547 207855125725 975325768780 341842823941 930116764712 780200132449 054170687194
060874864250 992490041243 777990256723 623875213448 754686801805 700267716590 457174167509
358537466327 846614717022 291277538164 893581403754 204131631796 620462601683 005835840278
084250847061 028563214676 349216441559 656539951244 111527225209 885576318078 808628374443
953733638662 891394399045 918693562979 931691320743 108491238782 696708173798 380276007328
352371305703 835388120192 178074557053 921312504821 976693406394 280234533509 698054521919
641649696642 051922322293 325224980990 680943829860 823933868677 395445267363 219444015986
590406652867 020651004940 978671302450 896050636311 474978975431 863273763793 202279530010
877176844026 182180038590 906077029345 978640932969 511233853261 494565585967 711754424619
462086741789 881434778027 023789183865 475073672507 012316459542 104230368253 015499272923
049706500688 744552908893 664655148193 848056374554 470319717186 422720965870 630049834366
571830309458 525285629892 546132607901 723746233601 382089476404 721767102107 836353063283
918528942630 970835241842 688066639724 543519498745 949527236882 351106475938 370531361494
523326299006 061354420207 900800784435 918514238109 540624635928 800749174723 260142829150
664735646949 149075313040 411948746127 584251725422 993376561913 228344136159 688451230509
792290809347 780610001202 430793367546 069567188678 475890291671 628151047910 984819968795
053757476103 438392892981 834755913533 728342888492 285393965950 164594229684 902163576984
603656667706 884979061493 789586623897 851395030195 525207115947 916243038057 133910441235
127977174258 949971813208 993972409457 630504381765 420237749372 929236666408 582635630470
188942847136 621796280779 475814106472 039686900573 358837832383 938515643676 929109532126
309530237234 188776377595 132558571988 684156351143 465444921346 183625820017 739111963565
973620917480 289510711911 931216161504 935661400198 915406771914 740604502008 489007852104
489840715587 249131814241 237453147390 958592854919 261955127528 154045555489 486053043951
830551638652 963511435855 426789578843 322470303223 984629694037 003638667059 755189622821
668494721551 679940102372 605276192061 750456049663 717076263845 953005334443 878994432854
366301464142 075150267652 998714841483 859242046843 515052858926 483541295999 641906383622
255006162029 851790807999 551716142892 743322162806 963512162902 965050345455 980024292038

066113122499 875748777814 543334957813 655800830045 879054556552 375964308994 728294156584
689806294311 272597554693 021887912731 035300216864 227633661031 890511086335 963986070974
737419552934 178507801365 337868776791 151473833252 513002371910 235875886798 039385529704
998321830389 985333735331 510345804434 025730422758 682609723983 422315017640 803327317622
631967565989 772971839422 971652277619 673408573444 137475914779 317933398924 359940581396
032281346592 478558756550 575159428611 613176739552 834815080851 852071547951 439266728751
057441386769 718902087776 119592459359 290863839696 200576865099 629303818145 491280734180
972040320363 366766499443 919936264145 227145073503 705907609385 752440000947 482297136237
721592630836 022139158855 909461407406 976301297086 569690667624 421861836355 204727903533
175309360779 778798470802 390218595874 487896074523 749056283747 418931026806 280481743381
300198221277 706092184700 815252327145 986723437854 310497839043 649305860764 535756025983
828162540984 963998318112 971881438639 542654408280 086193057291 799568887988 182572440923
086077708626 351313609463 097677409970 284727668296 668542908454 052022919003 034322471898
204993824806 075163872794 566894084973 666516228133 694882858339 531350502170 536111817502
101016960937 372882174683 892618068718 872117122032 067336498312 812545726927 631056482587
901068575208 080633928751 364817583758 109695596993 384841991062 692241136561 171129547967
778123862393 493414008547 053784583782 851512327987 308840937357 211004586036 545449453018
681073293761 108679782828 034366133339 780538614863 594371635008 771193119559 848021828992
677797694091 393084926892 397161087516 259813646427 951911630339 179612919001 760953221655
734911037471 209457900418 602899221551 175915683036 249471608650 518632279742 956136519830
351897142876 022375071605 999046852270 284824202570 096299382791 478180154066 416917925969
650230616749 677247841947 414200924297 729713888325 116655222730 338964447305 270490241477
275647154092 376806641652 822611221660 551903510495 321695382999 570174114651 029984898251
643905699093 945986820498 552583128764 456838984342 109365894310 511407555838 492789369974
095013891988 212479916209 888392435587 365554523753 623890641072 663136573386 887150143766
765743928298 320734613140 394952617095 308448965800 565584630952 329631871245 183661663042
774985273620 234906785915 576936220534 724261112532 638914302528 937667373926 286064609916
642583999874 647434141639 526777322469 333134089892 282135236716 095628251349 234859268040
735518153607 196567395027 069135357634 343767443117 249084553776 703266698841 449114808884
801324930258 438177011878 566635729353 987811406465 883694172838 736570843375 751044799123
597365972434 455742718384 733620516409 860393102195 921211225720 343651001396 389064945296
714205608908 617698288316 388283825229 707658189611 895457298258 107339454017 277497834540
687764110778 004407429296 639807958026 689312946890 891500618618 418921853041 643322169492
782133921182 771902167520 208059672627 494630028053 887779459621 856830743842 989256463024
089063366760 647389704968 736267734714 319346437826 952783760286 146583892789 336232361603
686965888599 440717090143 857650085623 703570747288 123004277647 474703779463 200055437274
736584724026 183902508185 020399413109 503970812481 221077612832 459563995640 730378422829
494179041799 135365337060 929535804128 449019567717 436326558733 430284401481 499075465103
281813878210 907214339837 454150957218 087233216393 141184885404 882476133156 499354030311
313197143885 666833802176 668360829503 236040595136 775927155165 679680295859 733803613440
693078137573 011613002657 970242655917 863431943626 466230186872 587963057556 366078289969
536349814522 388660073014 771879198641 606614390805 777255192448 707082910976 735549911200
612317536184 781317654395 572950385452 923653669413 348562178789 261547404561 504523088531
184389783350 748069944802 081583047802 929139502742 186788691980 176555468181 445443074191
102292721931 864440749790 317259939771 362180997111 761468900013 772407009234 849963308320
304297321967 582789400084 665235071155 111834810320 144835294744 885188632413 303960676395
857662392727 435386476553 325926113916 010589720694 912160419438 436276922502 040836018348
118271585534 392555374582 362825523726 253314359699 646366678255 933821009175 987444402718
522512906425 157453594796 130527189599 488847824353 172256275413 109599850442 774753526388
871189264977 071705502201 056823253071 154389564758 303122551162 876396883514 326272862981
524075588799 596209804394 659688932951 904490105741 914199814985 879000053348 961206916311
175468253485 829007683953 766264145205 273936078651 380572241506 897185582776 538952151358
565897640730 148811113373 869245888909 822760229733 951244135075 100387258948 206647854453
929055116049 254655683017 922363526377 554626840904 947800372684 716102649508 826206935748
463164396897 896270083376 303743017561 945738907884 810424309285 523631029835 517451745446
606529767081 994743205995 165291596008 715652115461 296735413957 327751678443 484864598339
137584856250 554601750792 209883587719 338601394896 751483376380 213903415290 428362645376
374580878281 537904708544 575967614210 377236123296 196402292022 895146968811 447058289309
803570015041 036948417054 728692275197 044694697292 034951969766 217664143620 321098749717
299081440003 715739281891 528408319742 294373367747 782587092187 172252984069 305556935225
836786253877 699037108329 877979505169 169629957607 026624877256 111532102452 287179703093
738005633540 592931089018 740049575133 056457554686 458819253443 722717048411 076045834505
257242917684 423561001394 566824566042 880004740729 261916575440 953365000544 583331333348
665819727492 760012423238 225171846893 069408572324 615542392813 887422027661 693797935663
441045037115 598236757714 312491279623 141150164528 880440942390 051734645637 803629395327
787801636044 104275918642 025167711823 591081249478 448954880725 855125745496 079956918012
971317205403 842490960873 636213513109 752862098622 426241874243 578376772912 641791880137
675200320563 326189241018 616513034810 244006856808 606110481129 427409009375 274857858586
840922973157 793668860861 996442907361 574905330345 107467921392 139357341469 378267840533

131992354433 034607195155 205700661001 169301061146 455648916805 009145005561 378494045436
931348591061 841933018954 548638521986 008082004028 633222685779 286594749900 693607510578
023474201503 531773730083 649498916728 935090935421 209752074727 250436661880 061334959093
061140711046 459924475971 754240199654 073065408416 973523925041 563550039026 440029227515
519108629413 672360002694 120712781130 876365316152 244335162266 919012310171 362950133169
807700976703 122592334099 542352764898 442089109243 902756481617 004072173927 256602429583
715571067168 541418713003 571310230544 725937706454 206437302838 147841910218 688218466567
138326128263 780697530988 608290663303 966984683962 467476885114 506491315186 155246294792
481115987311 090797711529 805880920928 581622770652 756777195393 112035731943 345934347337
295189941572 147227619036 780043087959 047999266424 281962016300 988837148845 043980122446
245560266040 861613319972 328497876159 317126814004 045056189668 690984708239 413708551813
261996376889 702124152313 781873313001 560112199565 703541410653 535638452439 655642672721
743450531708 970862034765 475867412814 640719792280 574469540684 927959945904 582090187317
658661625178 733129693572 624876301827 480530656002 946241810151 431318690240 874938411242
158215083730 741283373100 322266839576 907350698817 682754848177 304995391310 318465327838
386562671747 600180627887 580492540088 784039279856 464964515527 892734502001 541003131905
096271080962 889523768982 872651391408 194511671959 166631818853 373127982279 478096384186
330812324934 368273270884 716848408230 651068049840 198996614184 868219292371 243226293284
424830236101 798391004269 904077447991 908376102111 123960672507 192997931365 177067316450
479862322551 979702992566 531510159660 459669015088 706888298252 728640598951 425047655646
438613971390 930202571945 855825271392 719811327758 886955446292 060520268767 522136796682
746877587452 876077863449 138269956348 008254414413 182534720494 801421265432 982967846686
054377906133 891020607653 897467837990 904198226428 291713569800 434724666969 930157511495
371520437403 191810795486 894324062290 945862326245 220966757449 528566016465 787368842465
402656045769 732900129583 787420171151 005742659749 253328682586 625702458378 115218220127
757607872278 753625441767 851681849197 994949764910 003693490955 081945020556 381122496479
676624965078 580232712368 944622866979 631971539024 990109911767 205329659201 024327415836
646285103519 400541457190 714863882469 446903822456 883885007824 410392501635 971537484905
694524560531 254037917603 310165347750 019986495805 835536614207 169974117331 055254042055
211077318581 045894610462 735580709471 466835287835 222442439519 510959648019 339972822544
123729119753 352333978820 050032094830 778066283364 606324667100 180087066628 897715761318
039445308517 785997967916 175623642457 991318747995 295187367560 206724336078 627831644655
047133342557 745622032970 583706520846 148146180327 955657231128 913791506107 878236724170
631574279086 027582680483 282048253059 594486535530 533557360894 366837877887 790883577331
658156656404 633363117896 557755386745 135965474379 288244327761 776652997753 788443212262
675878961266 383306843849 005800577613 730946043245 733141597876 165553722630 161642335345
100237463536 829894247824 255806480766 433618052377 415631403789 337126999008 115460840814
240586928446 408742389124 577519366466 994637359158 441193177950 085848065280 520451386178
972329910964 611770976297 169880547414 864040358883 927950040568 096688268252 678332587535
835160050579 458531484837 770296761832 636064913660 564711850804 916359111816 805735686256
767574836279 625954231444 084268694441 780846545900 109830083247 012732767325 186296528101
198756674251 237185471917 419644610996 381436922527 648768652429 643328488026 710488044888
015591064476 982918336443 256383798347 892249924247 347347492558 557293151861 103453413733
567227462578 276718755128 522961571935 018632517217 599994227794 412512769491 665964117645
331130767839 435875570151 126833978807 782308932767 292196739065 650167909884 959899971836
201837724669 791646815888 400401508326 413390170244 028639070088 310664906834 976762880088
097131577264 334164705251 536471773066 139272240563 257100139729 989909559374 773055963634
856006159849 612535183107 450428280599 101135615276 461371873230 740548644387 095103762391
293174413926 799644747323 618213633118 585804069936 583777606558 414953328326 602877854696
894300229268 531019343019 873705871735 821809800669 389125076625 708474659506 289918468346
949911962050 562881006235 243400502407 512125659762 183568345522 576684049165 251570758414
614413289520 970093068729 022716370563 859061059216 969457351312 296992925835 675318834452
109537570173 563261816644 245918307191 732592805373 518481830987 229456262172 540444189864
039750384513 606111006210 718088689290 538855653803 212319776645 007978808922 913907197183
215533766071 468815888614 665937080218 118486409491 244157801586 964737239095 958580311735
493963934232 398121883858 322269062273 043691547964 773290362031 023158462282 118660828589
608169094090 006189644213 461734468252 143386306086 410764913030 963038606156 122694775672
705661641983 226612829559 405418526700 993894418145 266998151219 653967190513 843135365503
213138068242 451734889475 925031241924 841752557403 818235113902 616355370936 864688471015
259866820062 966604332671 588470284672 528273675136 369158934985 721514957696 957393793129
333387868587 015586438472 121908813119 471337087338 232750005623 992374477172 103479216899
958700150469 805895623651 885426829398 566671272305 833174739467 989387917984 475726396699
725651509335 049449623932 989411838095 115220273859 361991620893 155937352131 938012702984
818829682456 924664015891 024522408334 073529472376 766018719083 566257343946 835470483622
445461993712 921994552160 770522653798 347510666769 463255511566 494911680705 230528173086
908826823801 294125418146 730584593435 812734334074 634710981016 973378451137 000361466614
777973756676 762211878253 942360370654 923722566475 192700250824 888860406223 409811545113
334223901773 684113599153 372373184676 634050715689 668193810358 548079907399 613453888826
857567243504 591899740069 104470411162 878652679201 061613247199 984482371523 349978363752

301431351328 269553952901 086494205818 604396159053 058259754001 573475299749 827230953870
577210005396 418869704874 528973591568 792707994416 581049442687 939022278200 261738842463
895922113926 387495411419 594330027084 671423706812 813778229848 743892258019 606732295576
646222560726 500832043734 636892069742 573101488777 832814597005 506211252970 943955134820
697067809204 578900900556 359931930300 746710425701 791847467995 201645098538 151015396961
735455277804 306267757948 771097991362 593662234937 064837059816 841914409008 692838417581
369607702626 526373984217 927518655855 340018024947 388424795076 359369625165 815980054901
107970726953 244886137434 993884408366 146859209020 138746292972 909384539568 930915524703
254564948483 425584353927 500268398089 195124385714 727889228818 004727979105 941649371664
175676509443 374654097289 014406328130 189143863392 806334434942 400260228810 471699972553
393957076410 706789505905 241632902212 917615707202 813379630649 859882322426 710298264264
548227932715 480458764992 124132126818 276723090347 559579303115 848248948301 417317193431
046635619982 934226608452 419772743000 894757519064 436425070401 157381317794 809599533926
915579884005 478289536523 956367416572 964880463463 057367371172 158099902098 944537332554
066492445556 570479772079 145812304506 188806693477 316115492135 285980811109 640356420103
206503138783 298144430856 387206579389 407056232795 868744608528 406980628390 128319940403
175369817291 011930274216 487446018619 632159446845 380755709872 212964758426 105804371014
414489107488 133766721383 545414247871 366665387182 071284847617 070028023077 139862001523
285284674980 517160094177 008483060781 630740674129 158570458579 809143541609 290613494597
096889257105 679100556752 900747504379 946338211192 119990091221 539655631726 332987359358
386665001897 021037681056 553912581127 425650365892 142910191935 677400796661 271382307140
818828418649 325456700504 789023579983 462966520539 034526722973 679711222964 757638427953
370703079415 632893117466 348996286910 518604722726 888778758797 953654811330 971852577488
362549950780 896238311682 394650511685 470862613640 217820445276 226218509468 771458466676
588999479371 028457027858 288649455781 921024708840 980548840494 289202758632 513512032768
369165509333 757568774231 103616106683 832158080256 433346454271 722024956218 060593586057
783683982546 182236449833 541991908181 754923962168 710528049514 224637589120 113615979984
380345538987 436863794164 300305130378 895831279248 454986839906 586006407899 335281278519
409840167197 297270699322 133907184209 551782475206 802684636165 397716512345 743403044324
661478177119 961085537282 430917112635 195011915381 033226170096 078197922946 035526018787
669236212486 362488512903 544283973792 325138955506 401423913076 654675381145 244024706837
652806414248 720891345137 963859994493 516086771074 601432747723 851028474946 663633461941
723016077362 976288977251 283002580846 877265301516 820292508730 013462199231 565387199041
060550741930 363390184442 397874423384 998260696760 570205353684 564642727270 348943923664
845900245979 494739486041 667113357170 281209226805 278156883353 132643317590 299465385748
521847109720 477182480567 215619231319 966276378282 067062797786 438225580872 740355388755
763722582999 050673591541 471494743726 498397870576 633115053342 116121745340 896541521554
977462478886 291183035260 403687328220 250708935308 435234580815 071956958892 412605287571
839649630550 766286009111 672617530072 817388845881 237359853726 929926264266 600217297690
409322916645 780080286157 310501383405 996052151802 023374674932 941095769139 999676638521
753746488507 214642276836 486091831973 323639215924 903900069678 881210112974 635837340525
868785445702 221462087368 587279664145 301762633541 558879405907 321222539467 073782654675
608107464960 418043395795 387211330646 467992861229 485713933856 329761617850 891155827661
197902337999 866357704749 637968223993 509579545082 055051118930 347793570244 303528304428
347024105904 612246808113 753997074287 434351207241 798271000829 331913714192 887714098986
370546271136 142170603160 388771587341 075626603462 603469320575 746363265306 120596147410
967864366328 128489246217 276990604400 356483137270 171843261107 628690706296 287678248337
252181678495 208701873888 835266818806 885615538210 291793846881 259759223871 757568737766
365217279182 935988891248 129048499965 476445965554 595153192301 986734214396 269052453374
634498603717 927205427968 168892955587 945755341314 658812833102 455747928050 200866695716
939577801534 143906770746 884443719972 294731420962 430984645053 185396521906 026711006056
621714505652 396167629158 214100393073 338929186256 703337144724 170924079448 220819579349
698115524925 573254088088 316481951994 849251885979 718179165071 886497535369 431957636602
624261722924 254800560595 721748153559 340925382832 433344777942 345089465946 829548015616
400884023550 373234965498 786621710766 801062510274 472340547773 872282337063 244223465713
099833535636 179045129664 535920772793 879392700954 660146105091 802732697555 135713654909
405170986914 333834373538 622395662531 670508132212 346736878144 276185478830 585005810785
155567880769 397324212208 730661826200 908305041506 079878672078 008638748314 710467962218
043947575563 099086244244 382809070751 636039213609 739671934940 819820051893 084634184185
137758694213 859700251923 572103523597 814756562837 006498935806 194277478376 736716568604
401242535394 254608374734 622249608298 272472402187 537341510443 884271408930 329039663170
598527274357 572249198043 964068936908 330704606903 363403761135 669272008017 206016525870
166209246565 318321783590 348318466849 633623177354 463039337934 892379583823 380148352466
207076888417 756468257271 713619148355 289440361157 962468253470 999577854148 164846673573
561133803192 065822135496 782962945837 948992590906 571508585899 240368777247 095602252060
304105945472 235734307619 920200387034 244022234909 496718095119 479811812317 662161328126
574188879267 178040238578 005598529232 561568824676 516359048340 588004483845 823024199841
762420397502 821442033237 813646956129 181609088070 522692744785 023579437156 142854961033
099970139477 214606174500 788247541700 679178188133 730735538786 796010124219 243417398732

897632280986 762293745343 728998117259 300822232462 437598540018 372660873832 647120725544
913064336449 951001947825 445255425611 985444689633 861923341088 611902366362 520061671773
407268444876 708707863399 288518785748 868906955952 057560806553 597236255486 657680659973
002696144997 913863949137 643343951178 186561697245 750119555271 398766633102 419936496159
367342333676 593518995108 210508545586 590240452439 501495865709 751688017729 800819922259
725289161528 326432871330 191207202622 505599302105 520059364272 067206743658 081959198389
468624150753 802751656622 826042558448 723696342315 273704964736 012472937470 582351894637
772876085862 713952359990 692232587035 991070927536 077178731275 481509403512 701381707948
704002794636 433688427716 924012826404 447538300216 806055597399 111532756743 042507916896
649365346106 649030339264 547982624507 527529703551 170293895493 926050261167 328050806361
911350415038 722553548052 495030725922 083212991676 993938578960 521919040226 593296893201
528053855848 832676736575 685837994286 855431488484 598780431993 710784840893 374197790800
338636966596 327000480075 341073313028 695828601359 287661350885 694130726895 270622119444
657090135000 285078170081 732969360699 447808011650 899774698383 275335446223 117890041424
456125659236 190671377822 188309901262 050387138637 461107547138 243333426066 111911249960
431197487300 355784675385 580931940536 564143872408 715930702800 223362024034 209266924841
036541392460 325281513910 602580690086 792469478464 151377425304 908113337485 925659032521
084378705836 901803059338 532970010969 600087425044 814184589259 856965345569 808272371276
255400483792 707641017020 870006758524 443257752645 790361826803 605262387899 668756268684
575871134948 261702787264 207740532779 178396605930 246805376125 287836224216 318147642047
643334565869 242915619461 741479293032 672745331987 962759051058 255643906412 796059960516
294105583577 003536563242 856713972433 093599861784 854409718181 725544777914 093209591840
501649984386 128073788718 816754788756 505663196319 767304705864 894624045949 269766453285
109198744337 351215664488 814513250978 299799856828 301830292718 126587579974 915259421426
066384493476 182366943613 010007783474 504544383940 594638253164 174696216796 375403949152
116008355340 458730070341 674476885386 353724175911 919125730296 287576998669 830602845055
125425577813 049196573537 081097538898 051449828195 851720963288 792497596687 858557626872
836385771428 233523466567 958926948548 919544874241 952228540275 810132725725 884846046549
518516222527 214858969727 263289515266 100741919597 178328836594 559768570577 262847855954
488372407579 162883631484 906477914553 487265755850 111942264869 962439109009 594842195050
118285457021 898741034571 838981790486 364649082967 773150836776 997335515074 170081220258
053885245195 363983453187 617781231829 233845161492 018946787202 174802452815 919012422558
651698747259 021550762497 491226737659 456330761660 211943484032 397991440702 488173434330
292725710928 657389894240 649561810909 797654985118 424771133900 728809299016 301869411421
261170343722 496674766825 988818337774 891530013580 023146024260 472055275799 319899409643
161144298528 316114869897 317486423082 626493416316 845278016222 869452176524 878906995560
991510960158 794169103884 595635966852 936125991245 729283769357 494996000637 454051029331
252353719421 156501331547 537362809071 428157731851 185927633100 144847811577 305157277411
636321762995 559710643742 787164040829 830710463054 191559937148 153916125547 811264374389
039745212073 575767777507 421150508298 100857375238 351838357539 933202975989 157824880504
120705904644 073227688483 087435345122 645470626940 975444513697 572570891505 730232425735
672721085168 470673901113 721018280580 460322479166 007383269145 415931982924 325433746486
049633965342 248172938325 475111403759 384377805581 002679023593 384798958654 860787419414
168840730434 173496904240 691742895829 113388157394 322771015619 624776355190 240217127468
627824721979 967626629009 191769556438 105385692640 185914761669 543194077693 489655590603
130341579094 455197560296 624875454879 091117532699 370937126380 672256751463 060740233445
983148205780 778552538169 343648053568 079452045386 888722145805 202281371652 698201162506
165729737974 807500297233 921909750122 049474941700 659392967296 028738767195 222550630864
385036022864 184376624009 174719032833 908399536747 468613101093 275450853701 032488164563
575489558603 679918936112 978761908356 737312274823 781827018531 064263096134 724871436054
931890377026 133291202074 118570203965 492336859086 327290034787 222376598941 863189523397
575264482623 228467814741 678394175878 779284134112 230198805548 371919662085 993112969783
033886516758 544622791340 538447608394 235553449033 163300012475 799652761685 263194532930
959627313146 726192661819 832194566480 048912724042 165730413638 330422266489 785155626456
553219711447 297326058213 214861528010 097276801510 402989652020 638606860045 981614285237
499912085209 347292307977 350301533905 977647834289 074748778151 734815736268 828728847309
608641886645 303294760075 330935853802 770492600732 884329411952 086482971131 759375253443
889588142555 483851732952 836011377915 329011335759 811747590808 295590475065 765845686049
895198699305 066250601709 707832987606 304681600952 109729778751 360186320545 895578180059
587571719117 232350915787 137515399125 515052606959 476059331576 350909179773 320833613680
719455156407 495330357188 422563693171 183439732516 057365037747 321453500563 595638262474
936382247058 368475214260 727919955251 074551304244 338336405493 970033337134 880029978594
657544942765 183034121119 702102998733 619911776479 300476493264 915219099177 723625580527
127257799284 186221272202 594729578364 241569518389 042618629319 498502398088 279018227708
670870719353 980183576382 804721762702 614902491846 340252361295 645126001797 544961312208
728483738833 193857402018 908281767850 298505262156 335275083393 941014555472 125637636854
640790946476 538165508050 017967373743 140990894748 416914300650 811821039900 941917142905
544287434869 177808284127 163283349333 738760189805 192382363730 219765007029 919984095395
364081929393 544844337867 252570777295 959613871007 157921472183 707580415005 441349860049

290749969893	790348810208	279250693005	742360174677	126398250444	798794775513	836887538882
077572120635	319586500300	839106544714	907549279711	557218460901	553945733251	863898128582
468776959800	827417655549	925565263787	184749887063	291494390803	074172603675	896802548718
373999961968	293266122412	170677133971	378809252017	026230147178	208006391621	359820529738
550555820959	403332647089	156195552235	663806264125	747913463825	374925991288	014312614436
201171810061	047225858418	500286341562	115688441856	620282727660	065536243416	531861727054
704601829523	329536489605	733307453064	730077394581	740556221801	029658695455	429623213626
808519358450	025873573058	666519561744	637181113447	756361029316	422929997712	848473992479
149975246975	746167652401	333988711899	350291995072	594035417767	887842758631	733862021231
433122324549	995210226464	191705902063	721563648704	410426983363	333138216958	848319812093
693683591904	114931623478	727636627592	154568410702	417405297925	694298191498	174063952714
478690511842	343371955926	123191937579	062117858090	932058847948	363057956121	560105651820
752164895293	647504997836	425968788047	609259997018	653611113136	048448104343	137267327149
325176406779	591282704180	928409930214	809574578663	493779227121	375537125494	983646132191
054790119508	054816377823	175531880540	483447456823	482955282130	638303595464	797553133860
371316576407	833408859359	457376719674	086252518097	818178803698	601166138834	712999153771
123834154528	740489956469	028260300688	542763451896	235735546181	582222140719	678668431026
826557381151	949371316182	349253043654	779188727730	395772916676	035989068298	497927532644
579302056250	041982158178	336797583245	820167033440	163751943613	079360668770	605961550745
818730074058	855418570777	129376539546	111235520177	374526753650	277123601026	263711408502
493754519972	388118497200	485295407605	375755048633	498517603934	340365895296	086073448055
312295533568	821456711805	760475884194	205834963384	542165377020	226288732032	814262719241
911346980715	350623640604	880106101761	396430655066	646671459774	792751275013	133465967646
396069944057	031186056087	812280632896	781657653727	506296728357	626397482838	464729501891
798560482491	985007991609	232399766719	647678330126	384650808804	283111098502	554661296861
855650350012	361068529743	566446561984	920921101266	375831195462	401126619489	300838284386
599999928333	379487659821	355883933309	759653943516	874770254203	805203373382	317893878282
543047736859	273772357478	886566858736	092568691056	377446851131	559478673651	648492178603
892046920573	921373965976	293426617993	875988610557	138473901586	953800144003	377394259635
248692636896	090870539526	251096127290	887376798222	410747678488	299026259214	172065135443
271991645998	333033382050	970236703791	891297771139	000217964645	568170138089	418258462959
876893635924	393798037012	604370001954	537532094758	565668626186	913776932365	553855337366
401811426040	117126345320	537251244688	083925045538	064254766280	934506039108	615119488314
246477393594	536113462632	539790305310	615515404757	043183580698	889116850882	783575406260
470081334894	277564198811	046150339108	196697436038	560732670871	560877665885	891060896072
087471582697	016905626687	199268158483	351741024109	506049761333	221030468320	093162948196
664178664108	925963354038	629241301524	764041519532	761824707235	278977276957	745431491457
204054179953	185788374981	085050571576	711105815852	167055220110	024031214717	157984645854
332489073410	987610992956	496761565447	188062442849	337194222747	404498379859	647558413348
941074260833	361521207750	192980151294	656720842115	507638816459	889661764643	697603289243
245105302982	505122426807	037312128083	935122022554	084151320294	799980575137	686493365567
616784994713	349269562577	390784837182	482831556792	981972877868	629036310560	685800990722
240215387661	471364480196	561481124538	862716542334	288756197979	204855730192	999750041758
818622035508	435269374224	183477542357	560534672554	956154189883	817856029267	690850613136
595288039173	555602456879	717723106032	174576049759	502322562941	963790630937	955810449095
876213591677	865829539303	065765309230	704398675706	257606714270	638526055475	959525321304
780063261071	076808321621	001457946409	776926800691	390719372725	319228526274	289573895041
376854774592	960335922726	252666683521	707031894962	827245652845	824142546063	037280407774
797988541294	635397999246	474691335524	337231830453	538489080808	931525181357	684852728589
173285917464	503656120068	829470503204	716904153768	678001929305	063669577855	088550542369
890122298087	791267061052	356297358060	222018294315	807355521909	375865774736	264736992888
812797829333	934998697735	232413759931	554636311929	820706537274	786072589973	120693062721
040157239438	426087560393	263870639290	221903085890	987772201985	593853726881	479322882922
369825904643	093397881652	299859711143	887919168112	556374983131	611093190611	563255289261
205865159851	493976127055	624087676714	060590627593	678972863204	655894075319	271591295117
018443755758	535236978206	034603081114	085616222042	904289052870	934871938753	668199421196
787160344751	165632170440	416053513413	901731366894	638873855531	386368243369	975985970616
457062670413	045912643728	498914835689	045560909348	101158092318	073018459984	087990904615
749310986143	133159197840	606356831884	195057075962	103268508407	539511046071	367743150631
865568117504	568429109859	360948634686	959367227758	077306072883	798814246810	034268587441
953320342225	922259113156	871855129884	383997718184	817757527652	868727478679	975609559814
433269798023	224692517480	084804373540	267386844464	825094568371	986966198330	889858783525
793232810047	849800001659	240729031466	028150564724	110345203157	652765771714	505108046030
512975963903	369048782270	839013310400	538514937353	749729516134	897226397902	119889634448
662018819029	576929504346	472305784526	520058067990	645390049554	274873960333	111513343423
239392815392	857552418925	427533689936	707673603270	769534071539	778317693299	858002902473
809122227024	700301497321	483099349332	418808211182	569586232946	518575636897	541635746895
986602665172	871063731782	115440732830	840958229371	768628036856	451591525703	290275690368
571298831278	118747345960	741731009788	473156283864	948619310435	016618122663	037695937267

645885383809 430494530230 302680142109 755025038907 214842460093 398754399153 838421377545
972464098687 379266027941 662047086632 843876627366 087827215003 598927765170 744547706538
396196028343 102852384091 338723785639 795368257883 705830489472 663481348213 171908883396
336724123153 639729520379 956140542026 523557331822 605360301516 107672701613 667753472021
089952406019 019073107167 115721315313 139910873460 499485588793 055573290748 667569249917
791477776275 257215331530 591915437576 402085562431 149445372545 956809702564 757642444230
904740701449 387200931485 566126738641 899425494931 363104759618 933034909499 307284324090
098660429647 764160636212 894769517265 674169221041 267919762026 291755853059 616058835981
509438139888 155464739539 002210859787 185924059647 802767889239 242804773232 416801150880
994290751300 672861497273 785041600155 380972786910 116538163760 299560019987 567710528743
417964863494 875902284345 081024845232 428506194564 649282883380 246745314360 076653939325
316906934715 341110259091 559509809996 077710819240 434008174019 090499522416 945936708415
512633504468 374235408291 264653803549 416953846871 915947864482 169071971882 790453741758
978656539635 436417496421 138332391272 660853829567 746264220437 486137508696 560381441154
467817463182 415780125489 762580240567 221816519025 525646655104 178403139931 552734970128
274640783796 773431039575 001167643501 232392187217 369395615725 612096294658 612581792259
971229360156 048325293246 605900074675 382891135887 696605023043 275464415772 720413553534
310692302099 040958828028 424925456609 225504736786 633535977670 114754779378 951221639503
917488370060 692083214313 105651140321 659149716054 503315260875 624430397512 016270444756
654974450829 108449142753 286512578843 201433719161 950742434585 426712768110 260079969773
273109108740 407138883985 930205685477 056812837003 241060994880 891203723375 156916771294
476770105736 285175269226 738673324904 110576188363 433437399317 405736193536 907770580699
187001103875 506825865123 396341929847 330966787573 203290483700 569033536216 837286915868
224849316458 641309955612 807613543158 394797965036 457984422529 399803252134 609728622695
362672470762 899717796327 633461411207 041541483053 044019675458 162359860634 665727330574
033424675682 539988557003 842039565097 719954100268 376282975119 707156928778 058823190261
710147580089 737378346499 210043057076 158595322507 336108729570 271507431229 792031372110
315120578694 581824201741 832056515117 533812845799 817329613000 972285911308 282090905331
476011967818 503836753034 704700057874 836099759090 912963034418 276550511984 294261174212
501745310883 761527721032 091623308833 571020857721 625950992529 864364182068 943965690856
477512431829 030183533951 091146751371 853424630585 177074434321 613169130454 456207295577
914988904854 785029494251 869923015642 048236729967 820854327708 171399372971 364728551623
691028094394 904980957111 479873532633 610861544909 213621071957 862718265898 464545958700
906924924882 052343511286 873862691252 933569556562 440153334475 671624094781 182657115595
475669936842 356249997922 772333285678 478624526949 813038295767 158836825390 348461671496
801413859919 405559791791 785828197578 481237247802 296273427132 738070171213 159345402254
416861464162 064185495562 201758027171 741932960403 072428557591 403748752412 558364868478
265305790211 293015046009 300979113289 391102092842 221262887439 723987929998 722171268024
426957043640 826917512394 728858097663 173521903477 402078301082 500823068674 816599291621
420437855969 070083963431 749157040070 491113309702 304687661585 748313508014 447599285202
072786040624 690986245818 371056631825 492066663392 868941642231 681397853741 745589835502
398141347627 568661622118 636756113454 018506123014 505064146476 620025479372 737016911509
105700588058 385528775155 356834613555 088814313744 985636377736 943347307792 236920232819
512601988334 853193084139 129692103451 156646155817 184516091865 304897119538 011024852574
989315864723 399926745372 521914878779 978880756267 375063872378 056469764352 686130677476
116156403088 981072299006 136202913855 386468368424 583544342072 490652694313 192636306455
791910328174 622465230508 681145392237 903469993576 181922838411 783111273426 609317171605
472302748587 000104786605 983536876204 234909356314 679354437007 086760444160 809343038896
416912293846 293502166110 021076164054 661453282613 302509899295 539192759629 946278263263
211656587431 955173359427 872479954828 722781079314 977711035342 554381663505 021820047559
845719470764 296782715877 268483623611 180659244515 952829152301 818089716722 717634965228
375068073131 741445335093 301055862157 197336759105 167204885674 541572816321 725939792701
826776592787 907269759586 524444798627 848766953949 146101776057 760360711075 086603455755
571296234540 663775844877 314065805021 814441457012 161388944294 254301272614 399603975154
880968417538 877870997710 531568960577 955363596700 780699856501 195536169958 191091853337
403661999066 186774586536 593782895158 619216835838 537205517181 966990029062 252442971964
776076579212 083499798148 310842533800 664605646546 284410595975 870105383783 766951341441
171157658015 291972393283 182374190724 182705562114 292481259500 862193482545 185655397012
584064777459 094161077898 448667987879 836035943067 050826469850 650965071424 287984166501
330336475959 713294583569 058759697058 365984023752 645595142841 527430934760 028480597374
451154823040 085774538194 414235491878 380929229783 184414022384 436112322168 850562433541
858843251154 472064328496 208456328119 410827058831 893542884543 650548453563 300884266856
935636428902 027669230848 663361182991 429872638798 806829980861 239497632951 046359133826
912525187946 694508941539 649332734549 729944898362 994739917547 441647197173 177987268394
360240105216 610149815265 541625403854 517795215840 024958798797 410495248004 753558164544
116079649674 374767184221 183581573767 370489681657 618646684473 995745738638 952849566518
957447866597 778195075225 888298702478 900964065318 520474237695 238933550121 847859966007
408965038385 951470180407 234577687838 560758095616 453392168848 975425983059 917537610132
320635432534 424048860000 309082261900 373063418486 886143876373 649417887401 204826095051

275986339050 977024247252 980175882639 229387079367 325221116705 792644140908 543740148530
459025037169 637477458607 191405425694 381561170144 378884418883 091592292719 203584129871
622866850532 460389435650 023073416708 375186459536 802527582405 209237446765 733512706016
011703490806 822232723412 140846959667 332516156575 806659024310 130320641153 751168740775
678740603592 587886171973 634936771114 265430484708 113330323186 633985509494 314397480484
078764776783 277053488015 967141016984 435669780845 487805182319 957564073978 831770271135
643924204452 033300760976 436796999004 095854955620 131358480587 537494725693 403309091728
323941836921 932491518687 235477393921 275611794664 018511800138 075010277721 713064204253
265553611432 390788203509 453770750843 488923010206 936485172849 761293833257 931632804024
023662247707 358488505586 196021481895 075688961464 986471085846 445373294965 523337264188
383262127117 827240693226 571570786417 557289614533 829164489186 520495527295 263300281049
823109857339 430816022566 981711150564 218030749436 110781361389 682204877365 185667020919
787109427227 650347063385 085500842117 094040508256 992457562828 262781375133 270805294552
322160845405 765437854007 179908127688 366953749752 286406714615 345649011269 387426711403
621513820477 587549428565 722785336658 487290869174 951010237587 497660723016 951857365090
579491818691 542049514818 950633136723 233600179192 443975940164 167719835945 106934272172
934837133152 708252285878 147644954066 168266066328 173859064681 708480980195 630954019100
230303837721 074832278139 011682082582 389277936139 561206216213 391578640790 409627777430
623945887116 813593241244 337109448308 742299489657 270496966891 909767872956 785683749182
662280759470 730876390942 917918464672 898935038166 571603238341 300482214907 355731011475
604391076423 070499714171 792722498893 625118537718 445653611243 536680334158 347109999781
275045931072 949201640040 438736891084 890000220658 968949509883 554543303448 063469068362
642692622526 048050382229 656658564454 638172578720 242239306031 674501605397 755165542460
307432569145 384140667700 093348172625 337857836954 968801819714 207583047902 504544932943
440806547069 667092081966 871809574518 223790333116 866601065885 464616222513 680755807281
783990499382 032540352222 147912787357 337924050581 704793436111 604657520350 964992030094
306338515155 701039654361 560042502091 754083680251 075696272405 400706130739 148399782154
975269620067 771746125375 177474080770 421469498072 465669210313 803655901391 446319337852
495607651289 588470395683 600524056037 732266484889 767598647222 236870457260 025131465330
278949073668 317542852793 043641684491 309014822977 944414539776 700050476454 539441997442
534009022064 970795065778 667625625790 416787951719 322821604842 790422281457 455555258501
105051118532 051282481704 493408500651 110585967966 113480543157 990100271163 704146255884
514695315016 137653098634 679351398306 442172125391 421048484018 069955555893 386469844709
722072920441 600174464574 485789885219 133254971330 254820980219 920946867055 130885041123
215989403060 607764070886 215302252839 630610614984 492974704512 812064392509 526839331630
165354068929 280565187157 265787411940 217478091727 995418741181 137373534823 204924028544
437285424144 786673531720 397284099921 075338521376 852189920275 476375155088 032382034514
104490336878 610551139745 556445344133 528058933149 507241545365 042536863587 651146455776
385286184222 500373544338 608419457202 578083624670 516135441219 360521249265 478557979011
265815919933 225542147336 102522035640 035827908575 507305278835 431594674179 374264974074
094794894477 957316609623 021732397288 402601621550 899074510246 296718368591 603789059816
357439266727 829502991817 957028068636 510124544515 441318142965 418452451978 873052020028
802043389552 095212624250 682073625164 648296888315 050959701000 226437213534 878582602533
578984284992 642598493826 986555915745 522772230447 836700451292 620325907284 470070718264
639429939710 579650492402 721513090902 016322578929 364662069079 114189091709 554858581709
996939845824 188862304346 386468537094 692019086644 250014237049 070605479440 163636224484
204946141454 073340772056 136753779947 174346418696 144163556429 471591970959 124572988939
233815001041 229439585288 124290316381 893911829364 047567480132 005483777642 241308322733
790168055134 561187865263 787390846029 832484496777 676526714460 909842724092 219442087290
507772474227 128491998627 528840954536 122442608122 367302636241 666463676956 582340509347
865011435452 230172110431 829674611812 712477267475 584183473918 296468924243 908358983041
077861222164 667413927458 084410934467 091407688908 115480426990 464476617903 706913186431
644872934811 624753142709 479512183711 895430801606 136867423308 652068568392 614804784456
647494574832 329837112783 484945756818 482357381296 729860250944 563100213870 768049043011
088410435606 595632913551 363659537905 774508634658 418379378550 213855073066 062032361892
026534379655 424091388667 805176486602 355686801024 443819982174 081868308063 265793445013
660695883116 352765901963 710912216830 217994317817 811597562569 334811817590 163704539548
800254386919 502939484296 333878802324 540268683115 920771472660 964081472974 256413523770
713265586567 292609352131 356326973863 345139232379 491272741604 407165332837 276663606992
078289885158 189007406817 883560033839 550249105442 191369494384 025928975768 041647987388
754419071010 073882502600 250529371571 205988217997 519052515481 351289265070 350312953887
973951968071 463129797393 988552240677 107478132966 112514244409 425462058656 056386484117
697376509322 232005813738 988859893022 336308095219 342652281506 753067731168 349920030749
784495333173 923562877249 889011049829 135380994323 467387064792 939183829847 365091741599
344224180136 090702185376 839482371972 551488138816 352825082378 087561773037 185933102376
901551814895 668026451066 955667635627 033163755042 821846935526 079312867717 163008152297
052501399440 411109952375 878216898707 228324155404 378594936488 165971060194 170111775308
197796006102 061075809541 843822637717 441589308934 402454807763 589859838646 004481913063
291821212522 007280634089 056273136156 282514259729 116909696211 674082471631 451891747360

069596699142 308087833837 868659015986 702232142869 157014142480 704589721910 542004790420
726183894565 916757662433 748165233431 013197777875 062648144789 623796854491 833393254452
263282389839 955214350864 723998824618 234678333412 034969696346 523102970980 070312729811
300298748758 845155628443 101315609908 946158784058 400383614543 062750283843 451683679399
431155194067 233688033261 838130190651 593168620191 839636438811 828697041164 945876942211
365769814951 731860439447 681922394006 701455127928 254056530324 642352419083 789115209165
207534501147 751337617613 160303463500 158304324119 830345045973 111548023529 147267556528
539615498251 732218702811 891475582192 510975188147 499627018320 123866466554 470962703221
196735206682 568834873759 645072512079 691451687396 399872950892 928615057450 939183524898
641711515633 710772070437 194298978525 854106512202 087219851152 011968200668 515495090775
699216193168 057612255084 107995644735 723621151384 426059118785 236111157667 462461676058
949088473218 825118818916 537294130184 756365083622 904096877270 759063075951 737344653812
358167205699 861544933744 135511580828 599979725070 005425695844 829042157032 963296954183
720611253277 818507824353 239187267379 753901060421 898213335680 014917629276 358973974915
103361029448 548755412659 458830826273 087297415813 599878505897 081564293241 595652057224
388601584207 810475042628 112904425526 350548296613 431983475578 851932222671 869303645667
271026495994 005116630866 373172740445 456949737487 485211033177 549364625380 611334474310
806832630846 622039370773 105244279995 137450193526 614235225514 186805510400 502143876778
592990110859 251867499131 314500087258 371166936982 497699408416 160624284063 083328979971
618705057651 962404924316 599951518966 497547503900 114739890318 968783264557 847453725180
452235972687 766876242850 753816616792 488000823409 032034807146 522890222308 061496574270
447722125026 619237142356 260929122601 825058373181 197103907517 533857713780 776213177245
287947915831 714843227314 735068371778 815798520230 352800599998 697766693700 822670880420
433042717610 360443602119 574053183239 775082537624 353359925874 480669523131 409508267297
420082719591 871616960153 406545781475 710124329470 340498901172 403145627070 070858913555
130659474830 501092675331 050476766851 006872795324 432368964938 724349140188 685802176697
065515885025 617415207031 509272651458 735885771669 074118956676 294168134057 842406773388
665298433582 820992092796 000256053731 611957486517 297171140435 836830233310 269244755634
963018267857 351110563974 947335708175 806329870766 803421309668 272612847950 604361526544
217036355406 583290195474 112632161794 143686238782 446810885100 608798206571 969473153168
872765582925 484100600262 887084707264 146369814546 760230690648 480001950891 529208834752
002948330118 357071474860 460032318036 646630113783 461481020801 040824162464 398628580275
352540541481 178772578449 824401215358 088326311157 679388344399 416742552671 812706870485
790500170018 827661154025 989664563822 695284086125 700000312015 134146214627 435881881137
521596235509 096186934825 303819680850 849675713080 265221001754 452150438824 469635391354
522294838227 521939781610 063081571394 734757164331 002885720115 617471919226 677195436928
312826604396 069925463721 960291425377 797398316744 381208097218 818831236226 603387075326
789425385591 691829772833 273126155084 174849512359 891579860193 104630204088 365812328283
393282877527 485978705364 732951561411 429853246103 430255531301 949643011670 379286563766
956985479637 443740469514 404752486274 767380255896 740849630272 538858173832 095777727044
265967645023 462419588725 735933861552 680812047751 364027860596 714899368123 712011862123
490548171292 454815430238 041036501487 535674543111 800604500426 130787682215 885144267302
962084048226 136949742620 817609999350 033446197688 418790304159 595153926411 196546477482
084960353618 894576122048 571862646143 232749719188 085841721650 249255612284 867044407945
280918253914 446987618136 633194396064 637822450816 138177872928 278397648591 104634556227
172221781769 229741153867 862146057242 015889821754 945547494863 631767227436 470898021546
200732501302 370572121626 662522005303 961351678831 013008568016 798771386008 087441449608
596103041041 197485369831 113671070824 797474197170 808243016916 661770771312 763331363815
453158913375 254168398408 478643177506 675039488466 367772146792 112185361223 631672188803
806610698593 702379096318 692240259119 146345846149 741712192550 199254747960 048460063345
981864608011 593744703731 663195351890 879205648107 281187772402 039744024602 129739110134
992696648989 782233646553 651294973293 415434068946 943373818266 377860503474 934332702908
375618011054 934690179339 428739905663 796976347810 695528961987 646189850722 086345874757
753558684468 723357249179 047654807751 039237363961 854667533349 597089174705 010313969438
090236340457 990307072485 296328514308 887866880742 498163585636 339314194762 523066152520
565896307037 142091574467 866737683351 558224442263 717555290549 395328823666 896153326331
493583928128 224584932540 555941071950 713799703563 742340097316 130986462139 379530870947
165361256508 033157850445 730000941413 946001474525 441403816920 993360411596 583800506303
682545663080 628250094880 200341800214 558417554634 801876535677 644115164771 043843669008
537061169050 325303146835 437133581809 292400768050 958188888031 319229966049 866511923553
334427159951 307690820852 662967740310 259473022591 776820132591 077731585784 477312075886
450933987756 187266253938 362357576251 588056203092 312138665780 721626116181 270037560534
462263494983 862525666524 229234436513 969720823782 599576261080 998493754227 356751224109
232447930724 282802917623 537533863708 763873518155 274821112448 002459124640 511151114996
644626198433 900579254635 394962288892 436232521864 025248104905 959554083650 286893574890
542000912533 867434313407 342265195998 144887626448 318552732774 941228785613 062258218781
200116285735 213380860436 525201235079 083015059632 454682818922 475989132871 694359851422
675732581509 249821248990 518465907278 237639649232 119042056438 491725564318 734416229620
060447190161 161278608069 159705072338 317990240010 621164747758 439023757467 891316957011

822646217702 894571191364 126858718686 358249327174 656270672807 513674315975 075657747583
764063380449 448206683521 783321333278 967763836574 467462017288 395723672110 981540162132
700681687402 313661948332 501044648564 646036412531 741333323796 075672937330 521229745793
335256616855 892004375962 513420306383 429430609715 847409538019 741154953001 028216505595
925945919485 334822732715 544487352136 534472942394 955964530478 805317945586 293418901077
793490276022 180849918514 125716531651 374508750314 014667742519 764762046166 931133260453
878964516572 908438615194 431140161514 230702247163 939901004379 068641034162 367907418506
463768256603 895503347734 896731133431 362942854314 887603124731 335419670980 008452642740
142097631369 587622585910 093111299737 936001355335 292074829853 672042761269 847640066766
986610534552 072872187381 806791058162 907487010767 369652166873 448787438277 199732718649
255424806684 238330274106 960918550071 153548924174 440794337042 318254560683 867024205233
933058031730 647788593322 929965546621 687057128180 663158107596 988037954190 286710515896
821839986172 264565237272 159212726998 561668843085 968396028717 153852669414 793173289354
584495315021 859300866891 179713664949 241053953017 401360785889 154713408500 397680364538
111157208612 956394709645 574270823873 126874988730 970590053373 183461689693 417093000008
616802780058 956741522844 366300229652 650701385626 568435888629 758589271228 973122504501
939753988019 599295859466 744488527923 464103724733 413533839025 948077395517 640674147646
580145330375 512587839152 060027305459 805828008341 586750878202 182980291241 797731523538
577064067711 668452133686 650109064439 918466472914 384152284355 957780524178 692213439026
209703590303 502527032839 798676548711 129716415065 768915393509 094042163002 921262342347
128521083954 216649117518 876848901601 635079499087 251459442840 907695196996 180377128279
292330631394 632150965793 664885286718 536589854282 324046387338 281784815302 092030883156
972673439255 833643216320 660898884580 711362776399 966495706481 333243008044 307069228179
629683286131 639498341581 788714262196 654990514044 999490513227 583290203973 389028542575
136640742837 719838951375 846035685933 196763654229 787959796756 828399831018 152542366659
857278588886 806485189459 707162034673 703516804567 897410832102 068776915310 505668766877
329334920023 893505744369 544516023429 794578060306 718931576795 190895808112 827048686785
651794949425 317989898545 584635110166 292415067016 117622197572 925577322229 957957026951
427313412587 036021325937 476429476772 338553939496 080349432963 081459079933 815943114610
237436482609 052748926091 149978175992 425233969728 695252416687 315009238204 121285426136
163532491366 251378662874 417287369277 732668533899 905091442880 593169617682 577285592777
855488912248 808866962902 222009071053 198672733203 501256083276 186546860690 046121765511
410345328312 712044352295 100167947903 133505342535 567838691922 343124905213 327943612569
046803304540 642593143348 598935298788 225495318574 248810376413 754148449982 952274890279
695089814986 469076164438 957523435665 064979825941 525032426325 529441165969 405598958665
076121533992 974864105280 830988791971 237287616972 907302953015 863380954319 401820266910
469313930352 663628358321 962934195022 055821562811 510082783702 191422318615 775289443074
012512069822 362570413511 621279344747 937375070858 534490402518 946776914742 064913902473
152404739223 757035683312 553974447363 697759131016 724855642522 704985587132 991847584382
118515249153 210866087093 894774655589 097681500909 155245318437 110167970439 422720060659
347278649237 655946958471 716429025786 327183436043 870606152679 931992517807 196060181997
889618914413 296815327355 365655317827 878987704548 492565683154 048433686635 893482791153
784996014629 433017853591 892226871356 021156380668 887360245242 861517707711 106712851439
717394625668 407770725858 919518657200 283026878274 880646248625 804514333344 541330861637
868233257296 257953800673 509106053396 523255759682 415048279519 619749459051 008217962365
670147705645 902747898018 100630951888 962137903769 365337298726 812820884788 701063082554
158504213341 014958285427 718069494633 813881682451 903444805049 224355100033 141429208942
257683134801 951041953956 483428383168 994699706893 612395299336 477360596737 956301617803
184226182619 920816348676 196602758664 471180876032 530070874535 085357549089 483316670801
325348249711 806765228158 023607082333 904142811702 294135253600 330633026112 455168649227
533897653332 750883730873 546591411189 798341977081 211090804713 744235632419 974361958142
327674056004 446749156949 455787149355 479222541764 298223075736 651596039395 678729520830
762129957290 564633327979 056087360196 683806841521 600534098228 717682054303 049482964071
437795896778 917852651344 209014796569 969586033217 610283983223 252420909187 497569528250
236244494235 687350103470 187419905300 293809698609 087614945672 871126806871 959924240064
653277115700 461234695506 725963015667 229090544556 889669490363 819793746846 586653406795
597194462977 563164582434 386240379348 980473005757 098395158216 139214440418 894226816655
348954143282 061553926819 933381323414 313987908720 655644117610 051979103079 211594464124
822986954039 586697896296 360224807663 263111856093 817090755322 596581714925 458095004864
281930723758 653310934741 026846088351 017655232979 279258864296 905772257139 082911909071
964170853845 945443359918 962961825813 795766195253 377709395930 937558695979 150585469590
600816003435 570792205728 418485855996 164771561906 337685043293 655454747429 793082284034
010421477940 049481806545 729224483426 104801520489 332597893682 357594775848 939079653986
132009777388 783890023066 496506731865 265056828395 821962580338 070209708988 714146215856
544262375254 313938425321 275734074533 191162955171 187913699270 353917235081 499866237794
428418843345 714929271033 322663099327 159181177798 427378975014 789433268497 205154307237
560639987729 616687253234 709907174640 540240739876 530764999282 725555733397 102244685228
197440635674 154423398952 240404254833 976955371473 159903911519 958160949598 512103745365
994424396455 866218951207 314020177355 678185319574 500159138619 106408997869 328313648390

096137571062 723478005228 242118426427 552831612858 697601566046 431833533610 397233746019
991538893157 302858826916 092049488454 130092262588 377714048796 551601554359 374511078984
718088470096 060778907622 069368407378 496336096342 509584708257 256336812670 064291029822
279991576193 941230501066 561932438529 131227088307 156747196820 218627201948 474469147750
995873774866 029631262112 393626268432 315339171935 691378989196 606671277097 343228082519
847506195406 203449333070 378426798379 941771882384 778573049239 862558566116 335286152795
713435314524 810391638351 705507787722 297623979208 407088711586 623991923319 336495574109
949375410066 796880142650 207310666332 190372968824 698040807054 186317885193 804782714122
565417999942 520847288328 203476858489 725525747181 941141110041 741566799999 641975328403
240933119063 192104713467 023378515181 682298661343 846179559222 892272724792 951269711902
324963913804 404399574050 092712081861 325429437494 680803495274 028786638624 393417108857
657456509859 476694892184 500640546563 007857601863 379039611427 130965704638 609176346038
756811696167 424770017570 120962241599 529760603853 488570014814 031370011280 296945431637
235112508802 119138585426 221056899489 951830180914 171906159263 693473649530 715417590666
788072282014 882919882051 557077635832 956721911220 357704249516 850618829530 889889133774
280092605574 823119088319 103131939299 334559231342 822908244952 580052392312 035468409591
811803767004 110412429520 600416749760 555822753840 278557228994 429097079220 373479880867
350017022354 028870748724 156877915062 146524891733 255247701844 863336042379 174274985534
336281951376 593862764032 817426362481 472009657057 617273393219 713701624994 376072232561
327874249377 778589269330 335964016213 344136498402 711391338427 470757769543 778601175664
910861942707 182917441242 654445981363 785943440204 322865897546 386434827291 483675790906
124620843234 390391923443 343496772773 556111421320 014394443227 320381369085 729795736326
744778943865 774890385918 099259886296 977925891374 705285779546 130320543303 677522033550
855052641852 468351949293 468352432860 294168994575 328382103070 059714264453 901409018029
918233366474 407788470720 216230623856 055975822134 483772962995 988321194341 336945834461
478359693702 832682714104 848145288290 526166403281 494081840243 768279808314 945204633401
314793187522 373778064144 956575621060 530337373631 466749971428 199074239705 585981535036
662090465058 448358290370 627882179517 010954976396 032910465540 606926458630 212687402703
333762870900 863607757172 312759161950 765391337763 291958221560 239574342934 468871298084
612180268971 042434170908 330991098588 888835254085 942276917768 288120756179 439690119075
663452417006 163200810141 847533290811 300309310975 867707303631 842545293345 309766615291
752366323656 474216904228 061697515605 333059925079 176825022364 645999570337 747610841475
018859988302 655204068322 532391058724 489413214920 420150763661 972890004060 592720424962
760719992999 765156898504 788208519098 035733115741 544655500524 131490124398 995076737791
147971421276 661555365700 029980643522 358559463340 291519655744 773725774525 517368467724
114822876372 680019635844 862426037986 498657582130 805125486775 367180449618 700159104473
879342430418 785461787045 785436649442 843850304116 481926667184 975252670736 583993025400
618865946300 442593498642 188736746677 914010289921 935190341984 732576022585 319484839338
206114648070 364899786708 653140531734 815143246518 534005640853 019289907636 016009140767
076874864987 866144724164 384262549228 598167910812 920521882291 519447434704 103619261982
249688650183 287881228655 261494487243 355986406705 534886676421 607699601535 508232824182
707156181963 143431092962 804052569380 172100643874 560935856366 533754096152 099368441090
064234555949 678992586527 173749829803 717638644155 408339933247 328130954900 909116944267
647099606051 366703401744 118303662250 489910202822 410449800530 639392246517 643281963200
444786431071 064518182924 901554707466 301366585027 750507967666 944709231116 950742845792
691986465479 689769857442 471202502619 936276904918 689385379697 748241302056 076304338922
473675747538 314713417546 782974962447 706654093819 818294053395 278667728983 884828299114
239277363245 716014373375 263048026324 942165455657 671976751934 720546499442 516009891508
526537508002 510756054326 553772723422 307196967945 272246615973 866021741689 039122722547
133825915532 284525152266 946972817303 175525367108 519113588765 425443579041 298241035431
744232764343 271370654209 963215706364 060968713845 246245663352 691301220789 207803854120
376020634119 553945346946 694930916207 958199116593 075741982692 987786665036 590825853102
107170150184 413675291384 847390819223 564708665621 950319865198 555690374767 109471408761
353154871815 930278188382 078139400086 999967045174 005890292947 204951246680 739095172243
055169301048 038278147544 641937702694 249327243368 125202460157 153486104406 075905633203
741788371475 352143957277 788274638618 416087213432 549823690048 373821826384 009251021559
976282492414 832391100246 927892536253 848077699875 241682775157 981445345592 180912352016
230923561872 620356180637 137437050124 625681248863 511622694756 689681361908 739138611682
781042246641 848813774916 377582353071 751093363651 592078320285 074878177329 456795722880
270292533039 303562960965 509081112345 990450064098 314626001133 976600372981 338813161449
862460738400 410387389523 346770156047 656476774375 309135303602 773064948548 181815798555
845871362783 153768046482 215248418050 024360485920 424819532883 678403638789 956319332163
183177839752 991937552421 965960896506 553739404460 898228965083 088605090890 249651264721
191096922940 386605909137 826663597944 840783267636 254438297382 631612385127 135883189511
072580994198 572394263896 590594982782 417809235047 599580728228 798338367066 100204159537
645690875936 082090530464 645605498351 090377847790 876519746000 574937826856 962268923656
473689664002 376142139140 408853022853 014229240229 342391847460 728918244015 840316196570
370051165037 483283612130 517927679202 949584496107 578731219312 362792490708 774704940277
207668639512 899595810379 182555275737 019903563985 512824029479 351343047014 985331634148

827241470870 511372210732 637816770795 704244352542 402658784910 323099442185 047657104762
926221526379 911773502945 540414719797 361893916413 646795825081 052536221009 567308707059
953511023282 255406880818 424246132905 503411246368 206259564429 291757401920 097057467517
837870949738 346200035152 023509658220 513234951881 288097417013 828007277492 706073842957
867654565122 328069601873 592793842250 298239452654 566153768909 500376120416 256518301073
537003907029 150204753714 277894368805 917320302711 857789917666 634257164269 537166959331
831417686469 920393292873 147806545499 610556358587 858035598893 825325627842 779752774869
590582901784 353170386419 677914076504 812980943838 768811633599 534749783496 325840425665
564883523023 097152638961 085263284139 935517370055 701579243314 557133926350 649126910328
745743368016 847088321019 831805725899 635641749947 999141176464 087830985873 887601262243
929152513512 743163114240 916595798544 231194074263 914199573700 819368632439 542888918921
590733557117 772516588695 449446490515 695732422360 494291061139 881878797814 569230082568
163508933768 853608784915 097614076727 220176526327 006304042988 298532360410 002404018299
071505820953 486678658549 147523103917 653043924444 519665134251 485886593572 530618789331
732908416340 355221647410 415435261375 821818187912 790652821080 566445817008 188462120953
276418823619 373937158454 165450046137 634755726916 725247610255 780211198221 219161676924
799468148510 221108354686 977604706507 970232697917 944664058254 587841235137 839159878685
765801747173 575840055450 021699156624 893432775705 316234398574 651211255669 761595794165
500430927839 580643678562 017610936953 432274420323 727782921264 107279273315 388054265718
719523146147 608512412071 162145370705 234609873528 525352639855 517375988621 522832527062
331717710576 468344207112 184896971626 329212490614 166624188760 417868396533 520813403993
199974584851 636867649088 685910452680 787306216050 214958591937 822714926533 322860968536
505039861403 799578393235 926809107789 054855586108 859242822422 592774477365 117818270019
813885316073 056803365796 762717845777 429169997919 369629629072 997268103049 709697061750
361784872804 915714553234 024897008651 825057184139 097089981443 210863274307 629534648301
060291760317 398316298855 807697144339 567729015294 792494892573 053103628809 298857109774
203433903894 241774960849 678531158757 524460721062 635221799957 944832824964 981796880877
703560490697 406097558151 120951620501 327709107803 913461147510 049698677195 780467282368
221758850855 512187378823 843550239713 535647675312 848875111455 843944130756 166908021940
470540250925 616388730579 959357100709 542152424023 897386614498 430269643615 697593835035
800086525206 634482325093 428912815946 824688131107 670648072715 392133808549 088932174463
059788581127 442534488131 962175507453 904692292260 778682863658 751566809447 504786267227
357076953714 897264860136 280801508442 263265972211 471187217154 458187742615 869707938869
559231035534 774484427102 772791812654 193912554760 484431809343 679664633404 282833273374
185062986549 946001209056 686091094950 352084418389 916340306963 343519971372 234045101839
365628394905 715741199173 881420686449 188564896816 333551950660 009288433325 248067355841
713374961715 055093426371 894023253035 425993843941 877187420881 455435435616 430348910314
815205765886 944478270644 910995335212 843251910491 246905432173 805106794185 988054401289
425123258990 996231232405 387739821014 464058496559 741586595232 058144988525 103769306549
748931350603 293607448181 499898201118 274927781520 113240464303 834000930223 108054725959
755121674670 665922944438 571075829356 865159801179 019948045358 247172345030 176398914902
214494890216 019868415175 873791916826 610983857384 537652804189 009337550323 487675887576
583508168084 898048899461 346384675835 827589450046 648026022470 795960731123 470870190122
939638421992 508876853711 199854331293 724294847578 836115174083 358437533109 066594270132
580329543981 526920681054 804215521024 796511454543 319711530574 099549378383 693200170656
410239939685 203415131733 092513860829 839610344837 564348547094 563741106045 616668328026
369760559410 786005301485 403212528253 223272517323 249355788226 593959508373 340095059845
300844861549 376083077293 236978053902 069489843652 286792858078 158108085806 495326331730
564681609178 514712540008 807225793713 598591960203 211769851661 813820572666 448797145605
056476417427 368418914506 734245675641 604829030981 897917595674 479970441848 154395604702
337843568126 761771579873 748731652445 882100164106 192876715295 197730961257 950401327995
125123044607 173765330443 488975837750 220067414677 801697322800 545673449942 537241384582
367759639957 228554593078 385191403950 474413617589 100741462268 192976969498 861286529855
178802499331 966356382483 829419247431 923558426763 507319858030 301534307486 182437832522
793357993835 685378113275 565386473002 476743067237 584455570664 332239670583 789750194011
098458453031 203974160814 952863365122 483951151426 513952136199 492804776145 672284844312
856596154497 313827859533 076736960149 415863707036 217565867010 430358696114 579171483445
820548229597 116654702113 627728249354 079462907060 140372016903 577892399326 303272607254
506004036460 502838092961 007600067621 093582161548 809682798180 459087699075 582797111496
748587103659 798177900559 920461992108 621883339386 436767545357 823633698908 816193564218
210955951100 939837537477 554658607786 559433062248 491278978754 508135580009 553618632247
789455782167 285821565583 485741692055 782234361503 253551913069 451960052894 986940468655
864528839323 919612404399 594779057554 351905822581 270246825732 160269935312 376217316256
389732475711 628596069997 082939495981 464546812429 119289449321 675789363587 752365870831
262612976895 221403712133 337137363657 009749611146 795473894021 625486684146 352498148656
843712993256 610369032098 432452443637 457892832745 325401013787 354608708578 491533913301
848796502158 881092990371 435011496211 919724372703 633189011799 293100919897 206605891949
918385269867 800580939230 917378195429 850851684668 129923342594 667076177767 558862080126
141261464088 615606370386 756461288814 378861816884 069210573731 007147127556 028255238461

049428731994 983801419274 943751006947 906095976275 704074256052 792040373513 225643720532
009690271261 787884195824 392343316525 246682094254 662729793482 420950273277 702953598156
498247338180 616393871547 749197535049 321791743206 684340920620 175808477830 518875496124
423952011896 490704766018 606357333213 987937346739 149080881235 134551377407 155868222354
558845754468 634333775403 138713026260 714622401171 706024010652 254911986468 430964157219
449244602828 173252536670 353723004242 498660648053 112750195435 652322568738 263515606179
781774903631 475049573203 258272282087 901580037039 472207847114 408535302162 674050665051
256166950057 399083273250 689952126975 261606027252 472836652446 769954693569 475947257566
855811894258 537772576809 839768588064 964418575387 172908716236 658429546000 645728360531
387581386362 944104313462 995374182776 271853061591 934261217713 201031002114 525657669028
709745553310 907385811128 955140392716 687522479984 987499178502 589268902148 245957825905
186445482530 867096054152 463916486748 199695691963 759719630398 096105803354 613278943598
184350869745 259200054859 003037296168 307195762268 543536417311 817450957993 316477690774
640274025905 255388091862 936860458673 952113310468 554748440381 710725066369 101455731473
828250535705 756613939175 526069518689 649250344686 647491465261 560855050379 139420298199
422219947354 382317832230 368471373302 474855942982 638040651298 489197127731 269793994244
683681397971 930894515313 010228207176 024113229639 122806181570 953761845202 287863361784
261035310734 175920397829 165437023953 430922591085 010805655918 772527775548 002700192946
141441537672 275682553321 417372014074 713478844343 631675916143 872255943304 949771961233
842226616048 964396242053 267797041430 802411640119 680891010920 634290380279 255156967953
244161928348 664108382860 544153699643 659319691377 778700593603 048202291302 651459229613
455802971827 243841968767 243708449263 675507056334 050268371994 493547326526 563206627438
083699582633 516760708235 495298561583 433119524392 297003987910 675268314944 224875870597
119750135716 880807708801 638578432778 181513027786 831168589194 611430108958 921839289713
359413928885 648854509163 725939835974 207671570746 071497524605 986398966957 462315777686
048797201480 357679564845 898219702887 616123194701 320955924214 488355505762 723234434842
642601175322 306182230356 585080470110 118991932525 717205499629 266412977350 428504370262
289723585281 626756378963 020389847435 594806121738 739066853543 845303929312 988193883304
118342377836 147805975750 584066225413 362933578093 194781966392 974235039084 805932006978
991767883396 869131974825 886474708627 997131325613 717273081653 340613946256 855059072754
586450686465 652776825553 429721408833 837278820102 890293240313 242102002610 635664244369
661208304176 869322010489 934515597321 174663009086 712008355724 205292251062 850302940669
270580504400 681819227351 425634658435 481109593207 340127496949 000254472079 736037916466
970319503383 284835516767 605831036545 270857655498 002823947822 313718870396 521642078414
038632005016 875592892442 489164321079 620031371107 462606935918 955818239988 365915310970
042358174294 600735961247 432905721092 909762924104 106566209235 037924431392 689030306220
340787058475 213684434981 400664399682 817772883283 068082967474 851072684228 563950311923
967939970227 828083290403 918794270125 640317319867 054809038172 901093826770 327618187333
823329928735 425179121467 416968444384 160995792173 492547541151 695503632929 460672187983
817798488683 627829099798 430217204175 362522299672 743257163080 332626794270 088346679931
237227789280 490726906343 593863344827 373494687180 880694508882 406899726165 871343751874
071244353589 993574950576 391055026023 488483193010 977628751845 555614279728 428487603938
721304909025 418488426977 514011626937 613955045856 899047300398 762225695695 285227027007
070022363127 827564720918 907236614533 831506450866 015716672503 044253134573 076142482529
934735508200 948111074026 427032879613 545589972387 692438810975 970444457279 722559558214
831857922116 838192022376 660147053550 332990566389 961139502003 559003953143 148531999733
956110064596 295558214961 621580455163 249615249846 254913386661 556613057471 073066064947
612592513473 986724042947 052713945870 057114461774 359248919999 779853985891 554580117570
754584198570 746444171573 528708831815 566490671161 372052484212 406756883333 463263093946
744059153928 124346865274 150763671083 329467993079 601213226236 297192288906 112943956865
890674688582 258888398916 501883553307 523319815790 355358685515 578206546821 833215907429
103474695675 663392485415 223645371500 388621789026 343137853026 622744881799 998738533234
152500505075 994452916010 384924296473 792314485199 676400312042 619311018390 010745597693
245743996519 682211157017 225000078018 520076909279 952748195722 352249009245 510210083294
350604709038 217623401235 278483873772 731431981235 331216735074 162478419546 325344615208
289122378046 922908509386 280752677373 364891675275 108867186907 485731511798 719112758973
717212220069 790268627015 397703337623 539168573023 532778080515 008525981753 295550807877
886672815650 966691615839 112721698699 388759112688 648485453452 898384500172 007531788096
127347744030 045241675032 393038367061 707101305504 380587173067 566833533745 378303685599
937759086951 306218465528 579235933917 419171205417 969987256132 453266577397 569709321705
621938004614 828574998937 523164351347 470736588209 810605778865 416514732489 817870094630
138507925592 226072971522 620388194374 843914310594 095992584334 465657681739 689326110459
870100372754 352511637744 161227299994 101861956605 142159694120 635513144859 719545286080
974868254874 524459036260 473138064839 379734468186 624970072155 471060193500 238648389343
756227635012 792584941732 643662372023 278553594194 930450011152 493701147634 634157542640
955747394306 944563542362 081212241176 373576970867 776359301935 638364440288 936305078333
228036674743 943248657079 895085250872 741832683527 199515779265 271987637499 790762084389
463472126203 607830817381 428047878554 978289786227 472441770030 163255013397 053724176828
153235161769 069219970255 699962054642 437265357754 725102403129 943553864594 831470194940

156026684943 031837836936 554661866566 254708258607 489483972825 155891603855 349506451384
744221188275 629862063313 569213435053 541753254622 942738570185 142216047979 181239135818
570233638135 445357112771 171943216604 661431015474 198215549290 475621090189 572080606234
908802904067 854566746372 417724868119 007420655784 822192950106 596683535208 679087585534
490092713251 073537813112 328600410529 188355048282 568212439318 097857966641 441641974384
650359754316 704183852145 907794335773 149648457421 486085488674 529131457458 931518483420
505854272116 027520701053 028812182044 257185040797 177351938264 441514303400 003896508354
760695211261 435151449409 699151517833 258517247989 474052420610 045984073638 435113829829
335370285516 415328184689 878043592175 819760111037 188260115715 212198992803 575460838874
094737522040 639123362898 280661873195 323552920401 422000951548 088070610074 538656397258
970803032798 551240570967 529948775250 348381191484 476396069023 998008588751 011612900600
807691194381 030260949480 659847619690 480593217852 139982865901 636139729473 334245297578
429975902328 892122887617 453643431583 753143784957 460887473734 258795875821 990193538981
422942391794 151561315397 930251464137 986089598876 754136943230 404870285554 197809229580
446989901929 045589068465 978383379944 925127160494 133779070648 657858949675 759940506175
576329347568 082892202911 154918648820 159214617765 449921182725 498867656896 225170636148
321951406030 844868842947 490817141227 669895297665 284671870107 291933779292 824435324313
828520635706 158076925928 260322211940 276877904292 408365323232 151023540753 423210947605
321017167804 788960416851 071973969399 186187946346 189679713546 786722440290 516444396478
293266946358 491866150401 165503213795 823884640354 533706750014 682450893963 508407963388
339316440021 557629487655 451496229849 457357045563 984582865390 103120311995 586329789859
964274241654 564022155269 311761821934 040528049770 013958185699 504506269083 218442209858
065603603966 505204050926 529449163112 247412243985 455233459397 360215848895 956457603560
112394722600 290911023235 818327077603 181928957893 191200422829 722719276801 057856446673
340203186065 797599897673 630045155344 121222746492 117841921042 993023304754 593408148695
733885585311 878925724359 962470195810 494083427130 065971636437 516574637102 498705362916
929006099797 979820814714 713112899508 518492003986 404614653025 099491414340 358369556884
216151820006 672539858532 035670787534 474101821344 997039591787 397534962114 723677715107
506443419320 670978481013 906119468142 996565946949 980301501505 043949916581 936434061754
712006023253 305100568566 199539885210 969917968103 065156627611 400123939441 274050406560
022170985477 796442468587 486319694618 955103513339 164119590397 189387610544 264230246441
278596632014 847955273227 434092863462 009840598245 338576386151 933644320983 391819574962
950525271704 159411032941 605520070797 004452742655 032910680168 291821505488 657297908306
573320056671 104039316642 894607397427 613272069913 773588877646 840767260164 503796909067
376249123181 569461325842 146511243018 088628385018 727320829304 932053488349 080225799962
089315382043 458746206252 362968122407 755716676147 083325307435 180280156466 152412335772
666545968950 153512096407 409879933525 112423683932 555080407795 389065135984 869314857268
748994901408 530010625403 698440243398 573821267762 945491927728 192707271007 595054194545
037909180516 361580836288 870015386724 394500702749 898432185567 647403247143 923664843411
160620931019 601825031780 683539857258 391335713344 930361449170 866597972333 881453092174
031811747752 032581674338 945826496752 752520361126 273672109764 543134023806 587201125134
514611723801 638359472687 522817638356 655896188613 216729989394 014941251035 646583363688
776090658837 696741829191 920311945646 978094249838 609041603309 637645292794 234193002301
740054343225 854625094743 545517096835 436975603565 019923851473 718492670597 233277579791
173815247435 316334241172 984589412910 750455504288 587776273734 066330416039 180826874172
606596159893 360778633070 199222318466 648889304527 152405511746 120223016036 619219393661
579378673696 158162597300 582128112825 576467959494 028146674576 045577470673 902200197698
318259700293 819541492759 081133733236 058858777871 610067258359 623260496001 605899148893
422047361613 271007545230 048439431098 999163722188 623262572247 230711979182 304944435140
335744766397 083610698607 144570069276 396639734920 292183462976 443818601893 766880534512
777038481569 085406140328 036150280386 094903353489 323035792511 739353041584 113326547129
056739888443 593082228303 303222116592 985419196559 797184885423 887158089140 369301617172
570015570614 836906812742 295502793463 522645006869 343077482074 666368747614 762002275018
155179697826 673741459504 387058872387 338963291213 957303994663 054340289132 774681687546
695021614124 655037009126 591798302903 887348417613 972343394556 935660083801 609435561378
553746892071 454423377646 719631384646 526315701017 132358397487 466544236302 779285419045
015666457881 859979478971 251481140502 377690261728 979301308065 657163121212 079142907054
215088898379 545365916435 512334174598 794809276941 751149031174 605522455785 458135586702
153090077031 955655899599 746805741613 338361641691 140099233415 564386836225 866442807940
336267010522 666936192467 472371364090 542898520518 835100369268 187997465647 052545068268
393626406994 422311791299 733364106678 173591597162 898327417728 872302052609 804248757771
006988196240 372912716284 558358478403 404924364878 183372432037 161878814931 836632132424
242420147187 986601290829 544902098739 959542872139 066776982756 308916794217 401688235876
539750420302 448986418896 369096316270 120557681969 929154992775 142543788129 467665083250
351267168466 448444547240 410124528064 217832732227 760436916102 880783588718 437100518084
017958014108 352816351636 038053463076 389194761501 869867367060 501475565451 912556348547
440616202739 383503562785 615295889468 170169994014 332311095287 212448270472 060546025850
066704075791 114136827906 978686587117 792043561148 929968719888 032590349546 258685078645
156073721715 399533910705 457420844700 489981128289 942160212220 926244947274 540561035820

926425126780 398190545265 944373751942 813217137033 612591057551 698992847294 695342429807
232562902588 836268426784 470298363132 949660544162 538614748828 347981673228 810978487694
132343671883 348297513277 555209811183 566129984856 870217344971 594558142051 676013631681
044749870916 364943156667 001634124731 526314664694 470222860280 711813992815 888751637214
266832121415 092317205731 891117328825 980525201560 900415547775 952404089135 009403651970
848700749678 332743233588 694631268790 098502313172 066141132108 607604861957 063566245230
487204929701 679457814582 009036192806 782139458937 433777693126 987686811712 481640849105
253884239333 690894635409 235802310817 255763499799 694364597544 489485664773 280449886762
357891730215 026987964549 842771233602 523960136788 902639127631 673348690099 465888102863
102237495535 995017161877 940595427203 256807509917 230406040592 447593475587 819231150708
603864364001 669769358844 410773687028 457703794092 834941402822 129586407527 063935399304
447238508439 688527577798 355208317581 070948268654 551492346771 164511885672 238076006299
878184487827 005272031293 884799820971 943202275713 635203988800 756097935496 850722217381
909642757568 466440784384 976235954164 378986071667 348604995364 292157690926 961517095282
542108602668 881287621322 828870123941 112135608499 848560226167 435034883052 115199522213
094722311882 454739260808 544121534421 043454311042 835336107232 244610950475 490308238497
623378772397 985764670714 850727011550 335079176889 428553256555 785689141110 539376812300
764172733233 555555695819 795161678765 161127158802 381737058125 843376445496 393209033630
888423831346 474132541575 834085328701 621478467527 366035329814 219899900103 996516639857
816270835896 248137581128 520502746831 434621865421 002873579845 306419721733 111903252007
346192981287 229517898245 111770328323 475986403956 270619085455 073580791658 971007776402
290351977055 165146315695 428841424375 579757096894 223288731250 154465913235 682234856323
088186214869 175254442042 503115517112 520932667209 352445385328 575930785720 519631126771
596563353595 646066381215 699176134271 050357968934 692560977592 291135575500 449546809395
941988076919 375288865024 897112468591 619511911805 736623365074 921836732839 574906693966
899486388125 465885588838 303308642792 235459716140 863913280169 686706096747 793497025136
967094921185 182680683710 393297681827 934909048809 926852979497 855733371545 681229119082
889999649617 367275829677 225427182642 232866400132 724327309242 950923056622 134697756027
497131137749 640216045186 933589599433 451701314743 167166992535 535262519182 296068551102
552106617693 913058993047 044013055539 478586631684 376918286472 343532485938 877973370002
374344405223 057833850423 369748670050 160028663716 354807214257 274236347165 982592000599
527350286342 941390667926 697237987304 373539379577 587467043870 950735671245 544966030978
961181945541 702455921930 096405938055 229427692173 509881950338 542439019622 355656650959
811895084955 834758326794 413719433477 706441743068 760728732386 031909376467 452918921839
273405652449 125058695651 761156206981 250039315388 458184406490 819305513822 068081023933
630856535953 832850815185 286024907380 888193971974 192664563416 144842651154 131695628352
519591124428 382628810103 084755454897 369025403588 236483142440 595060433363 721723113697
973766253778 983291481467 685475411897 102364658779 329452455366 084629871709 766714521539
359362956508 416867938874 745177684647 019705601206 291119659392 716942878200 104738422691
208420374736 338838627479 266343817074 600861816517 701247380026 891028324861 454672894643
770339434204 648424196702 561879164897 251838674622 230416516000 185643129965 411759820850
056332395241 632046675535 001335372968 491746764631 941349922374 424722463302 202185954740
646378821188 234593940899 689958667766 370114295285 312707935566 323783256196 678213665709
220602831025 653913540119 066214292393 816411208069 617216043809 938799300327 913519396160
545906725965 724244388667 309883949480 405001995869 954087761066 913890684279 935646950245
990878656104 815262619488 029162203772 854404310761 915233096761 345657898664 927602310346
708078390992 627547645000 231115988151 525016675637 395740190577 034126134204 163590448083
907653748582 777525966628 543162988331 420747782612 095040776043 338836635802 430892448403
488354102870 614733963283 464657835796 697459258740 113463457623 216081042397 622251689597
347681742851 273772134888 431264298689 167069631623 873420014694 898521423020 835510710710
502557188462 778564403760 534154873713 405703530471 604771067752 932007990830 085796335058
913648697747 150937612256 284483514279 338752636745 707222002567 691274834223 794366061319
862676094406 210515237198 485974737929 740617724333 077735380254 302218943957 667695095667
279812485008 486264258848 457967719356 146646462601 496495146347 149006188672 601302167481
074660541119 266891840637 883531105630 441708083578 019992232956 434743032959 791358894379
380097270442 582150692797 998883144672 532976896720 924331096787 787043725470 404969378268
535332779967 817629151867 127754136572 668369349108 729256606562 281591526335 044669497567
922949764583 960403124782 609680807632 457291796313 570638055301 817950615589 346192005525
020421276892 047265235195 908441637059 762275805273 353990572737 729245898431 134662089469
356846280770 879593423614 342618357397 284121665260 195438481774 502442968737 870447818458
084566985918 167574593630 071250992994 559021579797 126797928681 418361794529 381147438345
911304949490 625457775739 657448250418 936610501567 223911406337 904426932767 178357282347
840242922904 037674700397 134683438554 640642707102 611753009130 847612735756 388934449578
014367197801 389826534243 776067204873 056592069332 816973770772 050673214000 573675534498
089554053868 887867159112 407602402876 493610914648 563243513922 828961692053 847422089604
660805903823 099659189334 258907900622 370408006699 792029798194 409277173502 701273368468
208673831027 079479355302 208227752154 460927356207 151719553874 896681908468 028606626805
266261730739 559289324327 665608205589 264922811457 207893258778 236808279305 050030741774
353514258764 320918185432 669406906760 079190821342 039636895309 452563340221 307302098645

862976896554 724865262428 461104736657 509041771732 052323741407 565848993239 270868216794
264326875694 735191217476 911115775407 999719992668 288850793903 934061031042 132964682504
077064770521 769095572432 685966471769 863829141153 779769760002 581927239446 920104966004
285085470014 809180810817 266504567967 186688064620 584788093007 116714190784 971339391499
399525524545 209494650784 349719810361 428778184033 220570694639 515476946972 767747706424
864607939235 195654366350 830702520798 246537427425 699694577564 626119873862 943453280541
508276209906 622774358444 862703767092 488431396731 265635680597 853428581984 460900825022
815051063672 691418876039 788319773186 265729314218 073290550935 385624444888 087051585120
556194413737 032854054757 221463407137 369326552108 693222709423 907542994089 944254445906
867574114322 524261672343 521912782585 438845595167 978299328323 642737457452 544546052939
896806263513 733587214850 808820205518 659958034081 488329701253 781235056793 050818818568
505731233257 555542419605 427358319447 976432499228 822660435558 523349606680 905502905216
337784746351 934749713022 329493965510 415987839740 167516618593 605179338950 392466205245
511268837311 120785257244 245799623294 450168341713 595140252095 179264681156 829820313618
827396426623 321676441524 695487558164 084358212585 044247670699 693803758573 003905790110
515414779557 179169312729 095998221364 115981595201 458613678920 666663532183 944579112942
949372746424 648239215477 975615733670 895761840575 322098504748 583570891766 352727809495
354274482525 113739382912 378335184147 182784881809 377625946725 543342069023 837559765846
744498857297 100153365702 593838609837 888370559661 656612261881 245463878074 036437755829
259340136451 738584462455 407649029616 220229244791 778901424327 249245624610 572832994427
679678314481 934670551757 083502942567 326335264906 514141210237 861093296718 863103717170
461762893116 167259029067 712239858836 596414924553 081207285708 410066076168 543516663530
341382801133 819677912289 974126655244 951348338934 636181282256 499053411503 179141167093
830767768774 232569803429 140799802919 107611396530 776180407622 194451519402 604063470356
799353883274 378588152011 080406490885 175270082056 238020512864 218424823002 632432055997
998346926232 665644701956 357300679539 057244150398 164239082136 235132717714 586191210328
112357269933 087662553440 894151205179 902731473868 182626644475 280406727464 085723801550
389418912595 893739926501 687752743769 741533748172 422037707128 664490771162 603154417119
414108348606 899529507444 772203362744 266818471196 563615713772 424615456070 479650878312
900133434911 136292975583 609060175949 453796861506 817908507607 566212738100 117918293076
118629911635 574502602021 275654360951 138569094815 424476722607 340061037334 261273608044
855312147578 890237559057 711317455009 411859748652 962705885639 173897159515 988987014175
869648654185 324863779433 780506989345 553880505233 124949841887 573046444733 144459850552
473986539970 734623381939 800857730435 695476169828 265893810030 602411218665 685980207253
371656135335 099218859560 107881521955 992984830737 114161764839 950330037898 824790345410
532502054955 693588016154 598918936886 572124748963 613671862818 854644786179 243581710112
551851317871 774504307353 645029761507 292301108330 802551534951 869294849716 900991730394
769733378956 502295614877 878048366582 834827540230 192303690385 819788534303 828558273006
721561304247 679650997367 389863963084 595330994467 366005278953 510077510623 540518095062
072959121477 879266263385 428792589775 958630580646 504484526239 133538342627 050430867009
467036220406 339767252991 365187842306 583966702262 580562122210 733541161850 293635641616
655779237766 395860494693 244550805903 617986442755 741294983021 046969861644 931370103702
775084860153 961665864512 853545304815 598296382985 981545562592 486591863288 176301101499
737206920153 869877418621 655782087885 028970856782 970192695827 695239408257 958934666666
883918358815 549069436830 703532763207 934945109365 399450972042 836730670351 441963155288
753214822189 325967173707 812714051334 747386080963 694563512019 018439160557 338408051663
829148862479 351379403713 197966875856 259482942074 632416148196 268288849800 968875641317
790265769105 550802543228 031258589984 582872083257 358894763134 926062496271 832200731813
542439536437 705648192953 995700144554 383910878449 144193680471 065163474031 170374482458
505185788180 686628844170 793566042698 003163236349 120302919753 700996010666 193896217318
762267071826 314852284417 279433406818 103101838417 534997349697 901352604608 389864938417
085293469279 158345594247 787414758186 260672246624 811772249856 862298974404 384392184024
560360919123 698959782488 064463195555 559308328167 346023120406 670072487747 599806326845
273202557015 621687662840 583268894930 505193900504 950495870154 003485427760 246248588466
667342385974 454567161141 984303835706 397426666703 855560964523 903570201073 652328352769
206772213666 358574608076 159948257589 026155644286 649673725692 080468511746 267024678766
860322879651 197857616442 650025536622 079972039998 656146915511 996591892609 987569195721
982755095064 759786156264 742355786450 113897041993 509976406676 557120850295 842115591494
729075235534 992741008512 949193855962 594032638202 524988224921 444475588270 029003679518
705235762764 423558418333 071204601246 299399154841 958135512551 467709344714 433092476373
215011861279 838185602557 163141744264 421039231841 248615613047 098148024733 881256960519
677269438321 490104652409 981501183394 145060084222 913194160995 009964496196 330766171680
279966145964 908485717408 237805713129 439661036877 272697904349 031896749323 216657233190
372154146103 647188424635 680197125709 771242045599 277189401630 807555791531 803886385226
329349122868 944587124407 187398513109 807299600005 402969139086 326671417923 649756297192
502128839909 708484680439 071763198298 386258976031 273818102754 934261012824 458351039724
617260027124 726441028393 060367775439 840384623746 557117766042 747940447110 253227526070
881915259623 881035944912 100259215675 509990359849 028736639465 333622278560 198785244807
812000092267 255630431187 021878325473 868804409188 331048255150 339506237035 345911575694

871584408122 253546614612 133683291417 713871207911 325632996961 058630638814 550382930706
507642500409 597837720091 354284328731 106694070419 993253056831 695331854406 218096083461
319779933817 165917065487 955211443993 463691039132 585349777380 538014249409 345036276165
813689500309 512610570841 234456296013 280703948714 675890101664 115170393932 146989030266
726605846735 059647527480 561780786795 393551032684 912986766565 426312732988 529192700824
708774002213 743115658696 907606589908 547798087756 486559413089 027045689772 974195596550
109221935693 238497816225 875176465524 209255740925 717695468860 519010003160 801289728987
052861085422 973909396815 077500965971 737146008611 522092622608 527082988364 373624387798
127745117082 236808061077 077413663347 955743533547 250663440979 289899184082 181502006262
900581367815 452848577595 273359535974 840872450053 882741039998 701952126233 169862828034
388497269141 695862950362 027229748868 984900397414 716167457511 413346027344 974235505878
072186655258 735064125308 324573880356 085157662659 100847907204 770453688975 071997435665
063066316758 761134751644 189050994953 044117199851 499167397662 294269445166 214080877491
355367345306 518299977582 014657530815 794081675035 725631308268 975276869491 317516603141
962741227162 095782997451 259507368949 976478651309 830445539167 618793163664 040969778731
171580041226 555288637091 406258178846 923903643987 679438994419 596332277331 510624171111
117589582042 138226824715 855862315936 615312894321 916548928211 959762276658 143596743190
469318970709 546254984802 349550186923 112936640292 909966700863 878400428904 420862483661
779064302063 305933920322 434365160794 325702465868 466897715343 280772170987 980118148551
579281644492 135430015252 996137723601 077292108595 131459952461 659422716415 747632365702
571880611706 348762926273 236008312525 699654343218 937450779674 452915427894 712722894704
464813147441 242211665900 810057217233 044387008737 360533164683 029287005557 200190699431
998706454465 506242821727 117124592068 124294810550 504047059241 052883574006 564845472456
074875624763 472596201955 416308086991 308656786967 875539700812 791176866919 496838135150
988085209582 767929487854 818158433903 895764802898 509257246086 253006148886 286503065719
865793656157 955982572991 894328947716 189620569354 672805441856 350184626344 267485715560
888443376776 775181119587 963168418536 391233749766 123771258705 575367714255 354528010236
191288246608 468567360849 341333119579 933540423335 773588963780 531839093444 280492270352
162230871494 436067300423 117979682863 905171951575 052097655902 730996709989 020051300226
332647381845 202399769112 952460615572 933669965418 267875614644 743693887290 887894259922
714756326206 666732908094 698629295343 111076243281 643273608630 864133864864 668368334034
117417243361 379086047880 568004597543 289332721406 080344475032 843441146117 190967017625
398428226686 468388170610 025364990074 317384700086 148176164319 642146091993 738188776548
270699793984 153938974909 461030806089 521056237233 733955299064 854565477711 132351150583
518723974869 707635229334 354972561003 011215891267 832849264645 292657116115 146530034496
144130407078 693714179233 116662476964 087635487399 017477537102 018211428142 144824621320
489013665523 144244134042 877529811835 667348556593 691796255853 153675107980 671452796637
458994210311 881547454807 524651853170 218249967058 200928170347 143305649061 103029660077
886218643958 620309126219 537459319155 011169133155 954733941172 086135358840 520458592736
046321982702 240715420614 033109614862 990759081033 133065914757 495394365387 018430653038
342790401430 598298810968 662879396068 421340105866 813687700862 550410669655 362243076097
486920666744 068427555947 082594037595 454393281264 615197860109 409221003946 623938100024
885780821530 539641236263 035680445023 302479433432 134418808431 469281618392 368201869189
398393330782 579391518765 988615852658 830313054820 647419923861 166216919045 975656253336
318446768950 752992586777 308978113220 554526893234 119637741580 704297917296 184933765166
937562151464 881384172662 171532362271 080278418137 745960978655 724521653492 678760880091
880707514451 795591893207 464840761990 517355858488 913303280635 078797052313 167676931577
373187959490 721237263799 259715349422 416504918609 591639298051 537541530560 108354141244
266350884117 088954264409 770274228232 128737818584 813773935509 749335551140 624466436894
204535523793 022955699025 688892472476 482856987927 771770439584 369247240062 220941325554
943292326806 265100656067 112487799788 039988221458 634529591716 662481653228 741155327526
411248966562 365362717905 170820153100 267353958824 702235281639 972401534641 220320257977
808273135512 050193684281 552081855499 751491511016 991412711608 445400907620 830051416461
882552963462 036087371679 019058251894 683895404682 662971748668 008393029512 607766929924
069435225777 438631812759 679506943700 156062505627 855914341512 413394030327 712953253107
118617480257 722349489292 521980974308 952122314619 576662075923 556359726690 767986661233
291059527961 018343106907 702032228716 252083611956 494811752997 132749730597 835528521285
785478442861 816852571073 997916448507 379463019479 486010937938 364054003035 089249948913
801089313227 030643660409 213615225175 033647591255 299336234508 746206252211 615213453346
405907315273 240795593956 003274879097 386942606636 143145093479 579364252820 760576736682
245561277978 857985090507 465575999523 325768019785 164732223573 444661249477 999064293351
032029241706 181476957105 077280191727 166542272028 024548065568 292656244457 107484434380
924735583240 595727928137 009317949584 280200678166 703023483010 740547421926 860540197880
276706177331 169854901005 325265807003 919332218325 517622195004 956023295431 880724870989
224933073759 045534887851 895773428251 250967651971 856799652910 171995101746 478143027813
335716956422 319340757137 678346086967 122438121730 798969383121 704204911241 451586221205
738198926028 132533616506 332709612681 127354457645 034386271837 391993894379 695856116712
668383393759 855826461542 797813317912 057829123789 989227627725 615951258427 540001446320
445791065468 667324140533 658619184280 422625821688 273710321538 212290016053 895557458048

149707951428 828742756657 075814826054 824202210612 037688341073 437044616953 135658473158
464995233288 974086138926 037436545571 031357309787 030515797674 186488333083 334683061776
199649533323 434059168678 388645247041 275531439579 402788421613 759684918282 328600669289
116050761181 598098057229 676116423560 905478275530 999022836011 825568757238 788125858293
421121206435 351362342333 545480003763 735392284413 374664475464 899727153248 706234324739
394940743678 490417272542 657426758951 827960203343 622606184340 654829291096 947327758106
315005802505 689492133983 705710619553 810369925100 616045006231 958956852776 338414533870
921568787580 321274603112 849248871469 759238966121 654100784516 651875999266 072990204583
456279634204 397156524456 500393326975 841615274186 890528103396 227728680145 702700318962
787707751372 895137492853 891601345118 147909121245 542835114507 476620614502 078740552719
831064913195 084319393794 051393560862 448712063282 330972563106 568067159358 712039921409
666332251191 044508321653 543621993777 585843281227 230971764972 700282533520 236033469451
608228728472 752281846877 737507229883 391318768369 026382449348 885643460614 702141015933
553708337592 611935438143 753258368050 686926516021 319638590042 494502607779 328982929749
310257474851 915475821236 842755637397 781015150277 718846739673 439741825642 715865300921
367338800791 231126616041 891722846890 638267871722 469773414700 303377094862 942467836229
172179125739 785889572304 938003585912 363996896312 161385831046 483707963766 267992976156
682119846593 415593391674 446886200355 689651840618 965020995787 949475034213 451064682941
891357624099 495577188337 647484493614 890337338736 408448766512 857990600569 180355802175
743282237209 829640541398 491768614254 113578019232 843223566220 125337569971 038210371450
536113521580 875443258875 177314981234 159790077484 154852468747 186982843716 427756796612
188225898363 586461233727 087316163958 782993815527 341580288062 228960322744 791973151341
958948838419 529290567529 135828470288 997290468242 178115881254 450027577348 975661069369
938306002844 248830408556 897564911615 693828782862 045901715920 661835559705 573502183092
691196050687 113637921989 163882647003 032398559982 585297372067 596850212232 594796092137
013315436900 473475800526 697316366280 876754686843 154412005445 181096396331 779963270733
270078424261 594328719836 710018530522 110004993585 898093472727 826132452225 547446633652
346902607995 201882984865 792935643341 058619206357 658021349497 123815423332 633081824963
302038636180 607430078936 284804945727 476555968976 904796307725 843589609723 556268852771
769509575485 467415631893 654443452682 522268733165 858336717410 453518601689 739003705114
038721607492 565728669414 463434281934 220107879944 479315289080 704416783720 859140380787
192020468714 895404296577 827423277263 006754826839 257204742895 691916760052 052321538211
408873240679 725588369972 297703978174 778655445133 936952804673 097919875464 405405015355
984214901764 939708993368 236817978618 263713774776 189924213964 754681521802 356570084650
624621258009 338239375893 985352553247 370307268761 318693261257 733337290274 919695015084
048179987728 373665255064 027193614777 325988089081 494639422730 754621137974 252544785730
656206162327 584566336871 604105456555 821963228444 258001613092 292561169521 705856174292
971169937298 798552686573 679816223076 859491733218 637615077351 715337805336 399472531737
904670385755 272237382781 358856453237 660838981202 294975179584 990141689663 452187860835
838411893138 472832576864 873474621953 538997800875 424150586749 780156015931 136540552070
950803525500 481212312377 181521072980 032310175918 378625405659 625399485447 107620238523
408341501421 890183896302 766908646062 889973158305 000605416610 521126183324 563088749423
761321117383 235991026715 443333980903 010767519215 606860915099 297579489847 091340484776
037253316486 633273997745 741707870588 584989036478 250500607565 276677666730 181427983462
997863115472 471904638130 827026950271 552434583777 132888840113 322856123276 424758054914
145334004307 351368200167 103048967407 913220417329 365588638081 990240250424 758979906199
739449424061 393859002043 745081712616 036278391241 147268209085 690526837422 506891099193
767722077768 737126770152 907129682261 584375714966 534629615403 528980698498 199023815881
324900728284 203166454586 451867787181 771772779283 212526968322 976641245496 739715278796
804347658957 612653385245 739151343813 784500518738 591532963414 053689484439 722550801196
079269028116 229367043437 115837195386 577860034194 671309665344 253552356135 039263743335
590248778009 316758556650 202614245175 520231051803 797924160186 816532721349 074474187926
304637935701 957254656870 769649025628 311394908306 598139258771 657534329051 829883074422
093153945626 718913650932 778527585614 188691505843 112818062116 453383461456 499861027990
887831599923 320834970349 900964482897 361997260841 303050161383 437573503350 269679199100
394576485031 398899804053 476207979951 035562800942 711980771413 862537468942 006711292903
794021105099 312881767863 557121288220 584525902329 882784488972 855767643376 551320983720
845365197273 566294540752 078683774825 993769508547 458537785440 151866870321 270325108378
857553525327 422467456165 530175294697 049286034935 237663193775 815312691121 571250545649
366284046131 575493234361 611438689415 519179552116 040327941387 040597365968 287723555493
695367249260 335274498928 882204488684 436527515895 468955885890 718317292891 292345774428
441927250527 684755038702 706328297997 585388259938 790678996367 663472636799 709113700050
045191515070 502085744705 320311342837 530396450683 734947465152 543161640695 883965696047
762481007698 125762324027 656324714558 678116653563 357384133203 756328577111 457947736117
758910978449 597487134549 945405008974 943123702669 160022779621 516016443144 632155674657
986969134302 091737537932 953736310293 482594184851 531345770064 943739097642 085895731774
231457672882 967906750299 223152573286 983302634123 352631634902 064904297082 100632648815
676763242544 468703921333 767894896001 251362652354 725651702225 595569986284 251088668968
471078726001 673324221562 512429272130 805593262213 072140936864 354996898787 430352676884

922123183449 241907637471 574744625215 974576466357 242752795222 891504064277 678656611519
193319181783 056716465304 813810106667 342459156864 174457688390 624192018654 102252669706
153890999072 549984285484 195668192454 519747093061 422753151298 445309182757 715136118167
303580932146 032258472352 811825504706 062154262243 245514468964 572693823166 555250959895
041093425374 308599979713 700425885834 030449726710 962996976323 360777674373 479878835673
010286471384 545928791637 490145406647 519394899352 212362474366 131747830486 884631516036
592243576762 762344666539 589796468790 552923902702 010757218919 138214831626 852490495848
675432931241 826413466272 282093653277 283976675572 672897319381 293419430572 396207232920
071863867466 703063646013 311111642546 802512289430 533112509853 860120123607 044969978521
095859875329 303277162267 982305510767 692680002207 418849030165 005038534475 971018301673
782681943612 416569639252 294741035743 185176583656 034123276433 900956511863 260791733899
126277207213 516175222255 241829612433 962825182328 696862544411 862381233064 034533155601
640695747232 038365145663 557498734411 685994161655 182496042597 983926781613 148318090253
450716466644 267026276118 597649132476 829527278057 032238343515 063672177066 376374024903
046590962859 602719797255 378001418201 998101813981 259504234866 248344043921 136487236662
920206393962 884531448374 890102608403 614840731200 674156229159 669636694083 603264334149
637120985454 752501773669 601971461784 645155559941 672637397085 864959877953 242158328218
410939164052 835679070686 421078034660 757197989148 155400542005 107300962796 234727249970
112217781656 798449194332 226334150338 567530824467 734104550327 428561157455 387421400071
928430177447 314230098365 760751551277 796281014722 053066817420 350596794105 098046656313
637782517247 091409925552 471036812670 513824675211 720052849429 521974886284 898527787835
621060048781 271144063499 088164592445 189801044293 570832904722 016072696604 619842607722
478310717143 909349289737 950750564710 538029161874 918869946353 013572935018 732066873115
017315310912 967948625497 958151216822 075712318919 091383383534 471023659794 480804712338
827444035053 467999529133 546094139272 844651391190 836076226579 839815642463 829159990441
628452768189 353279135674 740322735150 689098775472 181557499848 834669462227 119434351395
727560933187 767215742857 830330183042 225170496329 716122968367 527489832947 231506974978
874140021926 700672065677 292131084935 729407635928 956182812900 110978472432 830384651974
375857368591 230981783603 031405282300 813026631330 413992533992 179415764798 534708178636
113772001408 570838639437 703529183497 403741835116 223700401731 882693932630 875054875664
529093265665 030243944536 227279170800 381578513252 902365105680 962589179424 001638714961
212169469925 442398674726 206005713115 387838833883 078016537883 877521159311 944935956949
179394057884 886062395944 418497289287 230849557926 072113297712 137238869698 636023682916
222546471088 062109447913 239901540667 816028934694 282155062721 260541798291 781738248919
973382953016 826679061778 013533650471 886339784273 533585623279 185357977922 662703802445
696829686254 911874868530 549785796598 918486218623 748556393532 156304899283 486556154154
064951221046 610376548180 602506765491 340332738629 416911776263 813834785118 364105699966
094920204489 502629446168 466855106066 242088314537 401268779478 139859577769 903987707399
417032565319 355613000528 143599456061 261608322358 990324895659 567527576985 324574403560
761288607968 185761977178 876556198523 752744722359 927202060238 916718790814 708867068302
793989768378 023337579683 748471679204 205611884614 435084238369 737859482588 497825952141
431676898495 921319389412 875069596149 193271147035 874533660814 943754697142 919529031019
389435637183 593749148307 423044934029 596281116652 389958110600 093862221622 655252976610
650745271358 949733447407 281673926348 622262971347 155532936244 457994650823 197908769074
458525370345 709007744081 534167863870 148099674124 003837808523 427397788174 691080535330
509119443313 873040838043 067506030686 269532124522 901667503856 318585859317 437769494157
410810572749 444384001399 152295292401 680667458424 696605569107 697596987310 950784518251
857689800093 942863712191 016698078851 710571144669 507031273706 962004730035 675368235205
815249186823 908397408809 264852704581 680063915340 134937352547 150923527044 161926572110
042345848085 322398093081 970121586417 329130532589 871715885516 842060650340 556996859371
591562193954 595558557009 347711681179 835995842798 195564356365 309389050941 964641889243
417661217711 754573714429 402729377177 659183107443 058151531596 094826350633 655723861413
920813075414 610740512741 348138890687 520896517547 286443489020 150187201836 613841728079
882729582018 977486126338 360371109414 086804414638 189975514419 051152014024 187628978688
233866528874 956474011072 459905537992 175155647819 809184955876 752778280803 822629818043
941563979561 725694090929 518577447883 651594478720 682678596369 454763706238 206696202396
620665921081 278183219127 468081453031 421779867353 368489380826 681896912999 835199422321
272638771597 576428521321 515883717146 485428812423 122468402839 056157796819 989785562510
271070628379 399431907357 979753622873 719947845210 383168668521 420822019266 723155810117
372442375609 151489386343 666526579426 037168289281 580693159057 152379480256 619126870887
647506950850 111370257880 233381801903 021002975975 592681821635 953507064188 571900594974
446797417420 252130947246 191950277213 237247025702 961631681464 762184643644 651799535877
759048091724 695567396794 553734971032 219369455962 778937791938 340697253788 415502062958
387483096195 420461546990 222684347461 767711319737 486600087935 443607302433 663280865368
473350668707 408900184703 067698214753 133731542862 215155131814 095414979724 670676343697
696458309286 795212019941 406654043266 683440819686 918622917654 410364920807 857292423388
755061809836 591222653797 288411120130 691018576030 498329532694 214188425942 866214695276
880632082571 964867134224 698526419419 022236241186 339130284171 844724822755 723379969707
482002437580 371792180734 202080536935 740618765664 169607739120 909813494702 120725197213

699642344209 305478465069 237446490420 888732630226 156357919606 309236991602 782364930003
449747123779 455951240858 239709946570 275366759813 304777505050 536634574715 516558372773
100785781787 153031613276 848925357607 846211478860 351804029765 696058486717 567636659308
748016099927 950787178913 104203849478 943286084797 051504283326 524571886423 198399932856
342268607883 443745309272 893146092544 299060787111 736766959849 633062177514 884899337787
867859785265 280570548661 217379213552 124702395325 608190678852 803832422968 075544717437
748950143023 150146961225 494895338362 756944869304 674198022922 555065087429 772758076095
106879827109 193837142290 968268728596 321942836727 242477443909 060036804852 784543854819
955828743344 189095523099 265929588482 897771967505 439205771668 938552397736 092582090693
430578986742 357295312051 485090384652 493140068996 173731735816 222294455416 149357871477
506270376192 498036384400 160913611713 729557661808 926386467940 279365670385 305779912988
573944783757 639092679443 336505496770 742285963808 721870399582 714758000440 222404214003
303590360960 548004718847 304678286807 740989832225 262453168032 034084435109 374319499380
299081241792 110895423927 096542582195 848586679924 115788447815 219557498322 258335674226
798960098032 009354865108 549467676713 405310343499 864349758000 215286835835 721365978208
435732604661 260570464409 200520643748 808684041999 585408697477 316017505390 253064903620
449458476440 882040053860 571525182217 793518019414 711660086532 948281060021 915944692783
460379829268 818677784883 782713148160 668128480874 790430234200 377130896464 781785599461
837510620688 441358628450 630346441913 942893762354 742777586769 014678228907 006092683252
250324639953 337566728997 660254246597 951963260902 742615157481 865278192977 983681101331
339651625793 318419407026 964988951386 923961261275 369592060229 690087420834 720840833188
415826838019 383358973224 335136412244 321174979404 766824167809 635203566415 433254150964
501977910541 460943749815 990445792838 028880133562 481814072611 423275972894 824141887025
957454934254 722746989976 877162316099 322885042028 070838100814 091887352633 318358420740
748446573397 838429805347 106002374219 987211762683 334909209073 865337959074 928089283030
107207550472 450851183334 676304759820 661789998004 462744803370 196555021320 441396423674
506953708781 697379969379 061637848201 169796270721 270358480479 488580658308 963231288673
402963848241 128765952185 362411256969 749199057478 280326299861 231724793050 323637705845
698785774531 610386670675 558440682408 910511818429 025803298514 096157331538 756311438547
792152983663 838215871358 824082012778 384097362326 475844352630 281664756079 993221483927
156321249990 837098930946 329559859928 728433521252 427433494379 023824949445 785164936127
032642339094 544808620028 353526261752 981835525297 880465028135 399112847161 281153414460
389703165467 739525876538 384445746110 351561641809 273346254142 217903310714 720310599294
953895958436 885773489495 225982103831 596420623273 071483716691 798967444541 841890372511
272835300592 982739374737 571099277652 356370360647 348724784839 684203742309 758998874387
876542841593 565973588345 060936129924 492587467691 542804598132 815825872999 110300780631
592481722052 213206010771 492336601003 182710066727 266488949550 942336897935 481055796423
771544954137 177407995177 501466695465 574100801557 934179598301 318715461713 838220333287
263136997808 093756281698 575352925390 236568114358 655398284283 241700051641 990051764383
512005756933 430421802931 523685411424 059868057389 737717209032 816486238395 498050084360
235358582554 618855942442 612928921434 147898267094 176760452225 134929872997 435333820627
622406331004 883774527381 188722581819 982219428293 676666000040 379914870018 568674554412
319573518712 379305995148 215954867701 054047820258 539083335640 618262225208 028648666809
763156107137 641890902360 603954124553 570380667535 676524726680 367517673845 564696693596
022634258001 555720896238 403647713214 296692193472 420798729629 861675796746 082959712748
570679034670 391578658581 112738257432 519039782995 445767430575 299283028634 186242545022
496241979163 982734904359 411395898404 348957578332 464822165249 725331811930 555856140503
105076548589 915525542652 886287528895 545773678742 029770378468 475636642494 767084854307
354132840361 634913471074 468329858980 951110201242 544884643071 227174886586 964367223751
257407663807 577968593851 823215803790 138851324567 042252785387 661013519568 286523394604
020035673386 025205513475 307900746894 526143616381 246602094339 688182998572 534654355285
404636104131 214993769216 302614831518 234694209627 911549417194 660720665528 440044356575
326641438934 277220905575 184236912080 347379886707 969228398693 750888161460 738382464200
081539367400 188625730736 953499730836 725281014943 043645634975 213545319519 500350764823
703618453849 756361633974 429430988638 719898808188 086747495831 760222984672 501959183717
870015464719 437744024587 964419343305 273778617450 245249707149 907000518726 929283458717
863091748438 785506397547 781397976147 102974805258 930692216662 225235373449 011353986266
028141926476 293709768013 187204140666 876255459542 229249384946 271177550175 862021378876
760029805157 411237809551 927818159082 066363654035 686833244556 620095160463 375225688255
854582920019 306381533873 656517945743 702588756264 732107732276 466231522699 379582538162
507411935992 575434703207 518963927929 216230912990 259044551217 209318966179 934694954150
218683377015 220759113008 886890238579 915282639867 824654608874 627852622681 424733188588
572416651261 959000329224 404728408961 960264923773 072793032869 835071995091 733622206904
266211379357 378789633982 192711117924 375186838175 762134729227 304841109052 893127397566
546440159910 892056359539 550622684903 481778340163 888074775859 106047358664 560729940094
200063120435 623081164981 455149655513 005854611735 524052167155 666041333475 875987920445
592175677563 283767227690 115416492112 246422360395 403368455011 342654247448 989545996792
036442429665 248273506879 964950157404 621482511116 740163812882 370549267667 972800574632
906194561799 730944487237 467063062834 619376926372 843710250629 430239838747 180411277944

515182108640 001558475791 284640128739 950977629770 826226345882 505207818345 760505308157
127681646160 126745615131 039107176973 845578732241 330030005534 719511669012 581135208015
630373046908 093097927353 658564913574 711350904412 759076490299 193882008262 173939592861
233365729706 646410270587 838551318934 657962685933 047956026011 545035967710 140057993336
889004022075 384825139930 863716343366 007923712406 457617650036 410612205435 688688177406
253057006023 018982911091 534071177517 124423703643 637158902201 162317102635 650130243991
215404270127 303916604348 528921717678 005443537960 268144769874 794055715993 778356399662
100669274192 714681089620 407361116347 202589862464 744081961204 033687520897 010880633542
844369252180 174251211967 856991105833 494499916830 944946984707 806367546667 767825383723
040528489291 173054802989 310613282285 243013974421 278401082297 992256374991 861619095395
092292352403 872656334962 447446903480 575135659465 046250309625 011185996363 024036541878
244570740245 894880605074 168390715058 032424183755 862679604489 403118420715 618426638993
005968351960 880991550054 081911609426 156177996494 555738936233 509560216938 453029407415
354220170088 505934108021 537744168969 765523900070 011310946928 000344435606 360766131030
272873892742 266524989909 815901237651 570432773192 185028448811 193320110357 105719444387
121835232255 486772644086 673404544135 367403990104 641792881141 327732957052 332339987800
916026700289 290467003455 063211355182 259645456365 580270462153 147060321476 780387345442
039887757315 364197294374 658678276336 231119864674 608317162495 938051631791 016021743160
036372135135 506555681162 767164832287 962390037143 316348095868 924384711690 483078965100
591104965015 992831438312 018932525166 768955897310 518020709156 128212794785 768231503099
654870137801 420342350862 188944511309 174155201212 503779765726 305117588445 579181661243
191479349987 937188974667 677782724332 922702482645 480284999856 755494526946 870327503783
940036651442 685682081309 020949057899 622100814077 366965566279 789587599381 603739294081
898326023119 790605145978 038449412185 507347234440 464136333171 482978197669 866965514005
181845419763 310556350448 849713422360 339130058979 717346782373 472329230517 388505004636
025681998062 728258112455 591586015018 439090409864 180971710075 461884773934 911273571127
107533095079 036197946170 873344664805 241788806067 731106455884 142874312055 368645075413
123789205016 418245598529 170285529823 491756815198 174953565040 453735880040 973693100210
161974099408 857233681398 906852305802 152257830798 584444988490 026722154928 888612925028
852813527173 780318207628 086658198702 133918612113 360246187362 649128598385 704246054788
599442082401 809197362711 751540474656 341180486288 643987511052 601860076320 866403208005
880981246682 872769158288 851453555992 972145134318 817716645564 502666336275 157142261212
702829023587 031467862427 302335998951 338331069080 367912289759 223209005353 398361052808
487974347050 510512429799 469695877329 008120707972 879653583923 242657673392 144380470361
706529595672 993234416869 309201866257 158203504592 227460113349 178476867831 063630236724
355370932562 694982307261 863131091050 164320612674 246086791670 377930940669 607135447772
041240171387 152541478713 374566022914 274536828100 929205588900 795084837232 678718659556
212837654930 431227464459 773811156396 674092749919 903096783157 044379273964 166675109789
264093117468 241878846539 287943914280 719137228194 506211199604 942014167567 514155226569
328596939900 541011164776 752925649440 428795835710 036845090703 458019087499 993092734233
237906647410 746289811710 104027788338 214509831606 137185058427 903895394961 345986945534
332173388380 442292218684 824710117148 515834710609 975786976196 816012437330 230684469271
055789326166 001295993498 597491718450 334461056240 840010952490 311291513102 073536606699
142509744167 108918044279 263850255766 220625664347 056888812091 343129654781 619845396751
548210810244 160624449318 587351214286 010858155871 519419397655 261062478092 540814247596
466270191943 785507186983 496876926575 171350176402 003599383530 178302781767 102202449288
655654620105 595674157711 590472858301 654225614200 548268513719 162768982527 266000770336
835926768927 117466145886 443256295441 705121686083 735716597610 278238848606 701446329636
821363730331 746487176320 142788006742 493485684457 268867825525 550925006154 697582885492
108122224766 822902775116 822369502543 987324561861 209996738050 145752145346 770108025915
298160421223 116328760264 578489208814 442541782351 787729463684 916863787103 355988029352
879751316600 965034502135 008786148165 275693425491 575825447858 789779004210 159280113548
097158154932 538649021151 389857756639 270582004783 308103193586 172095928503 098371977956
384664987334 554901336566 062958993312 667035425517 958589534255 685222167057 206373166820
932241554656 528706208202 685332600866 580058396609 069504970302 254534936941 843479918148
540317521615 318893601698 982971238272 732961881513 540418704927 348526265666 408136486378
871680299743 419921840452 670036155802 038750040963 721886553766 105646252585 967623112091
455580614923 744622486559 052594146783 412301336488 120864513178 145054641794 164567238577
509045217705 499758332360 916182468663 731199597425 637392431936 836066334687 888366489399
770870992397 517694293270 431571634050 583519899477 212598612465 956758031364 020077933287
978651130119 476790122849 334559372745 446777306994 245626020238 875493090223 357398303966
428565992346 239434307543 557661485851 861284466173 143979975977 684470929792 773827647093
562794945093 757497580940 229719554370 143859221216 058081004239 743853304543 467119143871
226627091401 261538446277 366108865182 715566402048 997387185384 279740871780 398587857487
216892636293 407937055160 183714050877 149628160787 383362335559 788371360809 666315218932
287510522740 371018412548 297128568954 164194927943 850639454838 617154528632 987007434474
646146503414 460256193649 389255719342 320962385728 409362207205 517646982530 400643228756
038069773146 999660101861 018409083474 528089280983 391290914925 830365117302 996765473925
151845027724 484495376804 763886401906 348729677479 902124856127 316639984427 361862308855

173182399678 817158183206 309699648514 729573723694 647944254825 014483727864 303542669964
431539815277 168679844685 777773176724 214993063597 651813595392 768068710323 045802519156
036464184552 722886148251 459740929971 994529105998 334724104185 420272085136 054307357487
622738407920 016763466151 090614719108 133008769243 989050542838 285871745960 020088457644
825190313755 480860179403 410944189883 726523194071 831370537998 352344375954 898132153424
084287482442 809898880471 971054529233 998476551717 751441096350 331443841574 283608079013
413016396157 944559087366 278909144275 984522976305 439340866678 264314016375 717056188134
506536372888 736845773001 897543538641 536393817376 290182296333 049441891940 659730575385
121339862756 462498470327 918415111491 211352501046 851190089611 707902188891 880624882538
422836411906 558748088381 207312323141 344233353144 433609656271 921082476403 927206088886
262852588519 928301333058 905765272829 571426194979 164995894363 177324749580 959841491639
960872405594 058974095185 184537010842 391107823544 795389772207 975226175997 379931801766
025841678345 852154531357 858420969913 069952099187 860988612444 010607411986 374471530993
510334286163 756809485035 927570474426 589679566193 382876884746 673876270357 798755596549
401466289989 209986971648 540723033988 839367611013 303784045113 078379970433 116053326219
954425770307 103968439752 796919730812 802511262236 007775400051 308597498304 645404951309
704803426138 354091344540 564134101462 193716056552 804448400880 453039649492 973826865022
745282299484 577467343378 675502800997 560510091528 866646587902 625776895712 418793158394
872973887714 835384248129 311916831606 013543029978 483686352773 120290302971 077830277473
895813465194 275616066742 843607020400 238768610459 207769656762 678781970656 061203397304
722965481373 446191321988 589232186743 912322415257 741929078225 709141401815 695728457383
362291885079 486832949330 533593193572 091676364595 581367992386 963556749298 651132482713
946073162855 012413231173 726487739829 651492342674 132247288632 846021041366 966644267728
104149594302 767238763428 606644807904 842677191598 564512608618 704025727442 774514307901
736151561773 151575005988 399640141880 497306997550 669101292407 530374958155 784627683114
837351610082 642105686878 635684085892 011926825243 703903525176 669009238408 264675261709
260269710407 047148153102 057397997681 579182981289 235304146491 987593615632 212451682746
172277968157 330253255735 223022968339 827799416034 826498569382 639736059056 232139294855
074276485329 426710589699 458926421441 196000845353 331145040686 537313195714 843485415041
517234706871 596658893468 794776160506 525205325518 877942762000 677929174286 295148036393
715562492149 219289945067 840972054346 001956298474 409674862465 363711302087 381417548333
816616561518 511191134684 732365538248 531987858181 814501053869 413158042894 105310850262
582815712311 114555123885 490445347986 700257077621 741380291892 762345238939 140280529309
686455602087 074750296305 685666872397 749985911356 208348594264 702238540331 396655512294
052067722982 107716988749 068312321865 667889253484 373928939824 303927063104 601678559287
530601787022 213306811299 142564872664 971680328549 439089540115 982149377017 032767620929
876361529476 102296386400 390994665174 286052716065 117214013250 959270559294 839736129981
798102567138 533177106675 033131782787 325121501327 837748650207 033135506227 558130481080
029460517179 886418646938 301427222915 794350397991 778016490528 277130295624 570910278494
445900502500 126475623251 401612039820 325502752696 951967074235 168421191098 209014734553
452473851605 450203448865 261194845794 673910324946 017546065949 133473564878 481268188018
707352591838 083903679072 721987136512 691128737953 771599527413 426674052986 058267277760
841997469706 419659029959 562956055600 022176378828 180964658424 294431160434 101540324161
837112411833 413369086040 738182186785 929660060152 609792043026 905143222568 143657469655
420071610492 607105516213 629879300555 912132665254 334472375154 831796125640 786777424307
070087662202 918140655021 360191663843 859998861232 751529035298 703495321075 289690611404
016598021882 803768053487 149020830871 917804775313 608584141065 967519604324 017985891535
324434233629 910033903677 261899140466 810276148578 721543032757 524359320503 117165170343
024273760823 271009896214 950638496910 029025774167 136585044898 207551353446 944194185199
121456681506 843573075876 541271316654 235668122273 722233387587 767393622874 603410636815
651866493228 134230424204 001730539139 580450340596 804482575134 055549046416 335784381605
886860227991 791515677699 184838574581 978981362012 970538786726 606889518850 722007442610
297073712835 694266977933 820878091270 526740228190 344887810682 804959591079 430888100469
561835872093 432323304409 697612377196 896298211991 687870983396 113452620176 959400345867
383397823414 732191382499 749914065896 773447434028 358031537479 848996761924 969985182240
176819305210 022455108578 603846905687 663641289089 751554366506 561650619221 818558606395
256352043478 945916167981 232360574968 374823438905 559643350429 275477260719 321983082538
071553885217 730924299413 144190263558 021105357988 665362641510 146460711985 598292895490
755148136944 093607176494 262910340381 718216143960 417698528173 282088210369 061259770468
314059876589 814268531700 310662742574 082809102331 168159759586 548561781614 606434476519
302871734300 921800100587 395483454403 762764601382 427634053294 655808884773 746683625616
908343097270 069974817824 245741942626 077709798914 229003500843 321192397735 909559457468
156646947811 010103696356 946867890309 337571102762 086607087821 065555377926 088164133752
939155961539 106238153813 148131766276 032319888049 792167796110 491023883227 506396471007
696524744146 098226259447 672975844810 138808410145 215932988735 385180730698 100946012616
786893086024 378498607208 280266924451 098153916959 736018213287 944079223067 584129848490
365630343690 870142583141 989910541398 522693075466 950199902772 011993438099 809657194828
591987672414 559171595955 750006024391 473464999909 496228073208 901853177416 621570733389
283886391644 137593974177 979961906452 774096579769 282536534878 288646972253 655754525228

031688471039 269429944017 744150565410 839248185380 972246265514 689030002078 212754945052
791543698175 496661875134 783191865741 255835539740 773733416015 611445281501 716175117999
639940611911 008630470479 571340953158 279114969755 061425259661 879019404745 287573343889
299080029769 877893086987 339902732472 293618765193 297280946392 158801058120 917330356069
608825523217 970057600041 590448817939 229844535803 797460712947 076082006515 168336564512
412811294002 079114608274 243109520336 002850578510 317812969011 196732086099 490036742606
578833236759 989031746784 188273762112 822615043735 782612823923 583260235062 150253881205
038087610757 792341102006 638835964616 931815750428 606621212402 530812757970 025787253844
905787402407 677517611828 280220570076 803317314373 322249720895 322231769914 830922918525
246749051877 165871928339 145127222439 107688038146 764776825605 199162428994 666415868570
033589710058 172746117001 313172720152 645395750670 172388733144 385271949699 753724585045
185112124532 376009243047 239954398933 276325847419 966021261252 980566184976 823050412057
268302788959 012984790370 101236347773 267203908107 116393032892 689698589802 760428530981
257919573240 805314535999 506802816476 376786162049 908722050571 792632644701 380210327447
578509598153 769279437353 995599069201 108684572761 587374741497 813219922100 979463616836
883769800680 193267246356 331393619802 284466029082 574970887611 612619391798 898914147203
605599369088 389305805359 369339114503 166658376790 682533810154 946336850527 021605286589
896942257096 353454924087 953244983450 152302310368 334930834082 351682915189 641667157504
762901953467 655050454331 891572657051 498776384149 079126728380 317905379403 906551343242
579313304132 494807608810 469731249545 345457856264 329245753975 443631106604 365289403443
842934131029 921856386196 903953622936 190101639935 285350105729 932771839446 878649027719
241196947766 796743216916 617401837190 656046390007 652119611483 507207555929 101785378770
569542074600 725347546329 875918008302 027150297749 789152839894 533255407195 166657532309
264951394211 425540451153 778645696623 468005001055 766568622256 559753200069 485364386223
037984856936 822387490319 549004916657 833974366986 091833919987 237194725884 528872540128
464505663054 723627109926 427857024582 922373042200 103989251437 607418119767 998004961158
488903136574 404814727769 349793351969 079124128680 495050177445 358305674042 673285789757
264025168112 914401728938 893906007862 203398066619 650785808534 824907943715 105931869232
064049673865 635312813040 791072222135 766548218780 519858530019 883207194602 635121427993
700694070856 559587246813 655434167121 600702677482 923620401452 985056021224 418548337825
955416419100 110698441606 111936134157 284385573768 224370273680 210549049859 651658297294
455519182415 160406551183 970720272020 846402043930 729863001390 554348608057 272087118125
877938449849 043705292103 749701001663 998151949476 294999864284 937367525363 175218833130
871088807978 839241770462 788936077376 914701380205 788950494781 158875639904 502685755056
174160558994 625034600921 021093521309 476759343508 224228736527 388837423211 347106010920
493956173174 885378022731 466288416038 867881534237 539156003774 078668328693 984834808067
071923600158 571920292311 134173510221 745594119959 835444561375 619179631107 040180474480
380943839754 826744551977 505936659329 500786951398 347929873388 781017794560 817544738135
591808299812 498231500373 506626543377 645218316617 295923566550 503629887119 356012041679
383725200771 593141903519 272458016944 939389396886 129000119117 055885151579 807832197586
364396223411 559124784518 708290402202 070552688856 767767572084 330196215790 085294712798
233970767046 678343101904 313793909567 418493179487 559919905514 096196893922 557331938718
224016540438 942429761659 128259606455 657678962695 006754576610 574970349472 098549641722
192264151810 279891105903 306539154665 967022021495 454292522568 011997322331 862993012889
772600548883 051801907365 617848724489 615573216482 574547538161 434670840182 571136375339
420168400511 442960030308 232427627244 024934395610 559393307378 279093954401 080585108538
114412665516 154280952868 117050960782 891078997195 299893421677 946200201699 898496514405
533694909314 415663747898 278927807417 117097798317 152252276910 176290637536 782986869272
805898815004 823069790734 921618995536 707907033479 375433604945 307207964877 016335038661
247716798894 046172089012 433709581716 007094122493 621549649575 492391338905 213792848132
560065407087 219295204117 451146578362 108110624285 418078166194 941845801094 848226063578
640095318038 055317525908 824674419440 837169751263 837722218999 035166081850 378401036964
191489110716 279202497884 078503577014 056163478742 264000063558 174689957745 981617176542
473582133634 390557463367 004182631314 361141816033 296676296760 016799420553 340364035181
666054990897 216378910193 314935297881 620939541968 206581906428 364266241323 705903925680
464546366588 202705763264 918291587136 360468736384 505449748883 936255634469 025847997339
724378268667 920048942544 022238694891 720046655825 732880233249 943539810894 646629386210
678261585278 995737113648 254919496669 990046514833 047867362138 961073979915 734993372656
791738205067 948903357851 703480156848 711905733150 307323648157 543719277078 267888498830
184864653982 118322884774 599068233974 621561258538 266237228319 698602520433 786277355751
555072010160 597871217465 069736999774 885058236861 823974059628 238990617184 581682396699
394042340380 271521493416 458066506094 255166330604 931071671973 308360331180 912226728261
653649177815 454713336139 513693578970 790381291008 172086749705 669639627505 283727439791
628764864557 681076979043 877788536898 437300360143 129486649262 310772749037 059562142587
514293266878 284788078762 847818624595 678168662583 026820364459 788509829508 925259441721
135355859411 423995153512 414886100581 148133714476 205748937224 169221906391 313782811620
178787608643 888605065870 832408698639 465194511688 837952774635 359778005996 422511881275
601601791590 224752139769 106798632092 833840600861 021846713981 186612051037 717967858647
158891191978 082065110498 720927329367 444664555227 833315561279 846519883483 619760801583

131790674551 241002086775 238220655461 455939748978 692163232155 531192906025 885276633670
028108500403 677602024625 577852652669 770340069592 157761564764 259634743356 471602185512
767526489221 675998015472 591183530177 901102148470 226732507958 525275484231 626158929674
912801498005 754149289437 240746443811 161096891279 255334866504 394777647016 689704662497
021733473368 079477321086 193443422642 160858013035 024637111089 416681026503 673752140328
243429336919 373726378916 898338751375 557910265452 952313728785 719567272503 523272501149
088524011122 123152239535 668141756360 827968894201 993232452749 115000568066 190671007305
621131256401 829504993342 817836112004 413870830454 117779908282 985239103165 217553221739
083863377240 702608516018 650975472284 511975391203 976275960199 053838294949 822684160694
237074685285 118596668768 797229864602 757184502991 246920648994 694897748305 050135197459
222778942804 945888936266 175575585016 684911380345 406553384045 092547795648 368531413220
672805295322 177576799732 975000077209 030258510443 246399340674 510943312435 873235986285
879361322862 400827815076 560815539481 580746263592 719106228645 291219548991 273889934768
984063069350 153058083956 513944024323 250666224298 765923968269 410311308341 511967555361
378398542211 792194114495 619165388491 859795707643 267369745935 938106687751 104593905615
875963496617 956775816312 907314395200 211716241602 363878096329 901332470378 593865529140
518948540202 174774349411 807469378036 532613139946 208945557490 603976970949 550080264968
790833922207 730630331527 199447948997 819818289566 397872623599 650538450840 226160712887
069191795534 834127291556 345078392909 554962176378 094144760392 676202991209 797852610126
161587127075 355867886070 133229374148 009805349019 787651172350 139260320282 831938137530
461743861854 870731522878 960438016260 215193217278 125010153660 955395939482 662978500964
721476963041 420928560836 755369714576 744658251377 926893003498 187673095366 561540940181
812138145157 189348521141 376323974759 124935970455 118111351262 638521822684 142229057616
723362217416 385969594285 558415266032 581735696873 478715282538 546866170831 715678979869
207966857938 520386732793 631311097017 509091536397 157747854669 238984188000 859849849311
591372836081 341437393598 408772681388 157631645299 040033170061 435515871321 048490860408
630995545829 324985126941 508965889662 019644103033 569857578797 191371874747 941989023985
576445427531 759127821820 679194009597 944889802165 519947491076 702194965961 007134306836
058843980625 029333392918 050437874958 457839559752 191849939915 665684207644 401577026373
497360798043 894373233710 357794629495 956975286424 169076671625 974311702801 304335272139
209895910162 931503144061 676033044871 310888930329 252095324604 243871580713 741133334967
521894678420 435201200510 171558881014 072790337090 139060829623 257365434902 251585715973
438396432549 682824253927 771242235747 636514746268 630421600367 373905728097 415180263325
364778806297 783650316962 478876630494 658904139814 536834964837 676379724030 131546539880
841739693614 258671793819 140481431262 211849010477 107002065136 340198655824 595491518936
088602077543 374425879392 350378338502 501167727052 720609919380 261179501593 818710043945
478642611784 251461725602 723804763286 997966113116 147174598788 554203789603 048511936947
192108774950 855386289958 503777799044 798797681917 449414290009 803597502443 144572163879
873259333474 843304573940 812551247937 720838298860 465524871445 206812031443 287202182491
713332412389 413032203595 572780514404 956058136514 098616007905 100746445574 326539394539
164730244554 090449359189 950093007018 061723337167 982022317326 195486552606 537659624069
393912796408 926084161148 803306464994 054074645973 148240396568 634321593129 943937077821
600270955871 259263938062 653090637227 159030214454 082789035367 016709815238 983270423840
016348101274 986996593833 187719507936 973083569436 728856506110 250945352047 041905954246
820198982796 106997322621 366281673631 229890562473 777629237557 610116540065 593852372739
150669064576 794639205897 165228649774 345022841403 508880830934 461816836667 371572514163
826056268400 920108841378 388920760123 000864027233 105874037792 368077723633 760999633454
914229514026 340740695000 357192016355 410390524035 290727326982 389146458549 806071219716
833951774684 572732705783 001650434385 226732890660 418884113825 083413613799 619810169705
273677247197 959326117762 234453981953 204724407339 455212937548 499646212828 779894759263
556471124809 844788635485 768440400796 454086534311 784469866699 631550715355 346753318278
942174905295 408470023651 559371913007 076532061016 462428460575 445913627408 024944264302
474203872311 368140350116 491673880339 796281288237 086263147773 710950925211 669667728400
056696523553 312357273447 122505849334 210006543804 671533515249 182317846165 102580881801
644604999405 884890852354 086151838940 436071934067 129236726069 448064599978 077724922090
290386244074 458697014205 902219888068 460965151709 482306000964 657014364407 668066372796
875694071351 567827990649 079063277209 044524503248 575792807082 252032623968 335485158606
931459783852 836169456336 186314956895 751252054275 834084337654 387735755811 332332244587
416913044623 332885304034 168185327650 796295332567 196803046626 222693929242 338176147406
217694381301 816446836250 602887868826 388486228440 768649870505 438229258065 848704040355
625732567495 201114319375 477540770919 620795371814 882506166306 925483188887 162368525155
484810807574 535347566506 910899890257 900674711653 610446354848 625845329601 116605524812
366581334844 340230338387 669473085311 468229529009 285203397072 972478459503 263973047096
928772755667 410787921270 676969147191 629646778484 264375541857 569851081658 718271514749
550361565003 713207380545 212738607371 349328329950 679483810466 721696131667 455649838641
066553851957 114779798978 040531315313 046953559560 125012230730 135122823590 308974131531
872460657676 506927312075 405356228053 969566709404 554331001699 200934016030 151096700708
703308962865 869548111711 644722242956 459262470228 438373631682 761826381454 527381901157
150895220166 955589525546 220679207427 677769230811 522647511068 244339134165 002524040693

302585989456 339270364194 407539781200 821821358504 554735215748 043870509653 774461478113
468716565558 883519727921 318504550683 553943076050 369009362962 387836408667 012944398938
544441878508 815883750876 290001144469 012888129558 556775237521 659868493432 422064333126
591574887295 399533862251 753806821534 505112447440 946911045116 323995851505 755123125829
401236747715 157902678546 634378329976 843751816713 246639546430 207887683845 141331311200
438362720947 289667797439 488890340393 339347714916 556098784406 261235812235 129549256259
585831916362 448449112395 365765871050 788073967088 109766912105 133672021088 490924983481
410808514719 793119832560 149134071181 692653771766 948863256773 850811309929 392427973112
696774583490 608959014679 711219754532 868794910038 496940607005 645672377105 349189064450
652802955744 757018578593 533302534373 141442053035 818947250256 597419922390 085503338479
296623707672 334636290375 995008754307 502579639741 502039884959 037585768291 001734410030
163901748485 633064220117 520177885798 427457959125 026072781470 357311880310 825407223370
561840398146 430866701326 413991073500 244188772556 351318020125 185808148975 409736973081
487305408871 737347442840 919291643424 402102449642 639287357398 240381058420 037345869531
070327979850 229309466268 069017927241 787098062523 829754926742 717401093133 908440060317
715039883971 756517156642 506614086351 975457345974 732854603525 770816379080 538731580692
280533069866 107176170472 318941722385 413267567686 410850693619 772850880899 912059322947
870172365995 791125474049 023042173561 164395489353 844038661966 783227383630 991110052858
370782496250 614551882569 385163576399 303075590707 409177917689 600909421662 686399459309
871665187527 628061216776 559917910290 609779887602 911312938589 553501801828 282284251271
767414232794 377249083446 842157094679 010491342939 738156593513 336070619125 183966348987
890494708726 441344580810 241396525389 714439089177 752252411780 220168874982 430162373290
165423895888 029875750062 831044553948 727701249308 315249497974 712676481104 179236903256
497908621475 914072338569 985684899320 722812683150 370989919313 076022276809 177596019419
663136065337 542651454170 789726564216 949912776720 193565187129 742389742007 742270600818
331468689266 029409808583 955345298132 643374294839 713715782663 489388817585 285996432152
468492022170 504236438629 715317037861 202578285472 396855010947 264868652733 936132705317
091849608428 679730630043 616542134626 766101017003 598757979069 986223205488 026418532486
292510961687 965980769538 976545361454 574455400165 223914248148 929729381427 906255885970
122387283489 024057385524 642344391199 345027206577 171521049912 790899211699 242640970409
416207231803 949694168898 542656153032 807224682554 245811114270 095732327190 155988537895
755711619245 963123390013 892387272152 786124203816 814896467821 416667587669 182854585244
394137306771 464037343309 404136447692 935783257567 547224604923 772545306631 226140550175
638115999431 970278836561 469974535618 662519921774 758789668022 046667762597 743833899566
039040362829 861482702138 619053606636 684579151451 491296624149 189690080815 398786558385
378115703426 603443048225 501319786604 767627111519 141329606396 129679567514 855605359664
271764873387 754842166807 326793446827 374535661080 150860574339 919862152957 878761118559
244723527131 690090072760 229277857204 073949284081 028003889856 654021555633 375622291458
982640581718 488090352195 923229845591 916946392957 967530091549 871090141039 887383479249
362893105797 115046206176 901054689301 366912564960 764551910533 627317915600 645964827476
548057231889 471398410986 013028648665 616266629576 250098178394 457435203937 949163186162
324508410436 164555398170 233396828075 408160676789 235051027647 052040995697 148193078321
599322556225 791336901779 370937542504 178257657070 596223970542 412067164187 424641557566
178175183211 009184626487 177650911903 345723077873 178804849377 654425394524 714942409147
933707351348 787631457698 510024967498 296725718389 578378464947 863985440231 214546407023
160932103605 559461954760 831841078154 975855244947 322143893205 233734975829 477293697854
244733192165 853383175552 249465848759 397461203136 817692491287 900551784037 075161061508
632843344567 384956658915 034942405200 789741383221 214924671798 085284634286 820447027578
369882865730 447370179875 498833918216 443632043836 027526113090 044610037477 990279490761
245993811240 516191996059 651390077909 634293583119 034305624356 715734095056 163628748278
205876154899 881362284006 319511195201 780809674906 704976589428 203193245913 242559617114
164316694416 180155240661 886331173995 068796437781 553809722292 974598686743 643437724460
225008217013 149369918140 245420915767 683955013168 181074034283 041126865254 986803264579
323184502950 977452013898 055358194141 019131984833 867985554819 940171661584 883611814850
491864675639 177286330583 746651251909 951762786218 221778373921 604284381236 585503598776
831679887691 766786403769 600339672806 404573452597 520193285403 903843278475 185561475310
226363733593 846397999451 197734568566 544674283895 819110350875 024475420750 117547265579
343040641644 816400018548 961723573698 765002091463 124400680506 656182113202 933685956754
722666466024 686854200803 926074056629 829966228278 866733064506 550328841629 388295625887
554096946807 070658121980 508578924056 678207301913 200670603642 168364916525 631353776254
830895948420 536098722955 582752459315 009433419009 078154671122 572710798521 222737556158
326103023920 531679278861 411832982264 597557653404 542346104902 957223958753 311957961950
228946050308 356974031984 824793750389 739827953899 206897189129 627097026816 017999488236
851544102490 634503793304 638505980500 689368850921 596092493454 617018696647 022532619388
193016821226 484368777952 396181368777 350178398760 142879720848 366410773287 642886925358
714697839726 188810338450 333711815171 148471575357 282911137713 631319778212 024568460969
777492196379 684737496910 945644214623 527467527261 285301800789 573543032753 550589002760
724171082427 797722732735 900626663866 696013522302 560850972996 315375782433 792507162172
074406333137 963875171443 926623811455 393900438867 851842471758 753790306636 660932688831

931210323207	235140907033	605416575082	209060337201	668113885031	468464451916	950436558866
152125950693	828434458152	870871228293	140727555933	699681210990	351591016421	256071107576
563443063511	705673167435	289581947549	521611425193	110025890413	452890075077	583181812267
074861693705	113747405144	794546197953	017476006106	793453483773	940552135929	988183465458
679825875860	431734040554	601182336493	553306359083	224391666806	121029285929	309962757245
031274894390	964296332087	307746715007	773300833934	315885963701	244337695776	945482607716
097670861548	166679423891	035060904614	604413039687	136894886799	835087804068	064381621772
406347917811	916200629577	770139937093	439443217249	722182319521	253794132602	753367456855
860884410590	851123027060	655379689486	119033343118	293391087619	618565414570	968938743695
706123428019	773355738962	407681631584	433584877073	360720706401	263672416841	255098300951
381957688615	124648660191	044190004053	873335671201	528782626114	531444001949	050115641718
014623553003	346080217675	891561479950	371467332745	815027281127	211826466922	555444131883
985950933419	623985945561	184947674786	532207149201	414043587348	389120710525	816364490692
039881387927	289928539884	606794699973	386287843222	510037432806	665926419930	608469361675
677484717995	553822497857	465567250556	748949309600	038811165025	990005993740	173866604706
262123885284	817010946710	138768352200	253700490944	667104755790	008627486998	607580100559
897397752748	532074183466	193993789997	610753993025	114426156892	048551972307	840758227848
383123586478	168286347239	705070337701	551080372168	639415071758	912025235200	309364453816
100089088130	502039169341	159108232754	929969978413	544833229671	875424182246	552003796227
904310697702	416765482939	497616404950	028309838939	426022430461	690484355804	747722403871
786693491539	288578630229	892431436841	730470301570	109023060675	037024472003	326413487285
601003219723	656520159094	929341482621	229998231733	207306487960	120379727647	315563630376
092938373423	468209183320	342088037583	199689240992	749363529073	564984723927	517964835646
038113180744	527184622345	859794497228	431805274062	500057844200	483005238238	751084855426
648661840587	880464120681	035919898396	098727131150	641081845490	455579927609	435421840067
176453548615	105282475682	962685981806	029377282987	924425294387	085412073102	529404983278
917912774900	315217552148	825260347141	601819538454	176711806252	183687581941	540703676815
615766181720	477998692331	464033613803	346520401842	615803902641	825361857224	684486061288
736869992720	274162680637	666211206929	034619695458	113643447415	987140189211	660466226582
661590542069	763943593123	662045528756	034216500347	360119434225	614914032015	794171185171
542756396517	256864538467	095452483713	059489858255	974527756437	837209390373	760644875780
538089666661	399183963055	434635153154	818588677926	291272536342	628898525685	446469814497
461892414958	636636719814	006506858886	086022426733	798812768796	940649702991	545245272132
575428195324	917311506620	858665207749	095296510075	340404922735	654828295702	569062935888
169041465106	971777242095	544613025854	381786304850	806058990637	380905430695	026138424222
705375354598	590993266967	332165151948	172534532747	333602744725	852724539478	578704905484
758633115718	366332359132	347588259340	641521039072	871936326796	375928473313	161233978154
985650774595	742630192501	361344218177	865732684594	980392574196	969999876459	824956709409
559549064514	319299753296	990292901811	334684918939	731673374047	376102153497	902801317223
379127998639	147101057364	580882496403	779366914426	022522432918	220359694796	522963241504
625930376366	432840865616	023121610990	271779794048	244237437724	217545327436	903074926261
725888065223	326141060338	165320932320	266991087084	758681985639	904985750117	619963690596
992541043687	532918190720	041575982623	454667270157	369711333570	414032093793	451266060707
990655868796	161579984934	109540903212	436544310873	161586375727	374817450178	665573793984
866922911759	920434224760	064859760054	978280629418	739147496645	660197689263	616598289656
557445804099	142689094724	970673522047	011619153600	945273632530	666440201002	320187322781
976148686634	898913273470	144482032429	311784100915	283333037691	119705125251	189029708294
297488398137	149977805278	164934370560	432600535269	810691898658	868981610889	926992043454
781553574046	529382255475	792396512578	169849867342	182185312407	343115296082	141120919999
406160101582	191273730165	017695811861	903668977927	569046785710	181059393731	438811929147
494435652218	962602863258	663651901745	365921218638	768107774209	158364690909	165182739807
531030664998	062448492774	756188452973	294727139148	997268407785	897786865604	872330575242
285717247344	366674181812	327084159179	147861681978	003287524219	464801193159	379351523941
740904190984	125780990903	889407794204	672704915345	000248604274	553073068364	722207589308
219944523472	145218428256	209291437681	438780213969	363997860221	263221098220	773571441294
126406537652	642854348297	069365511680	672830614815	535006779927	342874671740	836666020537
292204848408	702523012585	717914569665	795239635968	627064590372	072680587943	981340066767
014117658125	223348104838	686771740587	973689615599	621784654973	073934095466	043145860154
049561577645	616734472126	427468746140	830206387935	980428496622	472232550466	095231768172
458636261128	483387407650	758288956774	589588736109	519742072321	262333556151	933824717602
181868389530	067975021207	690438838128	356258145012	500711902715	651443462706	481495059019
699613904056	079067372607	241129244719	947702838483	531863329817	619994731283	314491596877
750429032797	703476193806	295512384013	842291003576	769296985959	054439828926	666087801034
405967055905	207668370210	159521951394	544773118741	072352794560	844354946676	079288268193
567646665891	613621404247	856427926815	625448506316	685268327524	656002747765	241279427053
419348280546	267028159924	539124873937	558094012591	977834653365	573562593766	808769975257
460270216696	492529983775	381969384625	470851886151	047522647513	648918833573	818916971219
583268100419	576537702119	211827256650	889668246750	486669965988	504204119161	533208988567
238092601814	281176234479	558294288085	813698860737	275497491213	068743742194	301486676625

969169519536 885691174938 231969755955 794021793887 372251515997 140544728970 839551036548
666281965036 848684661039 274556841436 359017774403 875651208077 145636487772 844383315635
724968367563 148103943896 809211928233 741450761863 056577773779 414533302578 207887933713
552328193066 778103474487 881453302276 711598246301 467739131806 469901714532 318195729640
171382993445 866528104239 029204404205 030108503722 889707226673 204164075838 352116255472
935420977067 186526207629 467204363364 327350566320 411252128722 589414997628 046891485550
759736146505 117641257930 283697453203 604650615692 381197213251 056180613452 134381768173
276284141810 216441341702 491755843656 811454797775 195828066284 424975037917 477236204204
245057363060 911154840242 699564336003 530143666597 511828032803 953421054049 191030567314
210754130235 793487723423 907395938930 043689132814 854688219705 348268064061 334476035746
590906564609 800971717699 575204375563 545216850442 243908278083 480721568003 121380513744
755738663358 066128982569 525355723266 307395195406 369794691392 739195092970 992913488014
867607271497 851682702690 507107678965 765304404633 626268887226 274293120287 517384975542
143150499890 745646121569 554253570152 014746265873 588291544869 367168210972 638770366929
876270333269 267640511235 659178773632 477046116118 752837864088 038280136349 041450851318
295587380336 571592375540 437403660094 312662493744 735018369408 835012318057 025510894184
693666883038 062360436168 998681815046 281454399370 843946723795 281953032886 060996315478
054110539798 317391048191 798793376309 918240071636 953592567835 866999085256 828346179992
044849215828 682554266066 694806590558 837547674778 900630307639 773201191626 441931231373
328223641811 934383050586 585544982998 689911466813 117119421891 601793736025 759632185321
048687499204 734702994267 871276133342 376683428225 657565015748 972028034318 032062448495
723097390057 150931453891 843449438283 973734515799 805156259164 322627014186 206236944759
302141050850 281203604910 993905368478 056021662704 636855257274 132906042289 956351025228
475190703082 532738499555 533044957803 309025927531 635221809889 882629115980 337112570172
176766904545 680649223051 574746891557 171017567240 354189350611 288873024043 144319869586
521866760733 038549036027 746096354501 952529653407 030159703240 985115025293 058865671901
125083284714 968064894381 300783718623 924468179021 621735691228 872394802164 846473775176
818942122207 103565559650 797948449900 827193552814 791434040371 387172081760 903198856458
746108109910 593691774379 471287936895 032477418648 580648196799 561464367082 487089936839
513150720305 653030078868 598203607206 699167376164 147566542877 193535910445 211691676928
163963645629 783407370647 882740618340 543570774121 613832028737 879037858589 327455361495
644612550505 547826687454 455090886889 469271859889 494234495074 838218501843 413032362004
668070019175 045926284083 850536431267 686980340268 115807098103 458986041308 417355099569
441517991754 323348063307 326133913997 978800038210 913276601454 961115704285 802816067516
233813538630 524295638330 950320192878 164132492230 047611795358 249560591453 000424644788
062130246897 865596926292 576357402879 940135692116 755390400269 966455602568 297236950495
909960271709 738166616867 800483272929 905942810296 816157469630 606061010622 671702125396
674795138938 137485389535 175783294513 642600693613 777744000566 993017402011 366773178770
446945060129 226074969110 615762076378 933450413733 651195600329 078352359646 532657474974
352867211162 980756758510 838501606998 969358671522 596463057009 139087628741 649254170816
909684730954 886023329828 880010165296 280897698772 319690742102 700934888093 445551218818
833651978431 853559606747 635072216117 872873563946 565543427614 068559412425 912141707811
630308010192 587621993809 895894305093 968251827713 033033492664 885329561879 526644631906
349389649279 747796305818 237760658035 402279669108 180932267251 426142876850 855023403639
597056214125 151376204672 244428979978 554541319013 720560029456 706340382429 917807512572
448446357715 258934722336 845268000504 905794076592 611834046276 469983532198 933127117327
105112938774 627200813172 632086712472 478310369532 505711668466 933919993838 341653013309
247729429358 470743882634 240070132171 320972827494 796116356678 261507156628 250212520627
638975156658 513406045529 010926112638 166224236689 927106490418 862700144211 287359239399
825005658006 432506075094 589358500721 807293223082 461082581858 746713340673 344326805154
756527611229 009421546556 183103412687 017228654162 269075744666 374025785058 198390337266
853912834251 138897761037 015547059697 842843812110 416674964236 193689840635 613876227959
545215146892 881328239439 636612945013 878167659092 925089753247 166912368348 275154607827
280445182434 537596550492 568064853230 999281451475 345509275552 779627941424 557440525521
882532395562 508572117996 353019567581 177443676255 097319751155 651484513728 542407490483
808199558809 151611793921 910426190928 485781613905 148231474455 310151615917 841459994712
239051659694 410397272957 411583397459 390620500775 807095967658 989249614373 434878156377
442083749991 461834513411 785721356576 510028821653 437883890697 229988629462 268685195628
832320570537 894217895936 784489997283 808225129585 737429565314 870430403219 543301647220
458139790574 528802074728 588103114085 879874721186 328648984473 405311460440 048001118964
742165719993 115889037205 900314664181 261792091194 088785006677 801099918546 190934892669
185091189985 328175801561 496344252727 420213230832 626253782975 374780849648 620574737729
805950490214 555010896934 806451097433 300599798555 320331318269 175191591950 065584884365
516563352350 794974414869 955459346826 667617498419 319232391985 849314290703 397249074104
335315507161 857712844527 045561514872 082178790107 580994599078 190340768484 559080348525
612112446388 323887760077 256405950585 761450617292 910176342106 201632276313 357086984161
133384335191 595521993423 910456556597 310082316994 799784563195 983411430563 705888413585
723243945999 371608451544 322473332574 743269029321 113405536052 609072416883 753354361412
870234237825 270895382357 658516596417 328110042367 022479426589 489542002462 779779309893

450760213624 171370310651 327597596134 899242700470 471725333264 227742623475 663202251798
424952498212 765595113945 681412700766 231548515825 735963353826 717922669936 333918066855
094802896639 701633580306 357779206151 292995868181 602332782682 875613869534 898338580784
048677565029 162328102232 126286237036 471167259091 116220744994 447033715467 171935579603
406495721839 913243157175 868905635782 011935622777 763421623672 475667687617 220610152133
894288442755 463803914298 293409706376 846651169968 454977492484 216234549879 019005901223
071102488058 804992082026 734152133452 619482271804 045246592288 442955419081 544921458089
045704939272 983216883413 429953682586 746410836728 468331328743 219812300745 130314440076
835740244627 809770130021 421871235118 844390781428 645714867130 316274381405 338857603885
294690507769 112439640284 427539211601 124684855885 908711120433 136983355129 831770447543
952735118094 562627365072 134238675487 816235096639 875898907810 584333722039 754420498618
992145343945 700107669930 233340450706 235582283219 793912107163 390447845740 649596837368
359996102705 598109343275 457182265819 162737640832 649194463392 541412570472 789300121814
099502881776 632184985453 085666790070 376265770583 827317495612 091752324760 127284885442
229898679988 266283950867 894577143881 580967550580 114816329510 134178454949 532484743502
461668260490 860543498626 070769522068 457693088810 199363886020 569081016645 051872181500
574347274692 400456628013 524424290432 379684768326 499597859954 187679609888 240649742665
229584406972 977619146264 897831510287 400669792362 033206040445 354794419819 989475253195
717052085531 617779164107 727646139215 711774029913 555501516709 796619652406 222291416099
722702986540 871469079193 291110174604 012065208119 033479335074 093396733543 810667764425
162109106409 782774039347 240922697139 986419324018 336762578795 166166921148 570844034731
109857718604 143806570305 811408965227 990337070679 277771732401 960636690599 023966006174
759660274364 772334171321 125640695730 430073871896 976082625377 840761689045 650369641210
172605511050 631805878307 177104571678 917209315551 005131262488 507497125708 827760818462
973515666064 138131857756 923219422161 698198183386 159109111212 964068347645 414987489259
676939155208 899974348348 251097717173 347748490424 157044765736 574577528870 313708739190
721825057729 931772042125 966177890946 278107374893 967275333669 497759775761 401339096400
599495991247 742405822602 276743479140 436597750071 174906872762 693456375287 627915386103
348098692957 428984900870 413755216037 594678764398 436269591372 899723772007 314533667335
269968366292 608565705839 038823593831 189614763613 317043665297 644360749401 649697173956
600232484753 127826135116 274516934985 914972842578 011566354011 257488383449 578205475651
348675253533 930949298777 856682473832 247136341278 156638245905 023073398325 360830038730
248396399541 840286629808 766899600543 606746374781 759738593200 109703840094 329084825214
860785580072 030283926248 148421073567 689436508478 291723943135 377307833828 620452560793
714347989024 775448000157 389116577894 911436600367 935436393206 776263021105 215210135921
546945449970 588876283657 933406061323 911023381234 789116513396 064823273430 276115853432
570782259674 566926399445 065492819990 540278815070 629903621350 504523173250 136706243941
061807667613 786614145637 857660442074 924229269770 349845012651 492167176963 310516767267
848837295490 056786572397 844276311347 324977198906 007618759140 896073066582 151384491345
615555711510 845132159738 291100111428 738959946162 393850583603 232344208288 145043391507
378081863193 720783803113 641758373487 519765079335 205354261064 839646800228 318032347662
678243897034 382828567674 099388012245 584182825061 658871841917 739713484249 557535536154
283510624483 282114107566 096796995104 825227942158 706931518686 822890659905 445428976768
340784284686 635169507359 290059446525 171865184120 454432711637 452459124940 510317749743
271643304786 104252035794 032712103848 084464363330 137152901498 842752377949 834574799875
281511965159 434402988721 491706555591 849396373620 235346368882 181314372081 349365898041
885261814616 685646389742 839150595583 703947123832 173452734821 361569612832 630851650382
152956508420 824710834855 636841528927 797777756366 598286215650 221250746116 759032116542
096541470122 942838545756 721417389929 799800524641 816847334818 021732521988 211950351846
705828084292 711592599970 153750974790 079509303318 805655801013 980812298456 546816187153
857992812861 037660068440 830849839727 976370041660 306524614826 604283117793 289355874205
593451881326 476050299179 833827163739 598602358878 513460926732 319515887297 292466770976
350989467701 402822922459 093649319251 931742859694 152366564659 951119254685 886480010377
793163073879 444378711516 343580868385 509803616734 117746795525 054156963255 517565930011
098710343833 359200752031 771871321169 429737366650 481616228139 743691943602 197933189113
714775792846 048510574542 832874817932 872278710961 589682604151 910321603588 677947479259
298850999499 049216484971 385441255339 167379832698 374244874127 454709620633 713904740483
607941575293 633639044817 954141117349 362026048512 012305360554 368887938629 144807879100
525559893282 527733543592 470673999726 922739927756 533972566967 152409677307 351761299221
420255506531 429549087426 170533585033 317774602589 152893788654 307666139718 694743502046
969668750567 663782500133 665443412014 978039533409 484305880408 087138695315 898917544323
055761484459 929712872562 076470023808 833082557863 754480673545 385987638085 847636506952
673628098611 990040267981 130204610101 944598035927 435305744929 624227377339 552016915800
533206697551 301973113370 391256119133 054329794169 919294829390 557267957952 817726968793
291142577732 050021476019 969815220206 152451794238 984581852682 797897974405 416564805621
008330286054 730103160503 201457405188 876198453502 969999264657 956500190448 278241738609
540179103702 546381436244 525088702922 663923366404 351967800356 654544364250 362507952964
892139065648 414018273697 145021452643 164662100373 809950418558 874896308246 574073342630
025309949781 559142128751 970527100115 710171637749 883378795656 865393442661 195440774144

399248742320 604226615977 147800654896 433496235839 622113531257 289820135598 481565702045
748210917373 786628025393 070446554368 897474906584 779494095981 224478743221 866015300973
454802469617 267129477879 519441513440 173011883236 744872044780 623663700352 425861765683
808485736885 690237092290 882122272083 417008979129 256543541940 782689930557 315191699011
807050189588 596474048139 046260970734 195449422706 775403353710 296483606203 275561731021
591434684415 539095659097 465499279153 763329473599 602008980264 079468292536 127789832058
536058561861 189451406113 222427128611 166867250257 033634886315 857173971160 328821238663
749187456626 042953189852 087917692798 532059687082 732060772049 087562497623 985063918737
880636107372 115907573362 989705665746 883773515985 230620783485 667267399450 197245706160
417028656143 126685079755 716895080673 861961335761 307793385665 294261178995 576128220396
278616303669 765729274631 760052262488 130026201593 446959933230 130444390851 414406961294
909514351132 404372818037 803052701614 745966697318 233961655755 091009447720 112313016992
708211043728 483536465802 279843531764 876043952080 736225958640 787345819153 105945582524
031075377215 743214571344 778184309844 749991891988 572348815392 190452015661 719255542998
753345400238 110974852027 005371147123 897974701015 854753862680 281323170286 201290386585
144236448649 286552358171 372029388017 529410102252 028569118718 607964501087 652984253297
163117441865 075201876929 274642106131 317620308506 790665882560 616162451232 983338560212
251996132072 858164070209 062312718344 848223007894 040924391632 745240874566 781367355700
397551427807 392003435331 321282287328 689542061881 883291418904 239295829349 293059481391
941921015430 324356744769 924306848954 952023954564 550306504709 712589530864 100115696873
272805753462 888209289499 803769427671 523724690745 276874941173 761124890701 919879296423
247494837186 391329220403 340476272852 904805702005 887722635976 788174715798 214217641766
434900548515 322233513050 200474266084 260275811143 081158773578 536814136568 366713391740
316070565037 908528432267 821646435930 151920709912 343384447619 748970136375 189516849863
063347124393 571993453325 119243402486 722685096712 244422809548 620967064207 146038923593
401068440047 536963864975 135973583310 937832600190 925157443192 037612293770 890557454362
847738453351 375649811641 233689229522 888668519991 591629961786 720819183717 347307006822
812701860650 275302983390 146699957479 446107026716 111602787170 650023445485 265531804615
279803013588 943109664382 224754397716 230467646353 180281996449 375662371151 160519787587
083429214674 980001529714 109167257057 969361548756 157178235831 117710135901 253539556871
274579972017 592606546190 059379608978 461902722181 450723587954 842714991331 503962030512
411091650441 966975582513 218186178356 942755406145 597270535238 267357110231 808197208539
486018220548 268986636028 695668183486 685245446144 084069521826 332804876044 469190082669
676296454907 545722369233 274416649131 955648643994 588993387758 700988054331 863998554049
323067761591 828592874389 605780464098 420897405506 832961139723 922222697903 646977678755
173039666447 415747265846 547806596395 648953581955 700357971668 912269469927 151284486477
227398117418 148866331928 994659470600 892113189894 296771965704 861852768613 423688150000
417238002829 767005277922 765540848554 333486168898 497387186788 618987323238 004240096386
406798435171 625112697259 246586787211 070538015319 495771649485 062981579894 694171428204
216416558665 990728619849 384917548026 958461964229 477931498122 383641538557 038089789007
613901032349 717969632547 196564912274 558263541323 414243643574 594749297927 856960776359
148472801212 182057123722 912544332455 660534074849 518144676905 895980695200 349230012498
661937621085 005123644254 782643573382 132966096697 316535354256 247308090288 177611337397
206298364305 054086194062 218385024498 547566872126 006763397437 315325783835 487482440978
097393361487 310202390453 380947415977 664560313768 110629892140 901661232700 390050502294
761351885912 410647065603 129801460888 994927862354 781233707563 735243212718 006105308551
717034053603 307376301871 136693532176 984282601761 121860063584 896534143606 709141997792
464097211427 449546989146 355548286434 011040147223 008474005897 193942555677 557844039936
570126377009 233040177201 570971402261 897254902499 639625668908 485897750415 713042927159
289338014627 628178042451 243346115672 917087218116 986695871312 610665581097 155155569633
481984422493 772789984900 169133406501 392255837452 536445871131 537749642845 154005364042
185976909329 790072008362 962024673223 965883741317 529058662626 944673521044 260379193152
110356061561 327177958332 423894101137 830862454629 514095817189 416538188260 985813625507
028147207441 010322838569 770121266793 214647280115 968243771101 640588292038 122298228255
056488502000 903159908409 669801425015 995974256102 202631836172 557111491392 144361101853
384556828607 031576644860 576825091946 215850695082 849408530180 664499120714 286759898668
841279064653 948357153197 916296821916 428762691256 721694722877 436722690746 310853419544
061133608487 163008322078 153715481543 546458370259 485036167470 707302758499 672313280960
162936123357 408505167586 704703228598 724739808647 326794039491 393791308497 363241413902
943928457663 835198421867 634664301808 689606921433 831960422100 947209843976 665228225443
683042220547 014325651194 268703971992 934248063911 831147159679 288276590160 658481161372
294419943326 376901682224 343559260799 088203400234 350990585913 929771576049 472707702830
957584270709 136977043713 575902026722 712135534497 330430506741 037054407734 595843092276
937484039563 820488592647 043863621119 935422550000 256114497085 052705009162 892960498473
983059770893 141204198377 018700063858 078442617736 127875809955 159503846662 074848157250
182123540825 433798202752 568074574177 955302589468 194577646065 374993269932 888205395151
847408514744 363568210924 250171052586 349534579159 028715221299 536595915807 697373406864
938135614834 686259397425 293493723922 991126095352 789014741520 946191693752 339607918005
888183785066 885788221740 893022376707 892649055901 783573302904 986104756624 088404630174

420916460792 765924033500 521369750536 665803340501 312807124279 897000627372 915259070166
674643724566 787432560019 555424209445 336334393919 567680459087 133098344796 212966325811
637654664808 900711247402 815156434346 310814453273 397154323345 449268619307 448373532903
424290227063 234450908155 379512377571 610492712179 818535358509 941553871821 944942708611
496926208222 831105450526 017646944214 984796916249 383350864389 979794372572 585034947332
112364201564 544595832321 025867338212 082720110236 171813291628 134769361336 231630005551
854169945123 703087471769 347530638094 914882823181 146014847359 176501968305 714704713971
680541712076 085415277906 148408154352 770547111386 619355191825 554967376875 375655901891
589207674352 614885293763 210787312387 572064840823 737530328846 402348829287 586745751741
196425955473 254712998878 441337697174 478289514806 062975015981 041096517924 873725424158
606070926343 451122180515 157680503952 320798390703 844559080248 976751242811 186831122353
594495362332 805156428450 911638253284 682769037798 940560973049 659821677479 429060522906
427115409075 963049075004 578669480644 240791416042 498973639622 383553426568 824892490309
401353227598 292267618021 399446801899 603206758034 293979479500 581123563398 697279023670
197762898407 331986142970 899455340903 726057682234 474886920102 976488719461 875862934213
170932727776 916518710024 989966658550 838113356789 617481139240 080692044146 256653829452
233915516045 948248702775 240265603080 241608406335 831049915931 308539474269 073234720884
119182024847 075732911507 212454468985 268553115998 511179393810 802097734738 174933999888
973856536994 038759525336 217482394715 478348005894 603936659188 928996217521 047163046603
844441237345 091038293248 389456001298 364934173204 224321656427 582862696462 987054943708
647463427711 852938248043 935821601986 070062171196 591832591807 574493655660 319057421033
069753707322 301404429391 360729974231 482186205712 797240843229 742225306478 470222877289
889172044541 364168301862 059266947810 650015772730 346839982955 110599642751 983442090994
298239413615 583265388406 852983750196 100267432796 083226766089 824373992304 583819359944
552036471095 908251899166 291593196398 638609984425 245591944423 740980765055 611750578961
464359199255 642675963119 627783751287 465379652386 652568169570 032696428785 072018471660
573792272520 952321099076 112702419491 396280748169 651494320431 930648996967 523523778013
360171535579 415272267440 438354774783 461541713610 807197104730 886023745031 213890081325
624317204976 886802282925 502433493959 917827467695 941155443098 503616431316 394425732596
746141758066 342449250604 023220280294 698737518293 127065541377 829886195848 109350266364
520750931961 525082015023 951281069618 830208378779 175314247378 006661366107 125561380956
875490976302 248182547336 957774425013 633346505272 962419515030 700162982343 399091000615
550249467371 288432197235 339945293806 722341962170 161634329247 937574459146 657715626682
851107920980 138236027790 852490861406 132382047029 603361421239 678916949923 423217152888
329799391129 466525384726 864053187319 793226777027 601787151571 127131902216 836416945329
045195204615 033553473446 978714152244 708770708456 141208314980 110666716520 746555367187
872873746904 987162762468 053085758352 280419199560 732766591756 957730028792 070628730635
622829071093 172254124410 289965621943 930339359793 127298249018 850599820753 028058182687
345362620769 884288389289 635517726997 755270892807 119838327126 416498135850 566092974668
194143322037 636016031702 386454010380 419337568874 559351238398 276056529937 969463111573
623676580351 575643680207 979098069735 892895033363 102750947847 813570006470 316765317984
374893859319 928446797050 501465842227 782696067591 977743142284 898346229638 095752245329
234359223513 044120345909 610127448589 140505827476 775911036197 187481126259 602724586676
557147275493 941205551336 228916904263 820835739952 061572394645 174449899129 702110657095
944985564756 710539101364 046559061659 117790624364 595739346071 857771170611 184517001545
450809988500 405931558750 951206165545 631462007387 394433274391 565408222265 516671149813
613507373995 489339174808 637419664809 327817100263 955025914047 775193472052 693611721552
919289489112 851231256310 527709723493 867708930988 562479735893 275980846342 321851624985
305036273164 555086002448 011287948708 902187528734 539294131614 662088148268 086141620159
155491220419 860259848860 991001008935 521986004274 340573101214 273402947594 356726977628
542777276759 795406783215 499987080260 583813286902 818386210006 100337642379 198001944237
044206333199 893214651697 433457699128 223182611409 070898614415 408199147374 743368164498
243252660816 669669733619 695332127776 912977263579 843015097108 158562779524 101403121972
539950098548 370069915726 381749334231 984170867848 596330912936 697738356288 707840800239
223578231036 122923133431 387087137560 726479553068 785676787614 086797853884 183975085046
835092841447 196834356692 453914539697 267038657031 729624183897 923545368707 062910535840
958625288172 928169247104 639591376543 397751033038 618690541627 854067967188 564523146253
468346430020 306636243007 728041839150 504839977463 906523527004 766822033701 569158523770
139905412638 347648466384 117910763416 394509626576 134524834091 389875379348 887108440822
515024794471 987688839920 035737926073 657685493015 534302684384 838893140272 196682038727
684904065078 641498395483 862399144327 100354841428 571466367581 410868575684 974964249205
885698437459 468657448018 493422802795 823563775643 882682326241 877622162260 709045198459
326773477350 182854360693 935241658960 117450737611 406406895988 292994464538 186860664747
288899190982 296017892978 047357912479 632186915368 703655952944 433499542516 058090830492
735940881012 512804591065 050476649626 758222413393 315802709420 923435482413 754573059087
156567567670 109209505467 111783773210 475976697943 635702499917 247764099099 618422342259
389668469915 441887720946 530070344371 831157287057 320673987595 782140794073 633423608496
383233359179 022771268263 032769487753 200468018475 770539434300 795119666775 243961591663
082780839590 538322951127 233820755074 415307889777 628677166251 881091187535 197330098637

717478618815 476411602223 903031955967 898153733333 258298360045 188973413138 579600929777
458806142401 045915014782 067973943636 291993558227 602367510347 827556486627 121882555285
317825358601 035108225814 502611204747 092401718602 564690068461 731767990573 490110072728
768926194527 588335875822 194738432083 457863305280 755745493828 952390059845 682729141346
432348817148 584606783059 482601453596 876215967081 249553230576 378156493445 652578255229
382496265751 170749498866 876544103827 053374089892 104036867736 560454285845 169503140223
236337570264 179657785208 175448924655 709924081323 665578698526 453538880111 889193286251
925922213556 676815576092 763061557593 066264739260 898327834768 021460555713 159391575134
197362381437 944978888581 196334372829 232196632033 578012611307 701085721598 982028012452
701419440551 082110912628 261670708062 742710620807 375623747391 179018806303 915191898251
718666137575 727597103898 114628132094 118243212011 578288178755 591908312841 658981012959
939724582828 850347090530 282922251789 724313294878 973743215073 413895319923 645094033008
944417799497 855061146956 152948565531 122294623526 306051560149 924641646941 653581717906
597534647747 475189449033 886376945491 013384753795 701243435328 321449298275 732064946005
703587974137 284730855685 002414057806 994944420965 645454206704 067126917703 420558935459
214751399465 865637953244 989394807296 345359598977 325035224253 669755202625 966190223911
374464701515 637749468173 440379453288 595394926777 638755908647 972478088680 068172355853
131435632975 431766043925 383854057568 997429850951 712778248854 066092032655 982812701957
135642813925 406613098387 251913882874 323038507006 601992157068 887156531369 864586671792
836573552565 862718814401 443171436793 748105969137 093212168062 424716237296 617153934399
533680541456 986793897178 488910159860 309541293529 874616910919 252380974294 455148855831
849949859479 590242636642 554865556331 493468935615 034148837488 463129465300 565980746769
773601945598 152863062761 262676635577 359767581138 421612373314 597087298604 713841740124
888891879713 327363626251 131133467653 762929984089 037789520000 853939976358 474428197985
767807210489 634599077801 542669717456 754261723840 220327733647 639755175491 665338447273
368535249669 156297692483 436265047461 988233594559 385423887390 136417704694 539579811875
271215977684 425117995807 169454668617 498200389141 367574252951 992353630286 409958477380
806675941697 155808335426 239966791371 918119745650 950142157414 450246559428 230866854834
547550417532 809049243969 757733834069 200365962698 238063210584 211683115360 806396000302
983486986250 141895196159 770985309893 415906918264 474621242983 607543464462 434641837589
126993823538 014384957364 332358908803 400365035629 450989571731 821193875360 604033750257
331182525704 669344702757 566572460202 434358051761 798043050015 766122068591 071191644783
678775528755 576514955386 462900314778 433524201822 322818628898 360499556710 094713073625
117504656828 874933451108 004370570085 720732275083 196736841092 108726460308 626987012176
044090402806 979491118396 436605218431 492307351631 588904445480 567978322555 962857732503
063907386237 033313393794 864907355954 685179650429 666182553105 264598245173 537563250283
739435510180 592720530901 051429092433 527312786900 151513055874 053955359526 490302813127
589266878502 683802775398 087841969542 444707598265 277147636801 344512270464 696586160140
500059813554 266004555304 125645385648 993160312805 596469709727 717647751362 379318695356
428514304456 301276104282 649403679748 029330190134 439986092840 586881002688 832877860690
700575222916 378845954295 112712364162 904172492592 870335181217 772457206347 444140710457
987011683486 538940860879 346428858140 532372205220 333882782491 606550751428 498895026730
473386894146 657715191706 700715462849 334130545953 261782576247 455778605289 070556812093
921363602079 484001904534 822717501991 998503517218 198291555373 940524474881 608401142868
298542198154 173994615194 467566539911 086257026617 289157211616 708612807864 422596878065
405524084076 980926229798 908974388648 718812412152 858621071441 713146827394 151245402315
271846416021 045875096948 375943180736 202192937400 119027475027 176567343594 247367066180
398677673056 064018589905 357512300230 660837087116 869147579133 638408623253 843492671860
661390466843 378796516790 070950960770 044545355631 362405135816 161738439970 087207800572
797374766973 300019518157 166514482156 340621818656 955569523059 973209613527 960436084916
464544009853 402960861674 533438096899 823943693824 949550947169 541670641283 942451714126
019162473827 086697693118 069609710155 725814785319 462574614535 039762605546 512543502145
241434329824 924138121771 320340323718 671520627359 281633744103 154710463963 111770834535
015448259457 608665977571 739145766095 877536672498 405172457008 259582124548 521961643789
313109882481 700384223320 632885004325 420849215944 237347069301 246933339188 876395624142
540683244296 139656862403 164128403058 782564652342 818336566518 958550369909 432595309425
060808246841 425531437037 390665109896 765398087358 749937703345 895301949519 517021752264
520732036027 546394131137 116116222899 004570802847 540361406381 477089041361 896398146793
609058294820 541858067653 745684521520 114145135847 400424917141 834979108526 755786923646
084051029640 568547162911 479605166051 298601164218 923584706774 478369791634 369220302198
889638490152 417264835108 736731345839 534421502246 261553366336 148347864323 356138053007
496676208428 757530744847 676122129520 464026842561 574021989849 634090361092 184760431288
829692663808 182477416243 214918051745 760516527671 485956723605 854481485440 213290753231
193378970542 137669259894 146244375806 251615321799 734696371796 455473353549 249001405607
436631064741 766799857256 986302528399 444346379930 518242598412 579835864959 062789069536
518549591816 028252311296 488624546624 741498780234 896199049347 281966658307 147577253201
586835547077 836728257562 399243554639 377454477973 382960292239 539101363924 842457990895
204656398045 121789111868 368461117367 495659523732 158831922247 696642959496 940073685050
284037768906 265808500246 717295897639 915288552871 279469207921 220672013205 280939645226

322708682212	314758006603	178586184106	934504552579	097773956618	012334187417	941362215786
050078339034	591252524540	485754363277	089363734813	762506583880	204845701532	917287753658
510284304303	738094645827	944631703476	961344868288	054938747420	783607209181	966956077978
078659557407	096044302978	609309079720	730749607010	815586850159	480975343530	527293411617
148317473396	610051752170	023014799010	869034522977	048775984057	286298941810	215296900745
556597243348	361850377715	055086033011	150531761641	696187723661	381272278710	986517345203
857378730216	612722258062	394563423895	118271063899	938281939468	089089171426	867874887032
369742369825	435588883246	084582028402	348362623588	364349326648	017559046034	282151721956
396349530430	084841662178	271514494595	409011794488	525950494726	556911945792	036793654037
611386749376	191352883897	654886121318	115303047160	619686704364	428843498822	552331296875
029163545865	426866088946	046929370596	495128448974	048567800358	527040399356	260489828221
525557199699	352579454526	174074327085	989113001429	067140022594	327469021898	299517955344
274871811164	211742934346	618581259577	501754135341	180155914001	252399483939	017661752161
192300632039	269350307440	800556485321	736481168158	330203170589	764678232920	238182476764
490923997157	484669006626	848707926979	745436105026	659791718725	654581872259	956718471895
396896356398	273911694540	082867722083	973564852019	605960672645	551934292523	068186375946
771657471639	851037580102	664513149058	946532011702	593902980926	721553261881	121687059584
164729322719	691537323315	514987881303	473988948962	542717046310	852002030893	497607474809
695231438144	859523362875	963931570347	642900052519	090875253165	740792449294	631761411281
605006043323	678149217024	471810409000	252357290745	094008754190	944850132342	773779028203
768777598838	891022428946	586307188578	363258401140	040295820151	572777505522	049767174180
652296812814	453596307746	839919743615	077556084901	483048815266	226168875496	803462833040
684967248845	831448961089	841116418534	724679049542	984233687929	502850535622	738086930362
906434961063	890273423981	644437129896	752462213499	807179098325	385375182451	431822981701
498047147440	520820677173	482930757424	460717784725	245946185748	904930509650	979539054225
306921236070	170383791085	714698302257	724852517384	591456079105	588537047066	293052686115
149625701677	756605098715	221893119931	908608040958	932727146520	031599118043	637406495544
985222116311	079240253084	120858743275	083025736046	735590502428	762009605821	782540707253
588194242748	229061261156	506709906900	009646228666	919350261335	698044849903	060697708791
796420344947	066473435831	304985932397	059589076521	205938976976	179995460990	255750129252
950517564633	281937784817	982728921626	883979150390	284154892848	405010183293	430169393085
976918820760	983272888921	135516982344	564447333253	072962398579	235645767684	446557407881
847532800320	620409124850	379079033696	967998575698	548117548118	386688492826	248933731346
365620962364	360176047562	884825574687	983523166892	032758120831	192672738707	762830879194
416406020746	280318221576	402945658339	747608798691	752555031704	962919619171	215072124527
733136375472	863049900375	024593485960	032115144992	840662158257	436742274475	501063912224
218890391206	885714990281	250332229301	019625987938	312748207951	457466369086	901110213105
305738750610	287625824804	729782975970	378866527021	744112460837	370072764091	503713333614
971740090516	021354287018	659906055371	259092989698	875726878000	679158690910	845740780273
990101872583	402502706752	349279084556	458472338387	936948393212	193705663102	735811096309
442346293573	358743954610	171509748417	603259483536	217516712490	048287878693	443178634077
789561343147	653044727101	587308359186	544227533506	094500454270	943829595234	500617950815
499122260677	053695403470	872316703773	580038588820	185360607740	785920309100	130736686153
320514309483	297128610836	602524555926	973266001032	976141119174	374276782789	747510302954
650308104060	484212662927	492258713195	804378325583	814279728206	104671644545	396678275066
337611956154	718081141066	372890445086	071121650660	339892385555	376753205387	993468505034
921858653621	561162560773	785078336813	948450925056	970346054311	689014345656	230772431780
451284414990	211879930904	828898966619	644774295261	486897574573	204681701313	930905117056
129681336246	565767032752	997884256367	261046845139	557876174554	261407949927	885159419323
455730645855	363767666277	904565194687	523590507070	290264235937	689217411258	335714398554
727179693347	166990452457	385765734636	323402095801	122354476444	172330199688	759484111588
591938802652	082412625415	775923953557	139009940619	257885762438	343967082535	985086771745
203064771259	716871629271	981108722640	716731620311	995057495353	350785579058	055228056768
709400358862	145084193945	110212966418	030102507190	041435180262	583918416963	342871083924
470112172842	730327747013	437984117330	124469137759	748817280837	808632835848	060410924220
865767728752	209963240080	429944929304	986884989845	824998371385	891669131411	594805379770
420015970689	347111831573	389010474647	987808156521	926441124175	366266821681	770769432381
466336419486	790863825847	134143907867	852662542025	507987500598	344208643353	203403385407
169700485895	423819416463	202364499218	696935197625	148758953644	751634449406	416198941671
134104435014	824843798746	391600097858	007148865413	513572346046	623479297272	831424155920
800251034678	954542752194	241325704026	306976946540	161354854687	985714429486	803039101844
108638904144	811237544371	285330823993	732836681962	313029569185	695856627411	377033885853
664622747193	167250336110	407331565700	765207124240	797569995015	171682190064	511788702874
635229298088	187710072903	397299225664	211305601375	775977190139	941236326728	084538940031
909615421499	319261336411	225553601183	662732783852	674019875478	187635393573	394928471029
582528710380	997565439732	567129487558	224783626807	452739034903	745390658115	194195726455
858788269618	859947491839	526549635447	571365041228	605931178327	747043171702	175554273381
131644612205	777914607365	779146307623	015698777942	799470800066	693339080866	312852037258
042871394552	756934418643	828321630754	249357674340	668984292481	754076245634	843585997894

799507358408 972112726010 980185913187 269858204360 215449353734 228209983215 127996754771
510867255688 821989769067 943231991850 034564659754 689420908586 518688541565 005301770434
777447943867 270393095250 807174811438 806676944040 880337002762 289229403949 546456869467
365627651215 744427275561 854727297092 316077100833 032761204644 001950108825 543666118384
017506433079 878960184957 256409227026 453638384878 282644377846 764678894521 861373535543
656377606476 678170898450 543551146912 314274141648 367976459749 610075175159 580739164799
319511126936 601648584829 390733187973 916908788195 618674358831 373515539061 314098627551
521295444877 104580897721 910582763398 947484910278 339169952254 377681439407 418668237567
124423323514 823465867649 964519452476 330870536440 687141456832 606639769454 801930943710
086795751239 891190608598 079561897702 861704671402 026390040755 211696790396 797200717133
559771467791 845713611149 407966712462 922999331477 634216541227 783574825862 753499006792
111978060307 885749546973 284196464487 248154923884 504168748844 032656277470 952960677481
195278592514 810702849070 915018652287 534294183631 406112370858 732629402433 909819838680
897918601274 620818939502 098874883195 920209202041 991431102432 886184043867 214698447218
058827477611 885531433454 775949915708 112154724304 881109826753 085018792712 236067265424
722554951167 783499513760 704930313675 989221645767 417615608894 882995093114 276568187950
445739072603 866015581213 816955577135 842043549347 895364202338 974649549276 685353620131
752865705505 880944097716 682618778503 565693248837 006191686881 325769898892 153770164294
154770352800 561194842247 298518748777 495354659986 473128376681 023168478386 420803571506
610437608027 590099241762 684102073191 041168647523 492506036456 386777296180 495366105618
145387474536 473562955760 076828385002 653903382204 235925539829 328419394494 205000899887
248918062112 870490391300 294855651474 954344575244 822871583406 545423074678 494274930963
470015143263 124161298211 097657797808 646208963643 472088059155 364232264831 264515021605
196502658472 066706130120 493386969922 060721205507 484698313250 445679036197 937511451056
109940597227 061024553164 341842315931 353905307277 364315636726 458013226763 772668618633
479296099412 432700177449 539823043204 002544985446 412582181492 056014921887 888485004281
841829538377 471703679191 289376308701 042720721052 793407615909 556056902878 841543593704
129448706773 764271263821 528379114630 861459968813 851549589693 494777530091 090895645062
887987494998 791897733005 539554996967 223113032996 223735743856 778002884728 964213358326
697472583460 615280371262 743221724325 293392575924 924474115450 585976031425 395401902732
717953482453 447118183267 533772568831 319357002083 161783185793 469555062509 874148085073
837262014483 584640035336 912705562119 589062989355 562779178399 088576495624 037971430883
909711102642 258974629317 668967223404 012789249994 400301464679 220203830421 619880771734
664735164681 098205658445 677184987499 742916295695 277744170956 312845961026 901454223339
536443247908 988275294511 632099275307 499379381898 314756794441 245959637262 578848779824
592170128005 575802716147 579216877302 876772414278 390459073912 739294267884 385771923968
052299403405 334707357333 451836725155 426582639619 999309836730 795037244868 646114937304
957612941570 707066203289 181107238915 527538336663 817080430330 556707275261 677419463060
608701555657 445230874655 839612405030 148057910614 581630901314 898861882107 938274751304
764124868278 016019084967 844218901110 183925596780 158884405085 393976838736 014191230960
600868884840 958759093979 887545712509 890277211540 144019262217 279654656498 959921437569
114290202041 111579248731 265080755959 728472786996 827891626827 869491152476 745851922811
086526770098 192794353379 135535005146 898579382371 388273535727 171789383014 221648571714
102900699728 235323288484 621928112894 081707974024 421905443693 038017492997 032084340110
873321114536 842359999320 908951566908 596491522776 672296396942 242423418831 803521099116
402806434847 354437983200 003628081909 768558492561 175239297741 658204184481 090895126836
470846247411 739612714881 019329455867 381943250861 265358837368 559920259078 153960821287
907306065333 544905988347 470101680869 637317737325 829139402014 992329209692 706783167596
814766966752 080774826807 111167849293 584619841862 617211092532 216068525388 159185598806
277687216438 183516049553 852793642109 031310360781 624389147125 433165370049 295435731311
918042841965 032161578090 425201331248 560532036085 914481767170 549766907392 764895140552
152060925413 291657024918 171664437203 666136857876 733251108285 903819215447 665286225246
359219175013 034284393319 549122972792 697639531748 622320787892 026844508352 041249612609
478597647640 505134461645 779957974192 093941387311 276724057940 541046207559 701574182718
191565611832 096658777408 146769169774 837664183860 817525478596 851524694807 752817906293
992706525231 293089486645 014790454710 761515539979 963895457354 995616420964 604747459853
772405194520 424469515511 057601494221 445985078562 898005200150 144217236030 394428342444
870888738111 756954845868 810158847305 082029360514 301370104506 990268158198 945951504537
485723487980 716132368998 892862049934 134778445964 826238868934 495641306886 939680162402
256960972590 583690359144 783046409691 845826547581 534945007765 160758195664 124007433611
728666605780 640979068506 843839086550 136603417156 612177413653 524666292403 852731631584
292475107182 073761997425 700526636287 342485276970 912414632604 391164682571 938447497652
741279128833 276475340045 879787567219 728508025158 776549056558 922047149620 525210401201
669876445381 749387615396 217620998186 695643493775 204078670455 027574954208 283438265272
799066404046 308555601579 354158018388 708877140523 005777747910 133607583463 708160374140
335816621710 523779547780 310828789311 389894479586 116939228137 724820976622 315374165551
870724300378 446838734446 101858764966 248302353552 906856208893 670501291450 337471297708
298592055240 518783105621 652132246122 880034754732 559325711750 916176594166 482394972913
352370543886 272408483705 528170029629 809058650804 794954624582 240135714158 490067330844

573881811967 445142911521 434279392699 655622571986 439196067753 038374686672 221703556890
842503483294 766784150367 836819897475 626360760561 739594959045 378728870880 119654187892
476530782025 541234215275 554653752784 851164219300 210400696015 444285500717 437035400703
359356505398 651785707006 582099804195 744951235876 447812486104 147556590450 055377874542
573276631373 882502017264 896961612910 104812793263 745673134738 711663877099 845420670270
029601117226 376272726745 210181186559 105258614533 881970128991 196384735029 017400070680
631462301308 053975457760 287247409909 750691788261 928319716472 128495873791 803549559085
450061798813 211982114298 258375305635 097899123594 054486017902 486260767194 835184423490
587190753372 944339592409 185352802957 201038394209 623342775620 874772317011 752756872410
122453028153 879584509634 857983910451 921318634956 903039125641 139059641254 019436292949
491921353071 715344840968 420710642282 289811864026 763507160796 935047021002 318781098561
356791065930 660078977625 531978982500 663151562983 354439164449 258057007801 061628032102
201957047579 865658116809 332423000560 664896736948 762426172410 119907596206 943468594040
616410905711 553454537680 923271287235 399907443591 953983973721 101334949165 692714299302
802031477456 050544661845 753230590170 786156443038 197017914956 765394045943 560606605070
173938931321 346258503810 731950386744 835560194918 228051677305 768502688432 549589089560
814199507525 651893554022 636610084816 146203865446 477107121879 516306983362 021407461243
273856073300 741729085341 371467646620 823326530075 778457801275 507872627830 161825087008
428187745332 078797789429 648585975819 284204996482 962042735407 338531005469 939541254619
473472170399 527022703577 938585129683 664406788983 746565636135 444780666838 466976517661
499961854398 962350237176 711027408909 193995831451 468723612871 384972420690 809504422367
855102876286 804251881635 840261629851 807211528332 237580970905 745356917840 193816002439
654325782504 544519694034 884092434085 789998277191 512303094738 055403082315 560818607161
583433955617 281063733110 606015264964 148156840431 946235604363 017431750920 771304908868
560472738551 730953808475 014486517604 975677360783 315447229253 433596384563 021521710498
738592531020 397895814333 663841559299 255089446027 807017962274 521055506711 913163262652
799366963598 923830060969 816001670881 344300203911 771916307016 377800383003 711264182414
601498704171 480566260338 497751756038 495491915791 417929536849 597062863297 174522149452
643640004011 685127587387 943486668837 572288996134 299386640236 405894482452 912428201658
004781669418 478063660478 483817618565 155840174603 728978215856 590831489306 511779198572
317164764724 189304315319 990881549971 377420721011 833196861968 494405184713 480510376244
887581817277 233442721570 874000852493 919493398103 083199952288 542626308518 145514104967
489642576817 203145774197 605540116651 437193376372 188186506524 854450399937 660922677770
747939980142 258086621498 719124701387 469895676580 981634240795 135703733486 839946074001
483818809109 122785049874 225639471028 589036178924 869455199904 917116231709 297408195172
163625062371 420825261190 713179187638 003738209989 415516736290 310549402905 372537989577
370008817865 887049043920 910261127811 112935519422 778192147007 436373735190 083294733687
322396549476 329928275318 351812624007 118920345658 855468095030 263042519219 879777374432
637260928911 109005219868 755372281053 055764147614 824639858637 189772797761 937308767042
649704411511 412890062126 113885306037 367229595816 117021395030 074141766112 848332886016
736716732035 880470158024 784864639807 999576764707 923310644566 260337307361 589922617875
267426013536 007295278511 447312992791 452450623340 290963971759 232197958011 191466992839
606609054620 079823745212 245036016910 411563221953 297269544555 151828409453 955078674040
937185323660 387796280514 312676627403 643982398318 817605978528 134663946956 055581184589
398070501135 751682068069 489438552913 508828544734 828151760971 542385952213 273086132204
129233077656 558692790957 004784303955 681994015964 223359594550 228105654377 995470862448
559080037069 501560801930 721464897267 316393892553 815995861702 205913973027 090063858841
495346162764 260442837389 125191847819 850025498263 035851006341 034437633407 334699031270
355830801124 354815866116 467990470409 954792381287 897186780109 815204978806 050476668203
662967250936 939607313669 337472036724 300318966620 499750652520 175471357865 734643836467
637926850195 846151069676 536390244748 995432199723 190611693296 228778946122 656683064351
895616389957 450772210945 127991885324 449376487789 040544224233 470979587265 217693777637
079604073278 970245582953 869616412632 465754921044 812238089336 380764949967 196348615540
609091415949 767808774619 122770828684 460532572718 019232463199 946676789260 303597957811
827900047139 409217193998 740760009997 069581634479 233605106166 460077875593 954578581356
191179734847 242756439544 469001853703 038899472199 830805883405 836720473010 593371645853
777333738261 881997860740 674509062922 554889908344 358447071868 346283907929 470801169686
394851185081 164381346028 123477126650 093708643498 081061192511 699839069112 411278849225
010740467001 002498755498 035240563673 715644048348 352246102196 750403342268 090196091918
367697539184 488898103076 931360368464 907518519208 998079674849 520642528150 398821992945
016312244419 290790582175 500212464156 438780114736 353486032318 176976992568 862342243651
161413783584 860345729184 564597310145 801442339103 436619091211 751414322400 433814714649
570280368174 781573399255 278767581363 359753605595 393840176867 674304746201 122791642138
790162717829 363320257354 064982943159 500554714114 406637280225 906499077297 215318483539
621059207509 481870223099 482546729701 848378246112 123226391943 500731777620 066954059960
374037654410 628719241786 662420882146 482782794381 136197446758 843595640054 338403532921
278595748814 000737497083 250483278575 562787738665 283977888843 093724219594 555535436816
532937198863 634368179075 180196127350 934580410944 655172588496 802612101534 669727381161
498560713593 318421251782 086976441366 280313195926 629980080049 993801799153 449183914186

001491765200 955505742943 903063235405 129132722852 895331838612 800900242018 592068301245
576885159986 036670882144 036179949757 693010158168 404896369505 707194161819 229869985461
811066431624 215434388574 483433888071 994766742309 255414252204 646132633302 192541233265
542251790039 623700118772 248801218997 398674540232 783101115581 388876253275 234665649792
845609117583 939724769569 229581647917 057753460630 170075274314 017131409347 082620758055
636513836577 977785668667 231433899715 854051283817 539517288672 679243351932 427944640427
484557220427 137038338428 243358563142 551037569101 814745835641 467895345086 856290184867
609167706199 880065923053 443639571728 250888425996 639289712477 574013093554 392473324079
182045553817 663723533222 093512540132 481590298902 642974259278 789454750065 499469212124
666206626082 143493200208 055224057223 984383044936 328281922845 488932895874 022579320820
777499212636 085911890296 466098389588 810029238820 492462297133 229297037751 993136100980
352670524486 853226374478 046384325646 301000814486 291219945715 644790099446 084293682847
965274461276 533324488110 332420251747 386222344906 972367553788 033995966640 307214375360
233103696573 323152377229 874426905668 961779628232 189871890962 510009667381 607994856169
911256164664 511017559716 379949948745 173586586770 840471684474 770849909769 979447071072
216462801394 627545923362 533618584457 602386869037 340402342997 958662188971 415880457537
565078504261 021206974369 709692144094 113468994263 087437856931 812699404387 145948959983
500248233904 352960214104 347987103068 353429770829 833207751807 152848088283 370145995157
366923408952 207467531109 020004087766 773452083041 072554159390 052576034609 120814028417
742037713070 084243715867 293605934806 649256089060 062140073524 622034669434 043776297371
417295657738 443594005475 357783364787 173858831995 725380639809 960264540532 720562873151
122978157160 862957374684 566542360082 900430576533 154127168989 746228513385 107670664275
111061263511 316160924243 466569700709 329952178094 757112910514 811469846816 362099491211
915737590934 654666176085 925249964296 490499530084 958760781963 600471026739 400740732084
362442003461 449470324239 517678532424 534809937752 802805259240 486576284671 412186729974
077030839307 426174014500 322104972620 715170167184 912813438981 955969766521 920190813700
036727820825 480844407705 488949773529 007409396411 521592813098 524327606824 759522533080
282483140911 455034964805 588336314363 788086926850 984022754356 109530387770 701212000289
803251790104 923250778850 259083263414 354851687722 009982947719 960230524388 558044873833
160358617226 920300671018 787426069417 860407069990 250750049323 362692993214 094658099646
531428589402 950507599383 742467138926 990433088969 689317122152 250932961528 322314040152
247200696225 193121876948 328674200291 736644356806 635821053328 041767261515 623021242888
554325019347 747162804383 419392847933 486122205735 240128775008 941153319230 976508281811
189635502495 846710684529 264484555742 771213474285 886128655316 929049767845 662596418247
266927783440 026607279474 144408370664 575851237670 920004831219 403483729208 560022902779
773086485414 746185881115 702402873149 042337471022 051225421059 966070353839 506482334592
609712442501 847780809771 726739247319 401655039607 867012304739 576533280658 508348412526
008894658467 311915729174 574224177949 335497989190 078206213086 108038655162 237581246483
554065072432 929291154509 266713185929 676930903243 805005047057 980295747163 465461868596
663348164737 563758253029 528629237343 678949466010 883529136131 466638328071 198371749145
500064298208 172745061751 153316431785 068605599580 414470505145 134434661354 349132377733
690004775758 504046993549 528650821231 068855209618 997124393434 111680987953 962481708529
338557609002 702279497412 417974047571 783589151301 019483114208 868324943314 817802337650
953324299552 859443683435 519727318517 804946558350 991943093702 256819318024 684488318677
087309347278 038059155250 231204064223 609470988530 160758370543 677837414644 116053421760
045932648901 251010943688 839493750108 078235517849 509082358995 407264746204 374288810508
396455884266 548692765048 403283121820 919225254911 472664063622 030793455066 039883857248
600510852807 898750922954 152053685929 261987791689 221592205220 551985320147 926147108591
884318686574 115963789931 121609989761 109796335654 449027343590 983289478678 839749661090
310579656789 884814633779 378097206339 058401025151 480018804012 308861312975 542072153696
492705801455 275021614678 086913660749 812251621634 354851006334 434910353420 533934694524
974769550862 656936276212 610915726891 851277303763 839795715936 693067949298 648386633844
544863127608 551005181894 581104146470 845401536291 458227457290 153410579881 693540552831
867360382508 835230473920 214607034933 191067272651 277179914138 372267050300 428895154913
480292363239 288242207957 730865773544 300787149940 796063032576 958992623920 596601385554
180341966989 324367028510 494283621790 242444777381 925654599726 442141645880 183324265738
561878678959 852363478423 536809059927 119995597854 014483596606 215632951638 907300427568
254001923588 832030019113 497523286130 065109787692 945531139668 955583476437 080703315692
464770566831 708735818394 804538875307 517147833711 950768797640 772884648664 979182318450
231538105517 587340718962 538798537621 437172436820 710468814205 249239365508 704489135541
655626666713 154192176366 666445461341 970658844048 039586284011 613603368548 134550509359
031416572525 760552586987 870305119319 075536363454 402515452339 582336587160 381608528218
500714103549 936084662784 075061236838 764462145891 921779142593 006497312418 546365599567
512958502030 822784103261 371511351983 906124159646 333982390087 897387993371 672887203567
894869612784 691802988400 077024046141 684357096461 162379484580 024369153446 231929702763
704581054668 618648920064 818578844704 613762942820 614210703480 363084411167 800614815023
913690139665 758030939659 044159125120 969529735812 730979032583 292747939969 282438314920
625902933092 860103323917 403838342745 711351398457 747832024488 386021968076 716331653498
673034745401 399921598221 116711151254 425853760916 734327699904 005844974347 590556420630

769469347283 565064991077 767958926507 983234810840 182244891170 749665104061 875918474857
697210367432 681514842019 569722074734 482208792869 960836293587 631653890478 390048742747
935151528419 727078614321 965828417069 390496815772 568280501220 207510923634 655176931515
723238105018 022585517518 247822341364 317881652068 506613942262 653446972893 597805755792
607832166738 898066125192 388000169534 325226200528 899561086132 879950759573 554749552474
243083287019 180305647708 273670143445 393759376315 501750935185 158798505069 463905231958
292523097514 074052545956 314007436631 365318598857 577378878419 026141186895 445650421603
370647862526 272470854341 759779500692 649026951120 275026309543 674058016472 131592679453
794369497526 101844660858 000783127191 316021235091 382970425870 233641604644 846128470918
634315198653 654660902676 182247471801 225355996813 235223866795 597369258068 959753037126
480244820458 137018203432 869086371659 833775710858 330103687434 657741106218 143176556339
621006385831 674674809188 717077376535 589866220294 998738274442 554792411634 654679406036
502474602456 189525909349 966735951227 127320524011 111391852302 706761427723 092229472881
013319296333 997818550318 293443263220 646980101295 170455704300 632501562504 315083657628
326741230020 495063971736 784188910051 425253052496 886256738738 477796628662 164973624028
836930961735 437337313667 758358357017 944714574708 124906980229 776815688257 225708949890
899120660554 025206080132 245048251208 137567437661 986796426412 986059431128 300054088818
812331334729 747312126744 443118675943 209106681841 781026557335 326213877374 737553457827
904151159313 218518285887 774417722966 204691386602 093496942560 536450662133 317325961987
682588594298 794267093801 141054153993 918960836361 924874187916 930646357844 807215658399
312037940118 324480201556 714142859863 727859846970 740475543618 234815879601 141366235245
480672034561 475693978012 289565852162 256169671298 369008539004 383451036299 591188765554
858501038242 000728257383 191539907527 071272412720 139581995535 663735512890 906976251070
304892027945 259155650048 553046678249 437412341710 845111272716 022109419314 554015799975
257597062357 119650920779 653514558284 969464124712 726275202638 568898807683 516345882147
443822121862 964661262708 267422635057 195047392386 350754121166 483026200971 276710048982
671613245191 035278362070 128544446701 113052325226 930150870306 338451974189 270634069245
458809137680 372957533468 067793504686 478745877073 762192530528 748136198511 385757845429
291076654292 834071343502 250882818892 915244527783 987472190081 314380720430 207245467931
758778466626 656846528861 507688403122 321218733296 072442684943 391394823440 048794731810
015672345261 770257670886 790779488435 759761351817 722330324699 911665759663 561548880404
973201297560 095265988234 960223329496 042355117872 785529240802 858776678063 370228800022
181033547073 381937382622 675719292593 356370954061 572778057244 148311164042 802001173781
045377356971 226702822063 493126905454 981671849950 281156890107 968802900112 565891790555
923454722921 378528723282 181212503451 820595480967 722776607131 017786034388 295733182064
235872369934 100981061723 496382468683 009133256534 492346840680 693901747353 201504440611
383475519042 887754060775 819161781154 130039925740 378644359130 190784611315 598122874333
833098537839 728020727286 892320298943 973394819817 757139247491 694646666789 612342910937
033879325123 377397138802 549835070664 655016435659 685314582650 756107057247 029983740904
860172437641 981422704314 803738452936 874360053639 126726507615 680781314200 412241195949
403929770163 428124078720 808521666306 459230567032 070981617225 290269602306 308129260227
978177435716 138102919298 062250972902 342140272119 169380327132 983200837285 066796162815
923582866865 760999044159 915872039418 368224730903 669496907177 457012177714 467268351119
457992357643 789469356535 420860629730 104673071982 276607743930 230946886154 828109515202
159705255023 615647835579 419688175556 091385778521 922259647769 941023057003 836674762355
069788231896 556982414650 286786318921 131224060618 093860488326 451730840169 501420821573
260642922288 691115250254 993602180051 041932609690 738474883239 140241558533 260115285070
430660932244 424825241441 746074448844 534185528241 403762246430 116084929486 645829985520
542671517405 454420206280 703433294106 933727264297 066891081535 848401490945 693824621684
799297070687 378774062892 832545134226 040883718721 990383555267 472209412312 676596338155
725024484611 269592746975 238144932164 044468989516 224006928370 958627380688 833629163724
004187595864 552046374627 569583050798 453815347152 306641100725 692362934927 639367109131
351270403054 576969966845 535847145591 819283771246 258352141244 581202749660 784771810569
945704336050 816850958945 374630795183 950034717251 948443599494 854468526812 973590190690
653598903356 956031006447 968263120457 319101154449 655511226841 732515227738 630308135975
821722905976 613762764176 616347690912 507016199955 375964321155 753439662168 827108403675
119299960008 862463219998 754180943600 530874133962 692998207629 668015488090 523558718680
761698556060 434175392524 049679996465 176000269269 165516987526 525067739508 513040805388
445060926010 964368810894 202685615907 389985099082 501549463918 220970064845 536636689968
589228638215 971107671797 678975011542 808723039128 878869961867 893071982867 549919743262
709341000268 510325929632 688185241489 579124432764 872180145298 218574977142 929436668937
836438222965 859111417940 518494207357 064528325988 459122593949 274445571466 776515114569
290313952537 580463375857 964158116362 187227661518 982412205351 322422488256 167742459676
541254033178 449883841113 760735007720 085697277626 487365278338 916361424964 210630883493
089033208487 794286440497 222682861859 946689343794 851334855905 828206964612 394649757412
236283139773 381908745580 331675172722 386647360336 322942216531 277635847730 631534297372
774923149739 427339168139 875171650178 103261317455 063776577097 886959767574 221493716352
884568741975 606953600393 373320206516 493697081492 295834331163 103727409098 662574705051
470227230962 962287676893 693773871239 020465167295 592539637570 422968270137 215978496180

362348043379 063970358558 242210882352 987239496885 357705045182 895099193763 474732035193
828111442092 546739336782 292584965322 008001526318 029140864688 824845131277 306267980815
595476482850 417271139264 031553850405 835488218720 632498225683 083781144749 672788833320
028717670034 369690112633 377140681492 485609922237 095518547384 457179054176 873927917178
516593198682 887564181867 768768410191 491807939961 128907075158 854552469947 650821767567
721164663642 768199852241 009652130504 650834072757 448496619761 614608405906 074102214449
762236679944 848377775461 200772349048 346804799553 637492002228 711271851356 066168229123
239218005582 781418581599 044062405262 546367710924 438317339847 632851470653 500079783184
915824011759 565900535027 064038408707 123341254904 300589255268 336910947101 885680630974
863894076607 300957659146 215650501976 073448899217 067459599010 087108436183 443327787653
682587723082 233443454329 275264503508 275103688527 876967792475 290543516348 471778306004
342306802510 416927098404 294232615492 831376121879 256159805549 617993488223 404322283765
653188612575 026407804515 295419719419 547797740615 546242676714 336470510868 155403216644
525162310712 260123089371 047550682508 603240463908 671443690773 244134398492 841467882847
147933299621 527265676834 010400353802 720252754184 352253722834 489706581156 085710599336
667745198566 047220084160 190860000788 059526818266 913138417341 819905590105 823592902013
540514610372 925984089244 405799629261 209829819631 751214535332 103905565185 435755015506
330230393983 217424163887 658141828375 495738248135 795353764156 486001991020 976353392075
484934838869 281611240904 286051688972 415625937579 583189895007 292459604679 885544190931
123329852718 446233567773 599333480407 470372053280 347069763700 271572820230 730576961414
871966420425 572750491950 366323004651 395418140725 108930709443 978312110733 276687592803
776507172513 608755719376 485636744855 888825788766 133918449302 119188229270 901950014684
234363699275 319954611567 138685704507 441432163390 407802999234 905814465652 044962335154
357201055418 206044026298 913181811835 652148013865 548465039391 744227689983 209599473453
261485153380 908818440673 726935784293 194085081800 541112501203 457445303331 397380446948
852770989980 569600051914 114142279477 629690392241 524461598136 812557513984 940301589089
128390396906 823715967622 826543755905 616030020457 274561527945 965191825007 133487156545
101752772344 850870016671 622088134714 559577331251 876805648529 105407392802 221120032862
781056402439 800380701905 697739652978 779098800316 200668984037 215519624334 297992810095
608616020149 108819115097 937929003694 499120621765 377482371955 324580636150 130098086504
424252934783 569851494288 463384019650 862826192681 818133145352 271022161786 885639796180
425572709401 969041952782 218972371157 604600163990 908887257182 510468842834 618913181202
969641334893 176005480461 049509279897 517631114740 226421967576 451984887245 324003253302
518248307749 123252566884 756169542393 488977846191 575794422770 855820578541 006163487982
613985550919 249337634419 693864702415 434328232827 684568414269 943837235402 540939373073
804634343828 207196553140 326715847016 941483313914 996741090812 530998431631 207310850501
690632931910 182110539558 556703982419 629169520765 719992723071 763730813642 389401482326
265470550903 841961663957 458368747626 735252558119 907191836237 358436871834 305909221799
544996922233 003428708226 933056544676 836776755877 960837571832 810682555956 854316804574
768968447920 124443974874 700573757245 740874921782 756424733258 593382718360 118550637271
168238142462 458904590760 296921428081 805778560188 655269099927 922154712708 959240179476
507844514414 645517172724 548476941607 662478326065 735413894461 988583756749 847678053698
392957632660 226472399204 136521623736 361466640323 155185415154 811185810844 339855150436
734807098016 306252475101 971504669545 974914141011 308661681636 860421033880 745651994932
458611604871 116486279983 802481253941 899013637727 311133834266 778532592324 533344853759
664716208338 537412263555 308937443901 951541575679 942453238033 408307216841 994789968124
268884616597 060833397337 177144364986 798767187972 512615063197 288554063191 512610386496
203137400515 441345721044 904467051945 156922739366 732497685739 160310543114 816892225159
257668780953 462048818191 351201284162 581472102780 965979991944 160344384182 326231448081
673218912379 946597469447 371994734475 461447290698 588542010162 523064196805 972372284233
732451140654 028375526303 970784269804 597321019493 457002525055 959469814542 210702836906
765111338008 271970430451 924780925117 856272910352 627916974258 068402627307 584190214628
440917898442 561629867390 910053700297 885506985823 190928855440 993457717507 878492547917
137854322631 465566615358 702116916043 172098426523 231396606548 893085383019 683401924136
867142069727 633671975814 778723614330 172612555205 583002475666 557171155769 559720731113
661647649212 410007432536 721117181902 698647349658 130101367113 732229307682 146982330958
626017552721 672584247759 443215834483 251667717953 813744964440 656738138326 645751744905
748004650568 402111858982 706460025498 422293207274 982206974769 806226082660 110961848556
935211806622 929940380157 261010384282 960889874606 563046798502 292990209291 932461771606
160384801422 508869123734 248586441731 267184746634 512149080855 321275811894 748251785940
175844722914 259381996647 903390875103 666661541646 865470072022 022545975348 098423501364
848574947885 547459213375 096376782165 427914135474 670062812767 442222991188 279981357269
073785469091 101556810429 717305778842 476385374026 797415237094 624639434605 121639245148
210507976032 685986609400 873234156423 535667666375 312276348010 107704548905 103240579565
966741308311 579279748096 695434726072 474106920153 392090933458 277744733961 650093575247
112417075063 503208867717 412193495146 667638712637 372846116040 877063015837 600111533649
212190203318 068500324666 379221737979 268046636376 195583620471 957455881725 511200080419
911461363395 552011300394 239159753566 741136702232 551901934176 455731469482 202225229548
333297745560 513730774251 770977444659 807607594546 606593103127 348715553264 389083383702

773822074314 568944586437 175412106604 933774542490 470014903959 465745943771 237897280058
429396210552 675039566321 492376729814 066350061202 360793595072 500261188229 881702440932
306066540097 229824335376 524377994159 185149339041 722501469974 253353780504 362141093577
235490088186 907390269514 016697214836 261672332385 111763897273 755722811689 919980399572
937460322172 819284534093 325844116963 040623830035 426887429021 182429856451 245795207347
984627346195 104552425613 736299433014 983937291110 870529969519 183533650534 844242848046
310476522083 420859365173 096584496130 285833654819 543598186756 220294161384 321163257685
982562967201 828906781124 186868784597 313387140418 729700711919 867701293106 293096949899
354813921875 928804839845 138740758643 027656157147 335183544073 506255312343 664960053109
148813032384 462652043513 629026265933 306812051158 885104358569 945649938869 570706111923
572757110294 196928994187 655436884256 928063861435 130310638444 334313396196 979733561523
242666417066 390240362365 593574944251 038356824938 543066369565 628381349757 831909024277
049909445141 111241230206 043422328892 597491438231 575907984423 517784541128 724259493533
330985710978 755386839817 548252121751 810308218176 505155563452 429948453904 577562674465
785517591489 162251178070 532881170459 740597598645 830080056103 223325384300 750981134310
120450833190 422865468587 799440122965 616563890815 959223940343 922260010197 221765736217
116359902575 752900033866 022749259421 935596129475 518513699393 249692786635 065238826768
941167638908 982314619095 968338612311 858671495757 270575686399 745427113036 591818384717
808180841752 010065566213 047632675249 466820599746 393688064999 076413425808 930820409023
632383517830 632217617206 433632011040 344099409158 405146878326 260477568040 712615484260
346833880268 094044793089 193734239036 386440254924 481157390763 168026646799 679017556718
706413633240 288705087457 165871395916 429253614402 597840290871 343774441758 956655811307
376296889347 527173711313 779000310082 729387122487 986914124280 084502725122 546352721992
018762423508 027844796784 337023680736 143992859048 111112541931 101350959312 727661124888
954689194535 563621879329 974884586783 481448626980 470399009162 895288368911 374616731561
702410045157 757001603778 370339572539 261354053250 114657419224 801218243169 853035363945
988575041132 622240054109 705194916292 574379281916 876204926756 847774860345 138396946799
094353055861 500427944483 112063090593 443247000937 536710056044 926556034727 477807907836
395045187624 483926979873 135352843484 638881332304 397927748022 015296192355 486000473427
309507867806 253076736433 322824196132 427056557794 522660656950 161892625626 948238005695
033649150471 162428579689 682908969058 363758278283 892895520363 223930960420 462287810637
658111782742 762532340505 564585343287 393682881055 582302015544 340256660561 199160833124
527637674938 321952334956 317862584221 341665748262 887744717933 870329083625 039959451591
113255050506 004055193310 678540221401 392893077471 031783341055 948291837130 769245697952
206414022795 846705868857 757846872528 947007508518 500453068757 078397466638 450736019535
737073785356 700362585582 066737243338 623835066357 323527255029 874737157104 957827619393
563501675928 367423085383 857351276128 826173200948 780873129781 099401372087 532187962176
750723431042 040983005430 754543089347 560999967053 006260089395 875398030047 816817127195
093934191068 331792429451 595438511210 909172267321 832118162279 570595447822 536126829509
548622172312 363166507257 218634531741 072397650382 647261206586 272339002819 509088574096
005768787459 135373146151 589768102894 467346086010 997367803156 129155718923 796941378351
231627407516 945694908680 544178759792 003655469263 444618177373 227167003444 266776046094
924812058797 064658497352 880792415315 639324344125 789177935725 901786375825 693806342504
430545882795 813741075602 287584447810 965427651767 062223706972 419791802152 291454833956
256228460783 866292668106 052637667735 843824873378 258642885012 123329247207 096075960682
756058028935 698068009042 477941448052 246140801929 827445359142 613006731539 974220398080
445375011953 972619448484 495199114028 190660032628 026970954487 165779231879 915526503112
323553639686 684530243015 961973492262 352274323053 604223375606 417777316238 560718050405
591823508941 421612604389 373200349753 263396931768 396397408340 876148966053 467650020180
180950179015 247573815905 144668404233 204625195859 647960289531 559077547204 187516804221
048827397952 482737496742 588221229084 184267327354 050629747395 625186097845 807013227661
151733251592 801250066103 078456552279 339066119554 676984670693 114454341653 858729999117
725534075836 267307205981 923186415819 683344077561 735876011585 410628859025 148597066302
566272781881 934320443544 059426417472 874446384970 887538924365 482695425677 051955005030
485739671925 936918313224 995238290395 190787500747 741928834128 339315143605 456554992740
034000514752 860117649136 881975405835 181301064281 918542772397 988891155654 420613295214
834039746559 537469317679 712605932622 735788936943 952814037155 498125622918 360289709884
483519995909 272476142927 384761134273 942707646596 586099675123 050324376092 528374535447
598558719279 745135456040 928446312383 889192976387 224509486946 643316458586 117087884072
595663446488 772838981448 069759334634 892092084747 933664114769 169483043759 599830298448
510466971167 611803157567 043074868319 135015108662 681481108066 267644488187 637341191046
301486433951 333169438648 671912530511 977122226051 292720662888 283651460221 944708196954
631978248180 623064295919 343803191070 756728911303 416669390683 766514373340 098291769177
833502351137 723780700801 344937512480 505007321973 812385162506 320810496669 536517392868
858139774907 719078245297 941956168869 722316752104 506671379192 086538936749 986314866410
170044457629 958945321955 986639580917 941851056008 686137283520 554464203327 542845960428
433290425439 861323590988 961610491104 037053812955 077468163875 576813162991 902508157027
190764907757 843602169772 279041728321 524831115467 377986753486 330097098407 188529177293
638378968670 454493802201 715742430599 092277663302 429744170450 074589944751 500765742782

902593896377 634935315947 832002254243 267251842300 506882020825 497212921405 633725581581
127104741570 185389317829 398787712798 274886567150 463224664385 555348488786 876641355612
761048582420 589186519723 435336395723 609948081681 739740311903 093045100043 961806912344
770855514924 729667850895 219861090165 524898357700 496192037386 165583736313 265234598245
319951059160 583790003979 969517770697 952469522983 676074314990 085485641433 272200349890
338404285312 421123402100 498162429185 892422243495 753608082603 067624015469 578806472961
926684527511 160095905378 548316367124 548486778820 172520546398 558650035823 500202150851
642366350078 776071519856 145256264951 591055507477 278537981540 632716819511 175410228892
983782225453 367566519025 121682301691 819839425989 997594117695 875215092794 637661963360
871925094446 859022136218 571040722049 966386358712 990530555270 284104677262 021274466745
452154577237 082364445335 706452251497 567870517194 800500802567 824607818185 487583892258
881641762049 036112904312 816748320766 934852285776 067934846458 657669095206 610087879064
301681675339 162115205681 084467894159 123374146368 211388337577 326140274624 666451509892
104406381808 305608040137 010089074171 937662958444 216912279089 328319826772 333212792007
680916610268 387238432454 420686797560 394826736582 067345155042 676308818158 558039319161
732754429557 643651620151 664466855759 372594097115 187836921732 999384157882 766022670925
291474618234 186636721931 122698423608 685452041883 128019978033 487875658827 105870237096
130274799132 348225813769 612170462274 224961016733 754788010634 085514866228 699569152716
263350178980 339827364487 742823153814 829001343256 788832287607 165110115958 718714501057
834762975288 743392745818 276860004527 757177247880 209896564385 294238817387 999187471297
587411654133 239155651089 087752576862 866168071921 090343265030 146354274920 447493124652
014732319757 703612045011 747939862821 525354972026 717908950519 508590979562 153891218056
487899678573 068849963903 277813229401 520730505202 096076546883 252517526410 135506514502
980213435336 587555916168 367494289441 214804865998 225611198797 208669302128 499501664795
238170649564 273515525846 846289200141 881385743510 670806803934 006493980278 204084501559
743111297779 680235822043 997189182740 819520245230 161759947970 828058600328 892886741062
471328690946 946684390420 120577410669 946215723851 109156923759 278558684493 977360688001
922934914717 580163165254 747272854041 117825003154 049416495321 147450754966 548023101855
184474204933 682149867867 387892495751 470690246623 904739663020 066157810935 792046362771
350394697843 435917414264 377803119021 954752269208 954796887825 485645707135 566698502327
546123988230 278689013175 732191716784 930163650138 955291315901 174224896073 749460202948
512798559245 077379356908 133386974703 741573965582 588573741349 035827814340 746255423551
643968904607 795838664996 649445074756 579699351493 513597320013 303372081166 289167650986
948072944032 991761290723 011140465891 138242727263 296851760942 841879398026 052395654066
459330078965 741576697086 719209294525 393155274373 528280048234 575091448533 542404918205
830211736693 760497384227 215913483552 040425761699 280642854714 019368556141 102765828085
704034232587 586569465009 202308498308 267843272774 869277955040 661110043597 647686786538
495502722558 854224986136 573631739614 809989360847 409717649547 154334062370 732658697527
645921337429 714124207051 122564494990 791441924448 328393791380 420636238002 970028206239
318075619226 485397394933 083251970873 138458119857 017100249136 525227198684 083184047846
936429025111 292751766993 988620343878 917517267572 217442145385 761100283487 432190524333
293992809488 390615294064 110187937539 411343031719 168526355316 735298536398 677616350661
196822472348 640340968103 858504606729 601476131074 024007426534 024368037921 068446153419
708080881220 768071106438 905886342157 852825822877 436754701408 310031138429 853493528249
358504036234 592392668831 144807754671 059106940654 723734658778 941924873236 437024020240
175175970468 295402550796 773098444317 986354134645 953902276574 320351884311 155975463523
304523550552 928506363115 240811767846 454714132798 134065927467 320835452822 766343059530
547343093817 503778723176 464890964910 442558796940 411705277662 970232569524 636717758458
788220284605 305305466181 722096550981 839675444011 935670278272 108335560644 665752280980
586287033307 578738210821 129210210389 616523122848 792032803766 538720195820 518561825014
424096283660 984633225284 110157417361 488234146028 737749849149 845904629889 032849256083
957399140591 024120684557 624803459047 235953688392 746190063530 060252868443 454660057857
456872500288 797407812699 501435969649 476414931850 496255521694 445285574529 480723243302
773655574561 042966088356 974253073611 130310823800 031585387362 868849210917 491803390548
285054627864 100013169471 998948894209 530864465026 796100715048 439262063311 711860861208
187157327345 513700141867 686921967048 859010362423 315167760172 717422330504 953061585247
919628896759 444213462356 519312219428 440714309789 550559858862 442017362826 073505116384
635711187846 834715883490 623342588343 614274793829 548341263417 416882602888 735547816653
238321540768 359096812054 884548171892 692062036709 653605640898 759284508157 427478621941
367169943229 458693304953 537229679978 004871910203 478247394917 971719767262 538849528173
051360089227 052430855648 745041216033 551514931039 641863808926 595190343501 979503662299
371070610980 328347286934 541513596718 150629766374 430994932369 570495349591 419352727151
418737658694 512236367107 938011524216 624494119800 446557212597 535804639991 023932797708
387184753479 985436030661 774685481674 302535091141 422536356338 388354354468 600110863848
021479276315 847935107106 227221232890 003040085551 034607680665 195521686567 189181334850
680693770039 068701376254 055246684976 710144599349 618422468980 417018602351 019649901337
786508323436 869443782163 920218850859 965813111265 889482917734 897361101747 392459963978
823770846435 932564640554 466354564506 278165078910 000603578958 471411788114 001470455657
924684793389 859044356095 193955983048 411907085968 390826969646 301033129195 405483566334

707548255971 622409572456 078995227513 743172920432 944214571757 021119664927 329504589243
511542249892 841829309680 162790999014 391000651606 646547657233 038464624395 113830677701
241619910309 399289403981 160616742076 033829175930 656604400871 622422948641 209276800548
402635460460 212864312968 617604867685 458733245904 904458154468 976001291767 593717828778
157463447497 443174722457 141782495933 265895990123 263165431809 785578257753 550495717798
199024612577 728494463535 252170334339 313436451383 042589815147 736236791994 181688328599
187157217228 765199470314 248248787596 411631008191 276660288566 473109611646 667671189367
634721290963 008692396234 207088629338 631255612873 406534679097 419938288166 385060278732
800485054491 820199337871 130829493390 254440845445 283110790671 755781580093 867536003860
355768063981 064235751099 733184028068 507709966620 139938302157 057490439491 154383090561
583001130141 099139583290 325869583767 619707448919 113263121640 981843472560 087662111596
951333890462 589050402103 971688752976 341156530163 761401724174 127541567757 338515633409
689244301406 179749753717 442566473493 454579246967 993011026194 337636448667 537561087691
613043613748 330479441225 952612415148 981699807681 018481895780 038325763387 804353118569
719951740840 404292157320 717893877089 593155702274 272826581614 974080133206 343384008689
023889391833 314200451596 140089861121 562924364169 472543135617 018117920055 959285439183
334369451919 451431715413 500742006390 506071676581 905824216202 897696844090 552454470012
818868581435 495454205566 898387862448 320752121741 094873647410 915786040991 025855586394
013091551756 002797658653 840756823639 735834723364 825533520524 772296088193 054082105328
131130488092 625504406239 557590391944 317141526527 540808952986 572630716340 732243950379
987148815126 244606312813 852410741435 979408576657 852516943899 274655621805 886920662325
044937029212 885127459270 213767483429 277774127189 221554062683 300828600901 792187538294
862915016245 407247778866 998890070980 505692506985 818373901350 763943654187 232930311836
581686333644 779329007078 574510611399 148091109971 279294384939 136701584241 896910938623
802725764521 667814022361 322904680977 248778268641 881228779934 329767071638 705695119901
896323092458 999902179757 131345174259 360325136902 088395860854 675047773229 290628464817
203195072814 911800959505 125813447571 570554678484 436237769148 191799840529 066771547929
117426693348 858567088139 473448486214 381111595475 449852804057 422506951464 720084246244
722993215792 264672178814 520648208302 769361192173 852367856740 962791085234 229560906326
667104802881 922637139090 737684448093 184449896992 931060368700 953087272410 262136788706
972698569734 002280363504 755236880049 558697359039 020691931283 070710617913 556767421587
725759822191 294318645745 477205132894 587827375775 210307119425 545175288583 633445935800
552400893120 991882570655 486639231448 086237441459 530559003065 809529244042 617675254206
771033553684 955246546435 770101789796 416313038674 952396108289 032577244899 186229965198
423278274995 958934083103 129326766102 724108073795 462818807634 269861761703 310093468008
306518347713 287054254996 232603250116 192827302129 934934139799 634261512648 506347348327
591363178682 472894449321 466061847965 057304067187 482841519147 416841690897 229561606700
728197766108 311410618692 743573355356 462725414379 409813463832 286243364133 478978890912
641531873040 605317247738 103537082669 410654440622 661293766233 632590613838 197631940130
398985582094 820953918602 481990989664 862713566498 757014979534 006764478586 820491076270
969775705491 508796197691 944139015941 256832679426 395790182782 545568969968 032231781589
778225657613 871677013214 802115527276 731117341653 118922038451 473699023164 776475938806
016075537483 382328545825 950629102393 600165447353 942982876682 073712192752 999073697440
811342372020 131423404505 259316972775 590585657003 132022465479 086657583451 266545682630
554619314754 718739127923 972118469217 783762006326 246681456322 496877656028 010455006968
281528657542 598234834009 264710128328 430643025697 652644694135 027062145831 911049179319
414349301770 348702633346 016871029183 608374125327 587763154022 303956288776 844723280302
142987294946 474939503146 491804133514 202393881524 875937371592 838326600354 064289535416
985061992235 303829218610 486918255269 025574988931 977847206199 198050179722 622476371814
459796413713 846207982090 839588211870 480155631852 081343051685 237415842174 781458011563
058311767877 089770942569 153607878091 136284354824 022828394565 804195220130 311977227965
959838840936 358355901185 742704482665 056343842162 536049834085 438904028543 049268993066
135302956244 002028267343 672871926207 940297350617 969254101291 753762660825 396822180621
641812462173 118967334743 094220887670 606305467169 963141821559 029243513784 364350632262
093120680143 169163849781 012271071502 167924720562 634687067390 887567539442 448270838250
878826535655 819744166357 784924176318 814836216441 222232363549 938942990784 092165099611
235325120110 314233835506 549388909275 961105369398 083023861037 130475667626 055583092784
943578519785 639053474326 745056049094 077085918865 106554530081 982644525281 740877465478
991615116348 753930674193 023342758365 049641568635 388344929702 698830212838 507501173072
253194741218 860306066086 656547714244 902618109150 955830742760 829485811035 201107033030
587092579512 353389221572 474247856716 767883589737 676177211751 305869343355 367649036743
738817044405 436987385939 266494471535 038152596325 055300204906 764624458522 605213931219
629970578255 032704577980 448589560702 099021534466 953706842845 217821445238 667104694081
075061673174 785697189794 278788716052 834504290221 224398343390 694767646413 145818070481
842165818603 669376409894 336493814267 999197179815 233510841570 647616502760 453863299952
244303389384 486986948796 492541509969 476646546897 692164861423 923568275318 509654088133
533236031501 845430918115 897953009608 823801822954 836466507308 346158753739 094675311255
426108040965 927527145627 225527350121 765782432201 282217368454 018834091125 636960586741
735441883030 291042295409 312139163251 665271628121 402003934852 462926770253 355678013212

110007468751 049272921506 773328246340 543305146411 016945801523 928106487165 119374849628
471452059228 602216430922 707329113148 505514626087 654910369689 708578112513 994774893832
884265980561 212183161153 030419155186 977220696407 051706558307 454295568020 558606479198
561137208320 213973371589 718010093419 529924086318 041862299694 415900148445 348986206796
450530773611 839913611440 073059304205 749678639537 317291277835 848215629148 003084298917
636403425821 977585909988 615422915064 881854893919 464924424427 073460653662 824110438068
746346424452 489217270080 026988968400 977049906879 061899434905 998791232993 931686542977
873405363741 086041168212 232803214430 184507966819 142023711524 639482201770 931427298845
543362729864 739836067619 735520646544 148606206582 731163150571 772420887655 624872226829
266602037148 511214624414 964999515202 973569634689 579349118486 138732356737 272362867229
569307022272 826189362420 914468343426 468002660771 995022165093 651912429912 989094967348
869160997557 084153856326 697999287231 066968120038 735043570013 902925124556 125259003322
197307426285 577090519268 291420781601 592068468518 949602680324 164502321797 845493500368
685311200743 998786753531 880447347851 395431773960 600553611144 063536421618 126021263865
730946905932 559063972194 920380562876 788287430919 096154068691 521231893627 892498701245
388290743083 816074862738 967877453782 363709467889 116034175404 550891697540 592273940492
666239120406 468558191112 089876130221 444569725686 254529501304 112171998091 066911541574
687485849599 866199083983 781712633106 815336413320 408361685895 059251501682 768475240163
473441553578 291894992138 591091122483 181871721948 688386571304 048294777424 440601099690
156383523782 761290959674 815107225829 181329982874 270549873596 774842208562 067520671599
421809118851 021464388153 607962345415 092134034300 612997868682 579602938497 659187127068
051527071418 619605739031 888512824338 726837664102 076717571266 109274582233 522905129948
528281613592 546990669160 185027594016 816244982303 860880138242 498830699639 176230939613
485459945178 006710782255 193242050873 901267954978 440156989887 507912316527 747212894791
531731284579 690612883700 197518951091 669085067985 676051658730 747998414456 849249212797
902881242410 088408847783 731591936132 045482630356 747492775654 138559987303 215905407629
514363788522 298669818514 967083486052 744652644981 763753211029 230625903686 358567994891
492488089604 126511073389 096634435933 844124958326 982682427601 020989659454 604773652398
711801751865 136733933944 944267677542 321191082309 423728968680 220347439593 248623769437
410866602820 174765563194 951087225889 202215249803 245839271724 279586677378 380658016613
729297771184 466502501152 581240730709 630180406940 749655684993 087263042183 001570412013
792245678731 940258213109 454610936997 492226185837 465197323220 368127821679 785482540385
357995868520 967119563235 803556744705 872326862792 820603648717 936660559441 175390180898
377902808434 422479687088 565952716127 883634043276 080005804509 481613762417 573420339477
986303223673 828425719406 058354743783 890446415406 579099993185 608124308463 533967991722
881263788799 160033833788 588455471982 316793889336 283777320641 146617025954 208508851805
129008431630 715043310753 954554199079 646509023164 428834474068 719718935466 735649456812
354304961298 884537609297 708931994214 630482207660 235398243215 761625487612 842541210616
113313364882 245413244897 545356626534 914240822491 340206617500 721126943061 249663413321
878554680294 591249172174 641038186713 621514571649 507321984896 957276872688 364311053604
427157154289 136681571274 428332133397 633430005081 273956718748 263504621039 314324319975
491958090961 365625700243 201665807095 188730589919 787067936829 524404853420 238652758845
077629278714 634221930150 056380457251 317594012285 611355436854 201081823715 869013394106
131783292979 204109913274 541054713071 745330047233 839565461871 634457034018 556047181381
578089815947 036849425786 821926363634 477428221860 596424745794 721701500258 173333022732
047386573215 346948938772 327005556946 006475062041 487331611568 622852690741 688093499017
469127606927 198938505564 840024337032 655975293686 023874269601 591645095650 888549020898
484988762500 950696676359 381231697790 345117805540 667349228798 064769733991 389207356808
640524705632 218673824785 071644611430 980954948809 247373180071 966058926964 767438019702
682241032886 561113658492 748669631268 073768413367 434448435491 569475817285 335944010063
322752305783 993875303255 072167800795 954106798161 051287012353 251890481593 561721703239
862529923914 117857155601 316674495414 313623225134 309093811713 897244019512 308210327892
658362850240 295904940492 941532776864 235979783872 458059395139 056795560489 022429600734
317792826184 751933955564 593715046875 619975797431 690153572144 066875808686 554524850048
273571308531 731244135792 320993581940 084780355302 666178999034 001645004709 491013833401
772294629926 564233454788 104605647714 030170786181 447811161624 796255323924 406800969011
790922851352 731479550364 501613013003 828067884533 563391135173 141024267843 977071244855
993926430774 456327190903 208839351852 366033052369 976131317334 834526825772 849605743916
715539515852 956333008194 184226563499 761732066839 099307221655 802854054586 971189012219
660240669460 829422781432 154324365761 017502059129 601843671261 833291453458 847496239270
976581693940 402863874677 684859859221 382070348649 830522504843 916857753454 819551137494
718952124618 141523990215 336585113352 535414111656 440333991014 817160305596 064373428680
323910031407 094111326232 632399839699 537619227136 973500148398 583884971448 168151714974
590795901774 492774451113 062728420131 635843764179 209332924316 744005546123 114291616263
976070663560 386006560837 140438303004 134347463989 548459451126 970333775832 905533641222
535927524973 455348333723 258625709633 843342035966 408972856443 178958761351 810094275452
037400888010 727884818895 951672312621 189125001920 873733861336 501373434886 404252252001
770462072668 820070446561 847389682355 647147107826 826300452149 043241055363 554525591842
135419686511 373978866630 975008142564 319847403775 914587895906 098457426078 857863202314

402576460524 637248392024 315470427111 900318904204 033381700098 642286434180 747777779834
425559893089 229069745701 872020468182 941675249134 855996061980 098948447489 166287604198
006025970012 736569393629 754093208594 546675623408 046150135458 215508632072 266038934013
767305762534 065551698152 777855992998 824194642665 167687761191 736222702092 278336052507
704807075907 180343633570 756382836596 813995390760 727068181365 657591986683 751054611521
808378119196 475540967095 824956017828 245672736856 312185020980 470362464176 198682717748
478222463490 327810885463 141517371814 329792883256 249937115629 715737390115 836310870448
602510300496 946914258386 937065120377 046630824216 489443358000 596868730214 852492879538
242286100073 642036496791 486942425477 306447281042 550872919341 960667052564 506409608790
024404064247 311413566099 006514678880 932791384938 464806546101 789056276456 355644526787
973176600856 459859045759 450452936327 322914034062 409343851631 402526002102 085325002803
141809837523 389639583076 237367334254 811893427718 926930339828 412036495177 176010034675
192081583382 936321282066 313108914560 201482252304 552882944291 740051438913 118279809819
848432290298 386962825148 739445820391 094065328018 875407720949 074786117915 770017190387
912806376236 617440144045 207022924523 204540576280 696579308502 039812183784 020672025012
026675295531 308349435347 193634177273 406360262579 603136511978 554856693728 464042046848
927715778043 458677610085 289607369314 413346487377 352501592452 119765975459 087695020605
617578193591 077403625835 765360080893 765328137084 369439022722 986532221828 843740013882
581116297155 345756740321 498609755428 688657987436 900949705097 986093770278 357223388331
453980493989 210171433582 618967400312 252799730336 457106160728 496826402668 234770455830
154585574827 171372435847 099486137265 871302549402 449573855889 966053537090 338925114540
555812456929 413788827165 199000437610 796725728059 987482047989 567855938858 499483469651
949308978149 972776347330 585707179027 093568227576 306393049702 296633955287 633799130785
859314207811 335111432012 102601987304 216706260143 575841179770 790458083808 849808816662
618535883559 242006305302 464346289923 082030708064 941073041567 597710077523 985586867594
573174476709 455684268903 853112849498 801814477456 650509614898 991517629924 164287800047
413850804520 329530539184 097689946319 969559127867 694931959273 366205430918 120556692462
152740786651 432352659207 070867879558 641686045277 535750207487 671433377060 119129403158
574310767777 795213590261 308082898324 883948320949 988456830767 241759299430 340209439932
270827548357 388507419917 136940049879 858619423446 279608414447 356652037928 295317016335
118153029312 723025435629 105545863957 777802211658 866611269335 740729443614 557490563720
071282544811 355783402901 604851760524 329698135502 747147052635 429352648136 623886958489
819516790476 124747446800 847725887139 455273671088 784750842568 825983963683 066764766451
330823429953 840637149396 551260259641 269166395532 942221627797 607874955291 748568842182
486374632474 778324492983 235440257156 760792867425 952849433898 967643436575 482307575478
403350369653 768736549802 239878011920 354404912882 683594195397 184364725540 905314210556
663207320463 884838276837 926105500380 573953794021 513641366249 674935373241 044043486238
233624920495 354428579053 065452772650 722034659290 443202201716 324235831378 351252109576
415274124465 776261675436 094709743356 400769041436 221806829935 515109138556 573734119489
032184562204 438771527004 821101276120 814078245264 988636103832 650848085252 951495226355
426460671844 543042653382 666861006655 771695171442 956555905423 681933938717 532038641155
224288474087 963872655996 503545316017 872842995906 248975694314 657253297995 656442753810
259566672558 761130308635 459508684842 081702309037 760107313710 623429337807 454750823785
605494798769 021390566558 589286009199 045602603206 378272907615 539703831101 800844901121
481192777967 483910272882 057559782053 508834615002 190348376576 463110568401 425042106378
331650979093 472594994266 170452072326 910171868068 931598950080 623997586948 389705241612
230171728940 390466998494 272133929568 126161004650 902845621267 573941439279 503195865023
504811047168 563578354042 648572127540 263881287194 620920381325 464811617031 358676710643
658766055165 513311331702 271823215687 736219584821 685646528460 697066190543 954014065106
309733365138 119633316594 903039216427 085354228049 798026714911 895636425174 891344121426
361554780892 145283670822 169402598711 263211438852 993916963048 048178929629 882011238074
901305294249 294801611435 330239008067 065721378167 971985686130 290301299399 445124984690
100198919360 598279169730 514759434649 602883328969 660815056345 056609378129 236133490585
780550945642 103530907360 195844637121 650731982015 642422013268 456687741832 331024731921
868515643412 032717030573 066078517538 509706917170 791725285511 743627871301 600952208920
242405030575 640215372736 959266799747 810707279372 391235577709 346828475601 076301279131
199539176281 861594303820 778398243261 731966313336 206379349676 875089524023 642469231904
541673862358 360482837439 278866547759 485902892040 201939593770 656732119490 991043352855
179871403502 030760557820 191483882880 946496482084 241766992456 758312262478 070390557653
141263260242 922436203719 532918554718 091596443185 685205788235 010309107612 806044570442
514799758960 888028125997 862387743549 659904929673 220844972443 458243503689 780365184909
951214229401 566917453416 838309035284 779643067608 611599763678 720495505795 636516693834
521021205712 467189023635 837908339119 080206899596 896990188122 321855252869 348573651888
630160452941 028179736080 689549524036 066488944683 485357371170 607994305471 921648759431
314126975952 516610252290 957537550950 933718544900 072907676126 346765291664 645580371533
060205534741 620555668380 872331011456 706082197136 019911669601 177265351241 440510936203
601001758405 334468987565 349002447580 184990285112 905603628154 372796762883 123816577437
517662456404 578370496485 690904281846 741434107660 754984114657 421533437962 825237739351
775877039942 552131816901 739901861642 141354392779 733470876597 369481710103 318186376892

728376366023 019205919792 959179148224 416394031804 147790028285 712517764484 105931564467
536330924157 970212626481 304280838933 770672398228 654341731736 481424562966 180793136953
250911287546 949801550317 994516691228 413844646308 741027987820 955877346176 667793320063
616141299836 112387852698 449676224949 460162224198 481882844175 972508965043 238838826776
211538694490 722314080038 640966747955 659603365865 500834501574 668100371549 812154559177
082855269058 782746268018 954840985480 647767322593 083364643266 678951981323 034384780554
257118933244 880337102766 080664261976 800040145768 192614123421 421090837882 603488039871
589674691868 127595035419 040689672781 395132198842 118325610948 747352764866 436713359368
373719071671 361534428920 725273057077 805616065916 154423589107 846465547369 563439707372
217818591230 109443692313 952203010113 674073457059 526133029367 437932120406 159970890681
203507862354 127805416826 582353742593 856966435762 710973540865 230333395749 249771995346
662569428121 211926674888 665256315169 706607240021 939626684282 515447561496 357933365845
237724099687 357953227591 900979741551 721334845333 578681422873 993851902093 678274021559
991420456446 438381600099 906505371881 484938160865 503572270641 774386629751 678966655499
987889572179 026230908454 480646518569 309255696453 172241089451 645426796761 819728832958
413935133844 596041672854 573991415080 495944661353 439845014276 180542209659 848671099440
825081513239 252136069510 626733736792 233221425995 230222936409 047664596154 505594842048
813114413172 046469267049 759749059935 116920439027 605157446677 396870803247 804063437778
416725021988 849435409828 211600072772 915050759869 365684722016 941046189444 582618551160
041549451062 815887248514 034519005556 346661524473 749607661135 778748374003 886293884886
101950281280 781792745034 958405752928 452983890915 764913247310 105633314781 346402650462
629156753779 092137247828 970031963259 689125133021 524656120543 583762268609 282030777416
870045904352 635817494636 724551789784 931750675390 464041603363 847240546498 075003930024
576610714660 605719495109 140248232735 266912214960 160708972207 220546288100 387307622968
906215262971 114289273463 392143785758 381679957096 512975121288 247076229375 657213489062
361860141899 595000293934 330117463300 332972907834 026382527837 960530000473 559275468487
189299720656 136533751537 477921962495 517969220085 573147944574 288225924228 767773212885
980653704654 024619938729 649935943563 230213110848 242495018006 757189398611 897262182430
778317833445 857036118160 941397634465 162725658288 616878213013 425589073818 405734222752
790944015079 633506963068 315858425959 758344133931 666799730480 514710420516 213562175409
048777330227 396980656495 900945695698 536584320835 620615934529 254241892916 173052220979
352465712270 664005413539 212620953741 607025988131 267956667461 709323717405 236296319608
936529844425 074302280497 664164038282 925713716360 306176259672 499571761536 958524866449
317201096085 345723423625 450385444144 127163847672 628333308189 585593647600 616352498590
632887445032 551137768181 305334664669 950154774932 420985686593 504901062114 129914177309
980459978865 399855599720 886527297388 216508774800 198668603163 056123011444 933193578407
633418331385 977273234527 021265265772 962648846204 405032377509 270264409159 921265248626
771659965913 245715413925 400153811699 661401449792 205985286546 311988145874 191873375518
550958118710 196924176642 924238937549 451631594772 453110198414 508008761556 264407882172
093511259342 618446830352 107379400041 838289360585 440706517264 491688578728 545265072810
491172241294 152234684844 898973496533 155693932685 540211665594 490751531039 708324623445
957019685643 267568038544 519358687335 149681959769 600820125379 900840010546 335233641891
279605446876 357037106514 135683715512 448361849192 509499414144 624632178459 676671911648
776744489599 464431583958 487181884662 742027844189 992880327512 449666964867 934589413298
602330348292 887626063713 644580737134 010172699240 031409996289 875932823997 324878713822
652547419034 882217749819 545570796378 004278014587 919441189077 071435801103 026624542936
251505434616 515198607934 238562390664 551545908689 970098727578 338564769103 346863889942
896361916953 313831063514 443194692997 895215042734 302745054891 282240465675 168373840917
374148437318 197118822641 196702951400 104844973686 883604892628 854074537124 601578468879
477813170839 202770185008 395994013507 875106453561 461548450353 467874901534 027514090183
464567541976 045483308692 169390248980 675092299229 407155069237 778782666991 230158990938
081337285055 529905993471 678423507867 390580365538 952018111477 155275161383 726656687055
032514568315 829590653570 060806572699 022721433791 492375242219 582555155273 904766415152
423084130932 793556194050 053244414539 506109491632 703871530370 152810088754 080933294790
986591783965 408974119198 714373411365 127164382405 244158428876 975714977114 147142795082
958870299279 246833213370 515267564394 231135026287 768903446466 363218444592 171575879241
131996329875 413120183252 226786967899 641329341131 763665388968 320511916362 239963736400
650624218691 982230644198 135153219731 985910156362 569862181748 547088883782 202161710149
124324921653 238655769085 274725478596 829812494806 860664444935 191830374836 655081755422
573352685140 389878650300 704028993343 819723019614 734086482834 761260730198 222686144117
989843675583 891590084699 913140541383 193918165643 088434978829 915171742974 864909638389
673430651712 173602754537 578343113521 721501826959 291493227874 737425724572 136025662638
413895262627 930213000996 619630032325 220131382188 448222153852 531276767630 485518700683
146840399268 185487653840 563848319210 024722319166 100913439507 678555138370 482142849151
016989753390 789756323399 217789038804 763368137484 651689226357 162307184064 156632492410
866923967601 216010814456 092321337429 145784488061 247863773882 641020861802 495130573388
369415850878 231970981515 867117095173 880286795801 510678804493 390248068909 905291953284
466968288254 552920787080 905016614853 675330813369 070048013388 285854616540 641332025069
383559631742 436588406472 615757600993 478411408406 299823664823 574855435335 905053612627

428200187848 052953044769 863226366278 296327416370 115311182340 817867398766 107281273257
785139211380 768154189444 041763294630 490061864780 759891264283 257299873528 716127741833
680517563794 195244023212 888549117741 506531116818 362269895319 004959229250 837626080500
331743338563 784867495822 310586318894 073980761449 692017917513 933532988588 534336449979
130016571286 809999515576 368835796903 449984723426 041943185991 220465827495 644137636777
021611431270 014347716120 164648321329 271182571328 791058413578 619311893745 953236310239
127088901391 290916652719 237745868641 703648012032 953287516120 129170609592 709077735616
740193911744 124471246014 178496797282 493661458990 725500824349 970890968096 364168915696
208984519256 267193430471 714563044323 998155688693 543372623026 149800352837 166513591216
931783823097 964852220628 541884734869 393594384325 299875376511 924923350991 966689310683
934309929177 429112608797 283043316638 758402370220 112172394561 144733654127 633402705845
417785774852 486316499991 704854769484 320531209292 739986610752 631319764337 653802952214
163742360237 221850677911 388725805767 775543742535 744238997963 358197140322 779356139744
707119461141 651761515123 882362790564 886358947268 605733447972 830925709439 137795165630
585389041681 689876925808 365068825009 361192610789 112427098812 226934685319 851706637174
204680963766 557289364171 324938644334 052887352790 255086899509 376151204649 845093084820
946460641779 407759272735 187506149345 281817675171 084502365204 423677681513 267431932510
951920058767 491849302776 955965409812 253963577116 946711260602 360694394572 136480764649
901663784374 841097357300 987497338721 557269597603 311371288315 838030624903 238330486195
211498262358 667333635943 608153309620 435231806990 586725316679 671989775739 671985056332
039162769296 127845043250 930278493655 757046636650 050423538070 002104337905 436545267691
563211623070 815386679328 752803991810 222879667549 274141381460 065654850877 794899447855
050889491480 528826587688 444566272939 081961440068 398308052403 725695064114 389933181166
377016307519 304450021566 160912397787 650073874339 861213776763 163799499160 358002942539
415093611828 779256489019 970636115118 334377322878 051378170068 546189397707 800275450470
574657440961 151865016887 216781580801 618548641080 898632223340 991247492258 081118532699
879573620303 636012024863 397052946712 401923986888 626998354310 920045622791 699844169883
212018095594 550534885326 175425495363 851506311896 253092176652 916582431590 045834969397
068765865424 328194564764 785373552515 306898910979 666887810025 698390687113 192142541988
664192866687 545377244317 614463541566 576287140553 536428785180 176621964712 668996243194
827310093974 171042590552 437496873330 365968721460 188999669280 258230500025 049474319578
873617743981 181941294800 460295054273 686692310079 383355277975 003835915620 816472862995
161814151182 430486495587 047642038715 770645275872 367708081805 904084235237 757757540088
468775611166 581392511935 673190940209 614289011096 489957150397 207159050424 785782964191
398186464569 806900388364 679836798101 237694632288 836091585443 010494261487 603503799034
417768599956 759933050225 323476525468 899552580628 931781172182 316379508778 459343728786
415144638730 344373009824 804924955400 332234343780 588846442656 516711172540 890242516568
074345760295 714812822409 478460558543 210753456382 184804837562 589157517060 137146819642
168971776054 953019924695 302390199614 826260170628 481879635799 123969700159 444146867753
185645831272 547174394450 082162982830 493756959752 133974391203 106521261696 229281178721
499149753725 472129306870 385087565061 502752264203 373041216162 349639788099 435270804166
933227218359 322427911165 736309254664 967124992961 439907500009 763571020509 135217210267
487838180045 968331069999 559077825546 489128367433 945158247815 280574610341 511343563810
566377035487 980940326526 654845824868 458290675564 358632459180 753460775801 695839975806
488137704343 413010596884 392991793174 174742867125 143313255177 595667391206 113546736483
115197935420 861547222832 758560401773 389173211141 862365202764 491763082599 430939167130
160355550663 966400637699 177448238398 404527277641 720112291229 061185595127 506650649835
460296102965 747543759069 555507510185 935075883789 469234080884 424210404435 178451018449
469776602243 257275763372 138266732831 848510419137 225727990030 230195198814 570212171657
227651891902 737558032398 085602854179 108696330380 502830582541 552079221546 755099881660
712637966690 626696222880 410521943755 535993478632 239333088074 294403163633 929743184574
294796453048 481266724296 055477893724 165925475425 727294818303 585240798970 601383390192
188164731155 785052643281 067107830425 382786255073 575144178094 379451520876 964418039294
505337106958 002880600959 261554240429 538493922366 928251865457 871541550543 768172161949
416243980236 697017645851 682241848234 949856122612 205259406946 868433558288 000423604267
164920519830 030400639082 160494841822 317937800187 897147326541 391659694146 628544607201
166338527550 831900032819 349165007915 757425415726 422107319213 142403345326 076600054088
324224303953 642851701019 071959689962 221685724205 827008044884 586616008524 685471176644
033745417169 725731664357 129934938871 819929175946 631813286486 618479719449 399756737688
968894218741 250518128652 265436890284 789523945318 907597818378 429373869271 123324522402
704855011368 071301499127 539063765677 619504082472 945779516147 251783340582 936314389374
727744967896 513648114070 023132746198 982924674668 855898433555 455760427757 376276091205
804848027199 984955395267 234262697175 122246216969 012780081098 444425535915 175083609503
915428095603 229402450125 344480013590 713294374264 407657156719 414139579192 271365410090
161702991031 998657052584 092579984341 415907909404 761270738304 781789551094 730906625750
499363514227 862650746766 596040918727 372254779472 975212156735 685726097885 664645754101
381930184782 123365156997 722636151699 971162308147 353868744559 534540138665 599995625362
468346296316 834097975504 564050102772 610837878518 203493705332 792138943408 370417286053
516274318097 196418515813 346386178640 580852899326 162674792028 229007798061 487378774117

335830276131 207960256078 488189046862 289627843902 049983703685 368810277112 776491648078
939944439040 925075904833 289087283241 424493352364 630816798184 071019847693 663055389540
287367449033 739847490758 595035606072 003587845043 016881102144 264988472971 774495941058
452003823012 531660787088 599066303712 804121528907 855153422131 215471139478 438631378025
693727576221 585767928915 212630006697 169938472634 430828463068 278319532124 797579764030
143681437346 152646919895 021034218176 259365978453 266760250667 448846712460 966866173009
706625245017 692278852056 906735900843 160412459284 748056689469 781827677947 558847010378
813457163188 174944289989 298716727868 572546655367 737283112444 617673040875 235065054391
728319619830 505638090014 071189077122 132920908376 622049304967 945786678841 810035863738
342709135352 809394255181 980793497854 644802496427 368668433552 167080896583 682049543336
741086899344 362297041444 343961098861 270196212361 682942389358 044719702097 389199208230
232314642350 567106499113 603577319563 884719181976 988071005806 703870572501 530190615358
555901464126 696691923629 059503854868 733761219137 217442714461 555526745228 257400058034
707483503081 485510715399 389168383731 109275020581 701951231311 776778518448 777687268042
139392860342 132389958185 132776669365 598180645571 558540380121 592971267768 643842853718
880917909957 308068010225 411651642985 479859780120 053032532257 524997410354 310883801984
322002357567 408273306083 966425559365 951758305161 534971344382 636799028771 794289082660
425974949114 770714229702 525112586060 390052960240 254582624832 575575756121 613127958128
121568538408 559162780570 929372466124 367205888681 576790769303 505178957563 934003111259
297972535777 544200569966 402202138347 356603769169 544131890619 160614468251 813160176609
861677232066 349745604650 972882659512 753972733368 694175508487 217889388640 618398460037
168689685091 852298344657 755164156298 149054346762 684211445248 399413123038 525805184868
019570889226 188325223553 643687364583 479146903567 872259825575 975596021681 452229949197
379268978806 572774996020 618312361912 598422999744 591793191907 004469955405 843606932673
167089261261 701339842671 888934212498 755699024305 950595367665 402753307550 309490689335
933765557321 753833566489 041072878037 317426730961 814074515620 721259831472 457483012110
660947978796 294904381332 427061165526 973317981222 046734271212 266413819291 473278943660
918278788827 641461469764 222050291144 484184413818 492376352771 491469069743 360808145042
927657615875 421705249394 092838637329 473577842342 407795488209 531262353402 755035057102
890394313368 148199515356 610924477427 046999116723 789895516390 463749839660 324274199311
394429039057 605907415555 332506554821 517929225476 425450871896 221311351669 933045431200
007471829800 650638738989 262564890543 973968667943 212705493923 274442799571 733635910633
348441851469 534298128089 686874083237 540802626059 432986205629 181754412222 900184021005
925843557050 011626334138 911164722410 329354306799 246863155390 027951392329 972227662129
951309940979 505302073905 595811915124 333040407885 249710925372 417474301388 303179701844
108570451357 681512915362 442949250375 261611011837 321004651896 146782697244 426178043464
984407081819 464885701556 647291249400 183231574748 921227215054 856761733105 517328675555
551372752572 280701584444 306909116842 079448527192 751675238846 945201405843 654124419006
882995745900 543574308056 155946524228 819312720329 234092490339 765471465181 113145925190
572580493515 112436689165 402260062755 458017611743 528143148949 991614671893 523814433684
640427672953 871675260813 395098759620 778572778924 985598283482 328917720811 777733834663
342418849227 919805296830 926375673184 709704872233 707624758369 814717742114 804321363094
148725478149 263087466784 789524555610 053498907888 898459211841 022359782737 316521280197
485413419869 770543953887 497390145741 221190480539 008552547517 769182706070 979677126597
248844196823 381058259943 529823826723 631734242671 557829646010 506831004613 792748906560
307636325981 027936611235 706225460930 384592230956 994474648995 943528035957 281220735900
214846748760 962849701879 898071617087 186011317039 698435437109 684351766492 479554420274
224706377160 003575229427 613743288102 773742437633 846548182324 254585865229 937019088847
477674002680 010096731972 668495586454 467670798787 717513539808 839832073277 017804624993
278618880767 133092543389 284289547339 980467826791 459819674690 198306839892 263439290357
185733095966 285388450311 226586325701 495178443681 391853583920 429643375838 949238481221
756550210355 406710582772 688757513784 359797904449 145269179059 270350881467 187781681401
490099155462 169014256978 035035958724 739149761619 033480456499 169804389482 848716057330
970807205046 654803487557 123331222248 624733016399 867137951278 867986438102 554256042535
792751624131 624549552973 102364591993 011349614295 221853169829 571040685148 038221398883
769639075814 255195711993 591711187550 877596254773 775135923387 032299401391 763658037067
844008595624 687639951401 471457224685 434012807858 564304393947 069971219759 406459214429
010712931914 057426533471 341641286645 107585645881 239511401177 955080732163 678101603734
337601573155 634925565939 373671656193 550045881073 223355930244 825696996555 838830534131
866761689980 856668282771 323568706812 262548462982 103131760771 801239058725 534724204741
520016176660 218058824619 496648746064 563878996315 071244291538 840423245075 603214047762
425803652609 205191482910 102715774592 414262871044 559729269995 650112860668 854627487571
876650669697 796028230413 811084693087 871684835790 925462780349 442642545861 204599719960
800316630347 958992894563 255312542534 431739985369 459805836028 674518508105 331304764752
853762874570 977776754130 771424300232 534740409303 069421829116 816439039165 574700321658
811000624207 185247579746 980527651709 727451530250 946186599372 850401168149 577814259636
124014780968 378688851125 147127622317 915331487044 871205793776 550304016642 970150767388
550477383288 817873121246 007452761235 417666576881 701011494289 925734910123 564667639625
806511271339 649842282450 273056693708 923735816460 953561164343 750565029963 151679745340

938235328999 702562718021 656243625511 798697216249 832309565871 968296025466 806500004671
622240239665 382418550573 065814460635 905595549641 982011396965 284439301573 931052062830
891492180634 287155353700 590035047086 460963541097 884106096566 034365354449 061700707899
583180561453 390650477052 743156641760 972151791948 928336481286 604608353071 881948053442
177304236040 841191576164 461309136759 315286399233 963870540720 547988479579 886169962180
644201535353 179004476525 582272767064 593635057287 804275734855 898768296689 233572428808
680624632489 791895841694 457900295928 632288829382 800916032460 635320238223 124737736787
406179409010 413815330576 102830088488 649415922557 543809460630 258626769891 731846156393
679957705382 514934153048 349312243480 633331688402 699767024473 274906189736 334543327828
082077440266 709778178207 831208572634 456094708554 852142658489 101849573503 186642174822
985673406328 525642088746 642534053395 045023102754 493429019160 008441503984 952021532560
016392766936 647780958412 656042906452 568061709558 520418712814 813474344515 393746475496
344220538926 109954944289 146367538957 876055842484 190258311817 288502158858 378806898930
594521539281 374654088777 536100423510 149310846076 543290946086 796910018840 384162250090
888837411244 830646123775 233176545420 148684333531 525807526673 468582177646 255479877158
003780737152 412484086925 690704928900 666781140279 791636537433 395145161411 107226456176
282259912478 849099284872 988870529808 306524599355 173740824113 367757972723 356826803378
116357549983 476669908238 378145543916 215512856385 576818804480 343213210293 942162408135
480262308822 241912311925 661205255016 134989977537 211303331839 809636216624 718633004541
360033833053 057938607902 112932032887 174995145272 045062395800 542689317348 183540808487
347093887388 619010213621 756502595911 351442127021 011648093093 037494167291 593624568786
003466022400 339535225142 449151606042 997647942423 498377961134 986659102717 829299312465
284256303982 440607897986 973420603951 700753187578 630616126471 450010032081 159416960435
788247184765 644413513385 091862089785 746218053947 270574914758 885846342665 182414683879
858080482488 208055020192 887763490205 355158562400 189346433242 686366341174 030312234237
172519433745 140146909287 147290589015 061523895622 846152031461 702617566758 586209515477
682835625450 643162643745 807607141785 780027587608 048332596758 878853180959 596581481600
806521298179 195843985925 295184458469 272466477076 091516851746 385647187622 149193215623
010127131052 844507481070 026502446417 858724356779 922130399652 183827914184 826528162510
461472116304 790782242023 484217623506 439141529823 005543625701 476369958878 450144051305
748180118673 087237596524 652046435093 431303966655 856293925156 810381694666 620313639439
917344896713 982981562741 198826272351 095251221821 704750686253 399267537797 846680999542
042149911343 540701022056 926819994042 516658933928 498565667347 332579493437 311852048961
480398907491 103503139468 334077786693 687354754911 077611269470 298782112564 765681491566
691909552936 732055957727 929512982090 715157730091 788477963374 300214580360 314477890620
077155490476 480542427051 316776689353 266943735909 722400831594 023758388314 763542140440
860421299577 016536729659 902048363057 779854577067 028190587186 483061382527 527860075879
070243587438 121184097439 290836223989 125389316731 842659559659 548495881455 735273119107
469179828345 743767858841 443980936994 532326065725 996975882421 929358791454 369349104390
422637817675 573224987314 756957013416 041498872979 606838574148 390973894482 340813010956
583016594628 071917844798 263328455536 359745121872 603325357817 924068700106 861650620278
236810634292 874145081373 060954890892 474450662277 330838526810 902090813243 131511849533
596968989039 103170864371 432842682490 648126662406 926704213367 160470574265 531382424342
208560979350 065014126838 867933302418 654622307472 025320717893 805031719917 873491122677
621899708478 236081116007 980195606821 356266409245 951405941919 888659605278 045961898798
897812460445 075204391195 108742576253 503374285344 359966802548 772112938561 910122074296
511208884295 468554439251 909040934596 997623225136 684493959391 431058220054 977616511932
363355784477 387007275167 088770183360 897310533306 167400940748 760848572870 502540396522
062498438780 791421232920 380618831048 172321093001 720191485125 537211230915 157190161271
374065368354 640345909017 516919077376 312212625722 658664549644 959123749618 371939551519
665045731490 348698140453 817457369758 982275113774 563078672356 216976682523 924529815904
675621852858 455891453014 822265840535 952639098539 371766197101 587838732782 383755847244
288253637262 108186657407 440201307721 398294034324 598455034889 846916089350 460604602972
075243052225 050884840981 344559999075 868131547522 204656145766 233140452632 696535279292
379792937392 919037486967 196463071806 072478474739 655051709747 509660626023 429037646844
450582247222 021323863885 571451323474 982034996604 066211777772 978606443414 673662111064
805331614307 054651648294 660337643562 092912703240 902104351027 595403970654 729979272108
961839673150 847030362204 984020805668 699225246595 358373749601 331417900353 700524645605
869477674688 973094413691 010744202027 223857514205 225470819089 634991421944 317404112374
851728895430 801845740910 319994611280 556433442262 289579340517 365029531336 028314329702
493656220118 807383796596 866938563040 365542449375 719742102493 740570193694 513848256986
001953215162 568971401835 116525496006 360110312028 199534967046 160974620829 177365729978
564571306965 165001622777 885273834072 598355967397 082404631525 917673804229 743178528315
649444954503 695640110936 985581798511 502721191591 763800482965 813078985947 039731206537
802032276034 416297329698 012059066824 690143029493 995250158989 047710508025 383515715842
805178152642 640065745840 279170365562 834115519991 778849951688 578980881405 096867648256
081575871689 213785261434 824019867008 595949183437 996872749380 392439900124 089292676454
523422192207 578413785334 248788335354 749324685978 019743073891 678142961050 444496628579
719868493170 449749155067 552127911161 583805706968 196572594815 298667213335 258086767899

959649515960 610988893062 288696613263 121755757586 483262796857 114153350264 721407950235
985958527648 203136398655 628137447612 938148477402 022504450859 121825095624 779073889654
945265020370 785100531156 965622029849 937475086136 190439762995 990313119008 043197524580
940000914558 217454526625 805274039981 316932570018 276842172231 805140682005 023092966177
270185446003 704330143234 525164686645 610521720692 906036720273 335396157708 284888237288
135889404534 490226994538 768784657248 578192875582 017026334879 541782535545 557549068250
069979739505 950461342053 430926981905 725531230338 713302912850 319228135696 396012838534
552115943569 140977460158 198777412381 988958667271 114272958310 827089863920 462180345379
455624339718 562497127140 957925961923 078188404535 552979777422 106889367338 855485881072
236768784859 382251540354 409948225290 592834847801 360135009151 581145329214 423539629875
548306801558 853165966563 394478186222 393658069731 261285120024 220474114337 596177699106
333914637580 520358154703 062295277217 035148212385 304932657058 446113196562 254523852860
644493309181 674712723697 272029500262 669493867606 739072357441 326860714781 306327962522
521358345146 175319707352 809011354314 677739453471 024006089517 815558307572 118215079950
055883774454 731926129253 830499817430 402307022389 098160761531 109928886528 725602179498
866339642061 820921316043 176801177815 429663673507 872419183405 805978019413 641380162857
929818320868 424446974760 959467546593 513927192027 086066670096 446912642578 969760050375
281909661537 566185545806 264352294921 657908349843 792574319715 877064686820 018182320486
899825645633 405013849665 576402970834 480618786696 893121635133 966878313623 511774979419
930548228986 619040064715 435959579227 544277779439 667263372974 662779775357 319608434724
918119021011 929439259038 026026484174 844478200516 856843034661 441250061225 441185536036
696829948065 721395351334 078869245327 059129149828 017411210718 841342687878 882980021071
193184154769 063232133035 664704280199 834162572610 516704131168 493867700277 509498844108
513693169564 448607593170 835467673690 177738942973 154551145922 770111036084 305577182412
122340329282 298744398644 640191956092 300014394993 453060442579 969384917723 978161494511
312042048686 379167525306 349006652395 804402898435 392555784845 807220033202 925034659744
813261401733 733484152208 726498583672 364880564331 283046930530 487353905968 489776941066
248996816465 510182556276 908923306543 747477325157 482346420761 826937202001 112884908374
084156663787 904917715791 626174472533 569211027963 136363961933 383031690960 585634786515
836410409521 854218925393 845365190009 456821882351 219678534912 907472733457 619087952770
071453429642 885777891979 700517737331 894256474677 870595141670 950151254363 254585850590
927777223574 413690610705 925417965794 073644894013 368462125974 037769436292 671078648069
165694144947 649627554797 526997506112 392906590555 602998061827 757923211986 904515905942
490767601449 443302144753 811078861683 941736268247 379536204857 866736619434 018375399507
887357076956 973633489060 966234152033 032736644168 409155972675 060681869195 428972955496
780074208880 873199984229 331801642263 918301140795 970491267195 672661938762 353423067783
745037399215 560497316196 545379184136 237601366609 873437405615 646163459852 384782852331
973079137019 825090585326 929428640128 896615562366 533668086796 762690219338 587009470620
408502701789 450516817868 277031934278 430701645193 131391148579 096169684416 066209283732
083338786764 148839135298 925848184530 866997588412 889658670242 875568773123 590034961649
957608292377 522689365557 076354134082 655772488902 435754853975 257909113420 179830261153
474517489394 228238827710 449742344359 228203662147 297399136740 367101215970 943082487534
476980106697 699031419407 850208010006 384516220354 274895328569 552580166987 140127909455
465844685317 297663885922 327228023922 957255162170 439537798680 918870851195 550148345006
535420589588 172819071594 632777061363 476090473165 184177320017 762749668619 298300484784
222251662526 812410603171 436519456728 348892810958 904469510765 410361898853 483266943402
184793134763 806133555152 023602176365 618271131545 325315248318 501600255035 300235099811
874568401397 841324504129 248995106356 188398860593 998518606626 698374306821 560893536408
037221056922 170621065402 903346895715 239006679969 843981971994 494884736379 926562713791
440855451262 773768033692 487909647451 106309430481 047440825975 290276493019 099618286720
668008381247 708280425348 545154944826 733517709915 865139720744 453559629062 029789651482
279964382284 624100494925 380966317158 494746496877 324294171486 011775792546 480922293925
634847344849 734476876789 725518676844 578041930104 358838478744 984719157546 612527742106
519834036887 682177098564 798974966417 963758532760 889483399378 980386935905 003885915004
182247692621 391632221151 170732974075 729995059216 141953417954 539564825806 957558191410
105474085836 697638897485 443567038088 777622534237 252366858625 286860701112 073766444177
034759239022 054029211833 635920768287 468191635734 436212258468 551849117378 281498933173
294328687866 734127709419 506140678430 955963466118 300937723559 315500840818 820429901112
536254951586 587987779332 016060230253 996395820888 578524640683 893060314881 551188185106
339280138068 829477553386 857687006287 381871755096 202301678908 295772993703 948123553225
117730651413 774797053438 937964519477 623368044456 610377282423 774640653174 719122855087
525701248555 303495842547 755111923104 174126089604 176453047384 486184959876 882445549497
422370796274 252261378595 615081527071 735522514060 924714662877 076575923280 000636236617
818518201466 129968973204 506701938791 223390280196 792848576421 517536050324 280495374126
017027574030 305342271641 863949578600 006459952392 766917288951 034783250731 781367442373
727643857425 217753618604 996157784516 405621251200 757112686925 439127054804 174130629085
265480196487 981111437341 575547549991 708223661965 071527972205 089698520513 649053554727
844829720710 781457451456 846086111572 956596317579 388647484246 331637656494 481161619216
046287370290 404097536728 861306625138 090935098491 430915201368 594034990362 979313644033

125901186964 880120878666 141208928978 105070175592 631593289475 933353555853 961535737486
473277884692 900514837562 696456927138 301087192984 228256114413 262879693085 543514821959
294806708059 222682459066 959870498056 520226321886 000458133848 213383801071 401193705031
999865589124 946066131408 979946504502 916697723288 306019518497 855653243552 234794761767
925765445820 526605167994 476072270550 260402538069 305498861065 092174655658 888730178883
841289599959 659159322793 045738084143 789823577978 122166391540 010741213360 957168963667
005748458952 054792616196 173666179668 924730031816 330776842912 398177400293 806904648200
505930567210 970470723585 762765597152 866857405809 911535605869 057244722420 834985942707
651457804339 879341679576 813796362083 390395083293 449558059536 376048546223 113625167923
643813542477 484194804358 933214598819 421360579294 167412261599 983610855016 724402649352
902692947624 134258256387 230319743507 861606461769 510121854106 322030817166 112414886764
403388729757 658443952202 219610073743 454148508916 871337442678 359527056131 521252620738
693321830593 565893062103 049292095355 381454951160 121464198439 793903718964 398693487841
589092209093 907042757821 905935709430 767237024389 005345312096 700350896192 224298816087
686432982939 714882496041 244651328082 112489224188 331444749268 803634239182 966671662822
415678183967 524379665967 458116991492 813690145022 797801359769 313865394554 720684577771
745913853617 847926695371 036950896377 227906128123 654791570888 690766768908 193749340610
368410673860 054110026278 700874705947 106586451439 196980559706 950556505015 123393666589
057173313364 476421307065 675731991903 938811893825 307521088285 951614750680 946883924574
001113547027 478698216862 127432149766 518830031960 333456223553 442141736811 700595766349
367622329069 184880323734 519243491246 566532971823 841739691986 587133313412 071051707368
341724123447 237186724941 510842704961 554950379550 152873822486 053846067672 039287586862
626169843822 805601587578 668309251223 040159989753 848922836009 598075215949 025807471715
773537480669 005001534985 359036976722 971043715921 098469391204 905426246339 608550824918
232865843934 026293826856 371525962389 474471783369 996618020115 478824991332 365221595665
340485701123 258277081886 215013071577 934600274395 168927524355 182396240839 150123473924
668651002227 673515415339 817443806293 681884318702 195394674578 806838733045 026699348204
740930850952 940088706951 818632548354 824966260706 650249956468 194106470407 122731100421
544185549123 163407340196 180907498723 670338997499 343924399165 880651283667 905641695736
521605028224 488521757361 133174294735 635774830847 833098492957 430573060450 412840297114
897365523337 025293332859 341544883137 400581072624 246477515535 611897734274 294259684019
406813333814 161074909164 044307805277 729770093827 687366826928 083628346772 591003284128
128935787611 886533037994 391571099173 130876841482 981473167438 924150708123 330466386665
268851715228 773495808650 709021102713 080114880705 251086164181 615255674817 104786219400
105612800134 647100048960 081618136339 861314375953 783573446347 009738022397 066733317884
712174216623 797833950508 494584056480 430059112018 417300502241 962981137643 255508625993
667297921212 396833626254 330792019745 755537985778 603339936113 973147973585 880467482663
190555031714 751074082657 545538452600 524391171639 479854543854 640477445274 442320820115
805894011041 094538330920 475598313012 780340587673 381134517847 042396208849 358293399476
294892749263 076151959475 808635230500 390635269755 089737196321 432027975808 869585297731
621983594425 668946663498 655664182852 784053071039 460383705531 953070578143 320616548372
087637305421 510498196398 231622394615 554016244819 227488988991 548181616101 412911142233
274248071051 202784972384 904402642968 076980344031 601013659880 856422960754 069569557133
508005356595 188841456265 319836545998 149354703533 396578804947 612732090048 553113590869
747145353689 015718969841 577548117779 410760419019 145652728884 040518827950 849008264536
013242915228 888937975199 955998596828 893608911271 091030997306 757062186597 296734639843
061928429550 429210546691 609154182803 517832368415 521818655679 634071112430 643855154156
248975176397 718812620984 087360982992 383637303027 505941877062 626357378481 368868368293
339698892774 446869696629 499689660276 916003698605 968904718417 160001971841 236265199793
012787419139 272279869802 272459522940 152432208404 817539812400 825763713606 703033447765
411404274369 962054125145 048270021051 517411890882 549260977472 146205536677 900755200879
989232346535 925261273772 769545671215 444999501484 526854325974 087574445023 559503175888
094678670624 279504968122 317381953193 469955615100 420921536083 260321530691 857272259929
860039539254 734318064647 706444154409 630859833209 894281173897 950682749552 487066282732
805364792474 107235461194 594426537978 749869795964 322144950143 520616632736 083387789574
626900889609 416213734426 382002676575 339103418924 761056359888 170083539644 955852192240
769813052521 731950132374 196453428976 165813540733 130263030285 478022485192 552078323237
454832679632 890712562747 524612292929 641409424850 290594741557 599275124250 850699663473
537642940738 391820741909 162541609728 445916256144 727217059082 938576767130 454384335990
826160862846 719632875160 286080403534 720853621937 494941366551 991508536892 373512748507
429481445196 541693822917 931530918037 820472872238 945587726485 845658358368 883541761056
472125564386 401518568769 577988275174 222434711115 526234369721 170763345046 653272476633
423782119587 911761578339 722874708451 279886599245 183279164144 598280214437 270189462668
035792333375 174806410499 318521884550 682118360856 897563251181 387504609424 195574432639
719843107892 775247235667 228839552735 523606622598 788598539632 877284454683 694923676064
844122735368 292191324554 704074421666 820674612656 707964301200 553515990474 170854616373
362027038659 522738064231 262187406268 909039981671 086150219582 650064497781 735731850521
577151608476 313142971006 824824913916 249289255612 638476738621 823334522830 285701381554
374765057846 569058839482 531341998139 629573625019 198571058084 667923649110 592908805506

833821771837 094406269993 826919706824 470532005794 540835186100 366116156094 508242398650
419987316238 383574666454 521887359026 121934531604 858339212666 377250620851 905462362373
373281142581 664384249889 798596679541 759200369130 045370371962 753606871830 137648121274
105614824487 959863510850 054873490298 447752975753 493966553071 505515441039 093865374166
652159183354 997382566893 264526862082 359621402396 340971224268 268700253395 582693224380
599832426908 453047814199 149893110710 157169474955 576352194587 457686296301 838990582420
127878675579 693472318503 074461060348 391459879497 794871139135 462902548628 222497438944
743868266164 360683181248 859872326879 107661623053 800860292158 338144328453 224074623554
187998881747 238128535968 382895006202 252464635731 610826636036 431485635531 605049915414
413088721541 443317452537 321065139611 973306948781 391309687331 861366696193 940257200499
308099995348 219427655878 113235218778 124571834239 764680697306 979340608138 301890778537
922762154846 640882312642 981642123941 745697135666 153982555543 529498172239 014522235919
257419431464 218266477688 866772502171 232941522897 844616291056 628542007145 388341678148
913456674450 692912906319 135618469153 315855813507 648754132185 945574577015 648665261674
662085801070 023556816875 810595967699 890198547270 641753128848 749413907086 642080806276
944501319670 197033551810 041719242513 644274485219 781537035777 096179780365 547150100641
818050275407 358363121007 584869042036 045306374303 438876152382 898355737285 260279010965
811358399008 202510641500 684886037785 145170399362 693832261888 230189959127 100087907541
662874832239 445228502391 848679138156 920568635432 170416335863 703532435303 860313824517
889442520080 485301480423 264006520996 296009664177 693761308208 068702013088 347209999166
455805747029 726506424859 031007184698 953106901743 228378475715 367509849704 348348205993
122322475198 548535455451 980842281450 746416932517 417116603293 266776227819 083489722751
003080897525 205030246649 351264612784 890874118303 858779985696 639063450520 022123934526
686579920442 386148475724 289010511432 888381458370 014867822833 301640727611 403694136211
573716998560 584173544560 803368889069 252435338105 397159315045 259209401288 682676195785
113132383976 361566212857 648264097235 668922065045 948831798586 410105643818 698894289927
631481613114 119783948514 389640201616 144702822217 564827342006 461530161701 567304518618
437705212706 257342258715 062895985488 617620522961 688656521583 778424714947 986648770706
732481799084 249744141303 077278122172 757039389853 107662656948 276197633287 446596045593
501802123231 361682946910 516536799613 149656188142 307979002819 702075307204 137744966745
306251107845 657924638003 827385686022 458954061439 361499404848 428696980648 326210846438
074333655839 868808998847 151429570101 451205496684 289667486610 186687651297 313962832144
102683416586 035991143893 180762564434 460927475028 253732472243 963582314418 661898353373
236916808695 029220481436 237204812347 239217482268 429106661178 494353167259 238504105377
931104908157 295800821890 410996537405 229404620198 482059471956 546843007682 203732839906
146792078803 130621080742 887826745652 227951039753 018549245010 806671435652 203409852097
171275158839 048613112946 667339640992 434926471623 122346056816 004405457214 628656625616
892869974683 821633904331 762863708095 828508190969 741762120740 550851100181 533020817181
367176854348 727208917260 674318103868 754990964287 428041065285 744478313994 874978924434
353732018837 509779534604 400528119785 269275442489 632574162987 942882550607 639516510838
711766467376 638752697508 837939890328 835740211229 563543208743 741416249491 051576822711
741771193223 294539197409 213659086000 047620243281 888116116364 492871555990 829981454358
403717095653 052756790061 038582200502 577422429256 977373229660 938546733692 944968154326
056858234085 073909150459 231508132267 678106363250 595862745514 892282856540 694522210563
558028622416 764055769526 032218335623 963739880801 424611875505 460955509412 272002001667
329078978000 709638482831 244629559654 502212074332 643657186971 345144689688 892295108020
016256807995 121841316098 330970217827 686024487144 336131445923 206014734974 814869132077
424597364339 492007308857 482067224118 479268240533 045986927545 897072131545 841540477232
222083920803 632412721763 116289188164 339403686931 713558268000 635173209745 052437830526
334298205158 572929372906 514408225209 314003833442 860094371776 965082929411 189712087370
784093552754 759466760770 073958299632 583886106737 450792618043 306725140535 211613376789
603653857985 032218450837 234572589397 448244920328 733860279920 420127995062 845861769293
493474864504 649196863533 839144956932 935349913992 245366418810 063103071095 056877344542
309645895436 141863087624 149444741986 669834771340 530095779787 207929146238 962639088463
929969063931 016383363832 131953937930 428049848759 627949597793 364835848003 784161018633
174149813364 342738798030 257797021830 886503641810 622157102928 202158718144 562664355191
289239074644 949104273596 927665231146 956658445818 114476377375 235012859312 659257607505
565019843356 775432091750 690113587867 161954936552 029139094377 173320155808 072273331910
017793165196 815422808837 057650759883 759702175411 773808713798 533896289683 026298162805
530110755775 897853482385 481298281050 149628858871 823221804888 260182746164 487902917284
184000293674 697066526008 628284388308 813356335802 435105776352 859335154443 801010244994
217478189655 318847087378 155223644071 454282954832 131189537540 818216074865 979777622791
023082336484 361723366029 171933992616 788286898005 789119115696 128611373040 422299624444
564522881179 747153663579 146150494381 217969991171 955339291546 798588856908 281911031471
838112996786 565145305967 981319080042 218270900569 304480748300 834564251502 360936375255
638319351742 703436292684 023477641389 903904336235 185135026393 009596644489 877604174378
603817234206 079071437119 444753952284 355167788857 090934059098 426280075550 024872583065
055751125935 389631517182 606584600128 932682974216 179130811687 821272103921 757969833700
705560047926 599743236495 254475598623 484474040961 714756628827 532509173759 154603250809

601144327041 198731596968 007968936040 759775018037 409417146998 188504662898 263050340628
173028231979 912553091836 280779925113 306555777258 958054972193 754768545034 660721841155
705309674742 472328699207 294954176864 890518966875 077362184297 915115758515 906698154334
699735695187 655323006157 281995740879 843326878654 838770370483 886796963447 104488103666
255295862834 343848046267 812214764251 660197642270 203629450879 879092306899 776262202336
341177118201 539905017307 149399611554 840371522826 857799838510 938400452826 367576126056
398439135294 087394557427 764849924141 468582429138 579177562329 540201682478 667600210215
138266641101 300421780062 344321791952 368617769613 880500659250 907025290015 574994875260
137231942696 283769173901 232800260299 278068310630 273490101100 314067077900 457927698279
313684945163 089509182904 830296500190 892833649883 721439618079 320874232876 806864909920
444950735986 052895721169 951904040833 898408356330 664385412889 007147543866 567070850184
695379003257 164362715713 573472251059 295865110984 068456897156 582545572563 335559457657
774761802015 683785236403 149785380983 156625318580 942578510581 390461546524 807271983290
957729580553 008835764393 546571457913 592767466432 544838454558 273091398616 717779959434
994550317477 143659796683 456454234578 234953022033 793923089622 734428667174 667986556825
373251453774 300922372120 275316938566 597761078235 980188630750 756040836771 274187145896
698345702753 848703603042 584280212778 831071351132 772777499204 648303734048 642790225836
760077390083 656159122196 628426903636 660298543235 363179945147 033963949613 868716717763
056546091885 655184434451 689033462458 468291241431 753586574989 124759556089 604029215539
397744642887 727951622306 124647793088 265423574801 071780915277 401654871046 826553570309
898131083104 309486675394 151163167665 828140370086 686554764383 397704275712 504474922142
296908062278 760854440485 881399571274 756130190263 751507387831 188514410053 710314183163
474336751174 923205317682 583915034235 450586022630 586870277924 322969161754 595344045744
739971171211 920778991581 218062470944 155069472735 140123455020 462906778337 817621419189
014690880707 981810067348 593967972669 348769652383 220191082087 313696579981 377606214334
560839130799 199491618842 615176620115 163301336524 026865060392 172540343455 286751808258
010462905820 836468110735 183372975196 145612252537 135677118878 425199402354 396224247751
737334535338 915072628823 213219610084 406315154799 859952158888 471159978375 100106259724
395444290564 783724282711 276886130872 971766745038 778447060504 981792632630 112179328577
963021341729 058450693842 312785744709 828199036893 333232252456 587848649909 717503202216
728521499882 775465830655 901595843516 185552054897 826736135796 279574933052 201119161084
208023699613 890043993283 506634518164 076838998792 241323064158 867250047986 219148727609
138365553456 717578454745 567604129133 224460955148 312535361128 714521074304 363554789821
369772009279 301372617048 908280393909 998355740828 980056130326 328048784070 258801908538
773031881871 273074613664 205091087496 124190176913 449970774575 283633978323 156110356482
124709035953 681610393841 375688337715 782793829413 546239162705 760560227177 983532110818
251344199026 772861049687 035060733720 893553086400 814265991650 872235972694 624860483666
589113039585 075104744947 269939264526 460552266518 924976453080 721310935209 623157608488
311382603647 916682468008 414223588777 410461155693 227078879326 874361283795 757685381840
746778209846 776273672446 911189165465 543048479710 421523977928 920676389663 589638356641
805894421474 539622623175 326557972526 814663117697 801299371109 824534052292 709330039962
951371443831 951350573178 805666396104 212257787252 801325283848 330829972881 825074988518
314717684205 642585248475 129554534338 676312935464 407773405000 721996838014 052269594709
199118955188 405370077231 658195210530 473114914491 375858791465 623887194647 984526528480
268964713172 715150104012 602307121222 879224688811 363287433466 723782055811 179420272164
792256537042 244877632969 701292769131 500425202259 810800999798 855902356890 432902314785
387387240209 474483853941 778367943233 256130938177 205017343097 962453249510 339055541937
311556781096 005736046904 087935062129 874882405284 974393964694 658467774362 370280141430
030440166179 011657976026 979051136930 909194130040 439925056649 562424683802 034050894802
900026376220 057864055215 622740155388 028003468955 917543127621 861314760525 568998950949
893238347287 908253998423 463975791200 470117076564 797800856626 474611921493 201815268567
633485843782 147331176775 382064248945 809658200413 472695716237 038372077935 659762005227
802251822529 632003253692 765319844596 583810375507 928342527858 259174564350 062608434416
311297019553 754748518566 666109082130 176889791760 811867452945 298815710766 128602140319
019653862395 629151313915 405878496630 720194218580 207054805464 477547695567 872089601597
179073617241 406114197727 650252901385 992813531379 709256036120 684983888215 192251813217
998093335978 213175107048 380602194223 577108994591 747051824708 603819575788 002816155616
116658533162 847263728589 024423372208 724629332702 835317492841 004434726304 179900869416
928737222783 808028826637 801392053292 867729280423 656591256451 489454928932 008400609684
183178390593 490237620500 022433912426 191828329180 108477069574 155867364119 280128349645
820683311575 462623391664 181390619885 224573436830 677398361010 464231646413 313553235227
375266445338 203004095510 321928897610 402878825716 543401817838 874101554129 489492109750
777460955977 152478691288 112448292842 571974688204 885654909561 576851286105 935267802656
143938335859 217886735660 059653009853 654620642543 463791062988 857389831835 436967921926
477578037976 099151997763 156973019113 881696777038 313617431644 537854570073 193605219700
151735410076 686960130543 727588160704 998778936501 742224661743 819326919286 242930106198
425416346048 533061312244 441005381190 421705295021 020394928499 328022918752 088000318240
833795363864 223783182669 354546763785 703606403992 213306997783 815919525955 558887819155
273311550013 170879490166 772728426303 449497471356 587672814394 265492052630 061908000591

094495621854 521757908484 182984669384 194955881207 470010603768 356344103320 545001615165
724072012529 860495889470 797218342597 016438475984 865828098086 905490367726 146202153986
362941637717 930476272183 136596809685 002918031141 079704311381 186418491415 869758498660
224546492765 131028727586 293867040021 300059517816 358644077874 811780652256 850653071350
734245894460 268346208345 803133921453 542233875444 863038607087 278502777777 508677629920
222402710743 245913400402 892872090265 865447356210 842527192228 663131418011 220286876581
195927271283 513242150881 645019120899 669021973736 772018155467 098939927354 219911627316
526245069499 200284852366 347161921013 531794460181 932739607212 488739815750 393461817020
822302795639 335431676555 278850293516 327345947265 795104011499 734482377420 658757303463
602505161561 392726898206 604832108554 232208407202 400309137515 825417460421 057455961533
919845890027 397157437538 022426415567 778759307934 804245360144 550080463441 240544089726
593996633007 997972592129 223109419470 783842041830 759662553943 244560963589 541422566136
737969285423 713764749526 337556977162 602199226734 913942723609 178467619658 720575970336
763996591575 636399342505 878894376683 014289164175 738503388810 078600218625 038800881754
282047678427 259567196048 406057121007 965616492691 699693920855 774499424977 562114141333
324323795150 936409664134 080844752861 415797124250 850592580508 106462051245 722168848201
979344115322 991552482048 598975130100 755988479695 867649524880 279423231241 980738873590
666649649151 139629244887 105704564341 997817437109 316921664762 069094056656 347912220876
673531620143 957944457621 663868466016 550053394793 158087747107 647644547839 610999272348
900285145797 974434466044 051117604558 617700843387 605314800885 367357021156 503610454879
928403753217 591482018829 939970865269 064553815917 395418408308 262969421422 960361926568
803854599914 531553195305 193918345501 858845493495 578823746509 856082129842 400795180417
637267312953 711599532987 137948096818 664554688514 436258350366 624408525585 930624414700
201882122046 421925917234 593398961925 790163177529 238655519765 624923716284 656853893447
270690882441 102813258419 107757550548 159667543119 569943978415 163324068894 070439266081
121561861902 530322071390 646769773268 368150661123 769280024896 835575713723 112884258276
892878231095 678118996696 977409489348 724146614973 972794941266 107636940295 823628303482
422371763319 971843239990 398128493939 858682724464 605407169925 940845181835 718891094351
264176846914 779092252837 837532395601 947453490905 510164233807 811599663448 262071415872
381354203240 493175757533 707935096946 134828527465 137714683420 562623632197 172961999170
866638304381 504998872606 717267657248 389966739493 478186405997 311990052966 003532994139
326485263280 930082210836 770501971287 076699002478 130085130527 296684406061 016437823071
913630704942 204938341960 095350999398 713515879252 197394280615 135656431340 816156888490
174782485783 660680040392 675996290863 093790311150 672767194187 688246283075 188795068973
905489798893 999883626631 762238054216 550097343843 607589214242 046806810224 873073877809
478772352739 016455743067 898417558609 780598011596 558666081808 783531930027 125973791335
895789733400 876344311886 148697683788 112151087712 667757231018 332511139198 516665079680
964485325566 384175831166 949388592161 416674567555 538237860442 445571263339 667721462244
674158690129 562054565276 810473636826 097898649630 056827907376 919863156012 916142569306
478100698919 702022653867 416260304963 399712736676 795742895556 631401488118 461544582007
593167883566 826708991945 569858024090 677654274445 079856845354 905475878108 274277202197
966003820209 978659519699 449293354316 949164917055 441294482092 967609251479 903225889004
953954995722 993018062179 262112407110 162209578552 704888605381 928423608529 570140657674
221348313326 026342177054 373095357010 890780730221 354982636285 288782655869 156856346625
947313258519 565913846892 446244583440 227704967066 534993872354 752090977064 881709000110
639125571874 068247047136 722570921712 228672111917 253220469145 969221561229 752437455506
882056173695 494066627332 526041370446 290865446151 044256007632 917948614510 692258879443
748157789125 088591113417 223303156749 738192086397 220651352015 828008698246 876537375323
344666978377 328101114526 195995886665 010821688159 759495666029 035275833214 937286435874
599676476525 820860555244 733912117129 797672981403 798909728650 697649203220 992792404020
662929795608 333348370973 437110383136 407411648476 005069852015 674472277835 899960842557
884272473530 611705160202 186456818014 842377128587 661659119901 186881409516 094024580682
619905112961 121275457411 927534638229 399475349910 748595614107 959401047161 296588915916
567992554444 225077969298 705769705847 914304011825 454535611172 427337139999 943267212771
932319339130 006890262678 523004204477 598136728474 379012867170 965176478255 946009076012
677038666595 545097404684 858912713323 990972933798 358653508097 267094853161 645453079087
157352995507 516924250275 201254820633 988339034478 284894862532 638437039404 450543436312
024049568194 850386290285 693371915547 792962898845 325057659768 207643446294 689814524433
420558044994 658582375053 659570536224 403818429935 935441506813 507092057744 497999051667
690538020962 176636560683 578158732037 923102676052 862595077654 529057952721 042041385246
156860576562 821874755389 025205785080 074069337294 298773746305 792569937750 402685661586
616804076154 221619388979 463853633831 125958244187 970971954952 240747959539 519422976858
251390076954 836547899338 635688061829 056793407651 975802467421 791025033221 696437760044
128207799049 032330812317 611237997257 214692833121 847175212958 011916642273 935144376698
375199845306 457873664077 738069965291 870312319459 500416451412 022582697246 981461488184
628904987272 836192381272 041977916155 713134479968 757570339354 019325461289 360256544031
228921782203 409543443883 693546040895 445802479018 084762970341 979623021602 945161124769
165018600598 116417274382 667307289529 784092440165 695776572555 572957613024 253354790950
676198191970 142415166593 574460395967 361853255106 100792443466 532944181807 012147646030

124862963997 533347247459 834339008685 160467240225 216136263343 752004066323 425499308421
418588260982 094361574324 084564710825 443101883090 772625857025 112104655164 462007203915
374647393215 292063379797 098517074773 038060536283 898151196954 606442017113 929566885311
883280626433 431701717020 517026485281 318412516343 924730717133 554950605158 671361101058
050469783588 061150722926 127576939521 408030298283 970431417265 709132950829 112534317694
308075468655 132922242764 990417404748 134107636819 495739774643 796865183044 465668398318
484194824417 605986382138 378235313730 452285949831 010176224943 940539018649 427132324272
489432022720 850526670401 611065492980 272688629950 320140783550 068178326612 442947337934
708704036933 947444883640 146301430766 548886919995 190654063116 647678194049 730100375198
570541672527 647023085919 922739984234 149334998390 978640343907 692242729337 668926604934
944169471569 715547059904 217421925882 575342592999 565986426768 451410612384 687880654457
917717504027 762823606330 079437584074 366948131901 830157091267 666207989331 700172020539
549068640945 149774097741 094373452109 428596847172 702340645067 100714287458 635586867823
699633907994 488074376088 353368203121 137324451571 040418642925 879449637775 145772351175
866088174938 782675387764 130377951906 050406476302 680647426906 879414474482 693519539380
970178496731 946452891438 922238632801 012183431411 809807504797 024389919357 272570527060
547047281474 647446208222 454074714169 406520696951 676001055917 701364897132 278420170033
566432055511 462217933132 322217119327 373477715778 865837696990 791171131728 353740193571
986318244470 476154481845 770252344124 845509681281 166649709060 432274718336 680981167836
515700468018 768170956889 324184407362 310602566274 757479697637 472090635484 029491734727
487308120195 052709637583 607462545479 352954234171 272681981339 902641902576 337361165697
385508744130 241104699836 432221001267 728682180949 890762368689 263384417518 856262832129
659941213751 796989052092 475199878946 684512057837 358450431489 084456881613 840158803969
872920098540 862969471322 598632313171 273219428914 135494323359 122937242309 660154616499
698557962763 275554577984 454403223040 904934659346 663308857369 596023285750 180268502120
007127142076 555657726407 983020729194 806512936021 776113609391 135939353081 217736284318
944173962135 545360500246 138787960676 040805316930 025093441825 713421613614 440119152289
530653007779 053972003396 628941794659 641777983559 253422287774 656400034393 526477351783
515933055719 947159812125 038017559547 577745951520 713908433610 011537904901 507890705670
881844574114 508830512299 700209969611 309712189372 853308359428 809904927007 467960128096
971829283941 281989605213 233610705214 431760149950 199589535897 183369078283 138634236857
956796563419 293049769815 209974528878 312145973684 607567476636 060039687917 435421385034
895326295820 544748769241 330366118328 689112778317 546029127912 955676007418 733225542908
244759673043 008045896634 533781987536 994863350537 722445159010 541656658870 698989013753
888024327585 151411858454 353652987491 572718865356 408268327225 110147009098 986271677224
152877689862 267703698396 995978281655 794088825371 837645374022 181884118744 813382879471
964454937570 020723469625 336015922182 028081797260 491282924207 267129800242 376002246485
008798898857 231588422146 946147491027 891554652123 059424861027 260471269813 241493814990
176735748960 941182680504 771730131645 894682345409 075051861661 015410701795 541759759828
042293862715 551077779967 459122466163 847477146011 178964858677 219186104417 530731906039
973098127182 191067244244 194814711527 834303920653 681221424655 022693020656 758812764754
343855734742 632815492770 562660066546 711848765207 267335654731 669662177069 833645835826
830207766337 778647489587 312552194785 990526293246 984363824685 738723284277 789839925737
597904038285 297787397684 663809624175 477591483096 429915528145 165803728244 231957520927
726582693230 597524612450 564355755914 053401429767 508244334746 624398583437 614879389964
144402514113 002468869371 952157830448 693443840734 559086690946 448138235353 204219253479
168899801439 178623237601 755214594654 274459179747 606361665240 186206188847 558648738058
308937960029 471475549016 794959042815 618428725158 529398298363 206691979956 738947880019
958798034828 312599253297 599105020735 073626602542 431051328629 403495541763 991094763294
485429044481 026891525958 952145732012 266399103321 680006863504 862007357034 858961061790
277660718167 706817936631 804538237919 125956198438 857609518028 943215796521 205657611093
989915496884 031377549393 540856953449 908009012703 840172626180 182046673795 994682954369
719423257922 064747097589 525107002037 741719426389 346496757154 272504046938 718835727756
344487694459 508498638877 616835505884 970028685726 928054212917 958581319142 283803871372
827552868306 454333148688 092151697237 876013755279 811045966988 291777962410 970709137037
883930450645 012459886785 895788637091 048216529811 520583322780 817799156082 638433465541
976031504888 419198608484 062649003995 878169329427 061962297453 127136532694 441514636256
973427524160 873440269797 879002146362 696262012037 753388367754 969157208241 546392424135
057574943231 795379554632 385241993089 406051134109 851878055884 092735591167 161670187118
155350582366 098569193922 700064682288 358994486575 226714800463 165675219420 196618307034
521639282318 251127783428 328954142472 172600810147 875803021229 475153440371 272332167086
572434181080 477957841442 651899778860 114020271232 948237623382 689209641111 630110322175
485080943353 504340776283 415930030005 339134180446 423526240038 073951095137 011158509534
732482237438 035089352893 521658778097 600325712128 354195312255 082041269876 035418900771
365110860471 819410808843 111074253639 171389881359 753193233465 157986477504 684575869893
919631188241 144154303570 400082640126 777953841106 665096407904 987522171722 641564904349
596267065632 899045783760 113685132624 683460213484 557564626077 735218836021 662216832732
675246600907 786809348433 879198156466 120824848678 050644296958 460210293045 372463348760
259962242700 993707358710 745996846332 376105029378 740807906736 268831432224 002634254183

494649749433 787642510786 294049435597 088950968013 376240248190 955811349132 979136137997
670206146980 435014907067 331506378762 402066239070 271832790480 285148295606 115474069599
725619492966 830210211930 502506226826 388089654062 984556197933 891284197588 113582007257
435616857677 236659365775 185363740768 701008248672 732582705594 735875949915 271835476599
156303913785 716729854404 027517173882 658738499177 463098812776 933411133364 070227666786
105071688504 509241776817 981250769109 509091441158 337030312240 850672305458 124543727125
939201379371 298950497688 964104658348 507481945401 185770235917 246901296651 148215007434
229928281222 799787375669 920071296284 554728348592 496576820307 884679506470 219473098014
949774430994 977910414662 850090667009 042196029866 331103011001 113278230180 588984555896
639346087537 285190743600 228423038962 151716195641 806562700099 995601348969 285573932626
572516364002 040799847141 233603888674 683408729576 146976265971 507573970514 521674038808
385420153198 494093562083 494180844821 651843907186 454857935411 988652622403 271917749385
275782250382 269359705400 549454563248 668816693702 136705498488 652755267963 759254295311
527394338996 216801552906 883513703290 248458258150 712763600548 356859654294 106517041963
038966990987 130227585345 904165117509 748613302711 360435317037 171841680987 314181958503
156487077214 947885462800 392627751845 665043091260 341422184230 421013314028 569150289035
417750909654 228140833298 247325956328 247018868131 890697734122 400982457204 778102124425
786794196217 970824549471 516573880791 213055942557 982936591018 592952145889 198973641057
489089488774 613063868425 977564232526 863463439677 983839121192 848155904632 572684429806
903801848937 387866267760 146675569302 143175290992 680576999578 973176289166 009235193383
288594182243 444483733745 857062267504 976827361392 921256590388 559093917896 293628679219
569856722077 114516768711 517036384009 901803018928 779566852973 917705416096 145306993759
159622783391 711279810129 843002774890 935874894539 811735338157 684613950841 856380458329
867284936286 928780127547 239866389241 352820450578 035388536484 709732754492 568009427559
651602910345 775124513594 193215268950 901454459524 169611369806 470811023153 333882766622
987028410072 488660528760 375404302185 784296422316 353133503406 804027844414 752008268900
378635478415 653636895673 116883950433 545631780101 661551036438 448861498271 395607957291
390579008646 612982441522 813477864422 645334901586 371744886261 087774283733 758627720819
683069638318 058811078938 957283767783 011869997008 943365606245 718983815017 674655124808
934944770008 373453061948 200224387252 360495475711 739466291361 825244605762 600948866902
565813293113 506744377932 320250380205 435018529949 807781052599 853044887550 724931255065
100388571908 248547838993 266028603373 935687364455 746756966011 919160143880 775298766439
451357947607 144709888932 776605307411 631153013911 049232821931 105880973670 474323440589
088285640026 797594353464 274210784149 061540929624 083387910815 657899094988 157126902366
200432802152 895896157752 220606214579 882840491823 383657351254 312693680379 872686847552
369200777721 381179649240 036159023457 700349411534 068335573824 873913135391 914758158527
625413375899 842036188795 513807317346 224477123585 367279053008 355143691747 085161009147
544822406092 245575761039 860966356788 289455003336 043337208465 567251648946 232727869309
895094558630 983011437878 258832122990 671329181939 765220257245 584008140241 309321334209
506896941907 787020261535 758021821051 232908135283 195091572599 255500671987 968751463023
457131529536 331288669612 988751046150 859356338391 507026224045 056795116886 946051109466
276723760723 750528845553 323504747748 998015828804 575300504609 169021596452 383038262921
063032258517 321567528089 135848835485 487124126532 742471657522 015793560433 819846488377
660552702655 267847083560 102435686088 326611788097 703136061377 909360911308 723407720961
810239015785 329203547127 196910567479 470441464331 213143956096 751662611289 444050366388
193402864204 850380728609 879198298048 731334990048 455219406573 465415553780 146623057839
211851143279 665124261860 447837066569 424651096974 621110662557 267176417196 320000606794
615444473830 095878493631 232523528518 998571980916 000681419191 861683890151 812480464347
190128400070 704117380054 024841599367 102849240755 930396348724 030137535199 115751180444
162615222008 808978968333 324522000440 429731261225 161765569424 603020753595 893240208528
924924352707 396565138857 291831649476 344881044603 214390876483 265516729876 219997368370
945854939343 383325884620 594015729844 642978627786 282332906904 492327659329 244991240461
338339690152 475856010196 827612372034 305510897923 175286777387 820132668450 988071802682
039220280484 921574342425 680467306971 771218734560 857152035670 621700838936 982753619171
973710794073 999060368395 206127922854 971386002256 544673985627 696756447769 925630094957
092701311919 298249557757 637508594236 914490683476 345460439443 713186795630 258838268179
289757907386 757743819735 208131268068 528419443653 155109713356 812574828346 979017890143
182775261808 833136399736 028295990100 005197243770 152558648191 061236176764 114583236934
795506473752 503406099278 972307195082 778497001196 031316247555 100872885217 381291856087
677478561960 638935124092 507858062866 821553712362 464896932592 034892191306 713471710997
703373628959 597835095325 235982712896 491987110448 156130108291 858127392922 110179269486
428196832862 469292108464 389599692881 655076958228 987337238615 783294284880 756219323095
740630838089 146283641381 169292290832 336756904067 876535761639 617542666459 380243601974
719954034836 508568871288 552924293518 679946556844 513208663020 748995316987 888798390898
954565467592 320605819226 177883766122 253354733863 709677295930 239911805566 228092649500
449877527733 462521733263 893894949146 540382124321 807361584536 114046021555 259753667202
239198810502 846810737704 377232931215 975362275051 572387645294 363483879135 289887879058
215501111042 335845183102 276113343358 047897141497 715251577898 482989361644 918289793177
903264672287 494186754532 691836408798 282666191059 531425286630 926707017324 059507062273

866705792873 388271849518 797606853228 061480881864 659328799427 797461245295 409526712496
904410461310 739091921123 969406835184 469699304716 866174240505 192229767529 852966848673
483681162576 635255457522 440318439224 623325561652 251410423592 327320188833 636089013605
047263374962 058237061848 468952998652 674663630219 587161369367 867248353561 099403738139
969890044051 538895903910 328279457281 511397587762 747445318429 305366136379 516981727460
520885464692 320417591143 500135039507 534848961569 249509002075 560557543841 702901460781
818699249239 391194382411 002570518213 882300980354 585878116400 455303112771 792666147437
748373662374 602020735384 034823096876 778936230561 678938067317 856631371635 387047158740
172890527249 125208271689 304373982296 588377632265 870582768134 735329947863 858277438165
477936098561 315677934180 002014758042 455937737830 360395631349 135763401350 303484073992
757865953439 127551602075 308652365385 274503788859 712486671650 039877419265 374145011160
495071001864 930153582757 306955302684 228758483403 210477930534 852209549079 257356397702
757373204550 799101581843 679809773130 351644989780 684770092412 465890171794 998639015234
524231446407 331462397045 474526050430 187421299438 212570644915 073546929709 320638029037
759118818739 015791038279 468492628606 493557705792 753569998447 487845448455 800506346031
019432771827 220312508097 750299519197 688024658963 981141533713 506843610011 310996298251
092340076886 268173814285 820414110607 895701149506 894308627965 260288795353 976116845807
304352996562 712209219685 525228849169 734490752782 340903793436 643175688240 831929497835
431473144939 914844944463 428965717965 533285040094 675939963594 990733864266 562187481072
632478724304 062904946792 025384859153 980266086302 820683710681 925863675616 167488300314
934301281052 995998880618 862997236896 416520456806 077951010091 774657308145 469192581327
312967302559 205871656588 042033913153 974415917287 194875701426 222147192789 110660275076
128944273224 291366994665 927065725104 193631023859 817549079869 943892438890 089393463412
138281362194 718079811145 030002043390 157920439312 553995192226 090889997125 630923302714
291250144039 818705004202 596087808708 135868664901 772444736952 194467034906 502238409693
051825939968 039421038583 216016400769 477891924212 148954359374 400999379643 728561303628
943116743708 946744737971 676182086415 931683561842 400484542707 621856066439 597880214216
431665190096 072817460641 376846555288 918618196034 882585207484 555661908969 318905511599
162690872569 882176388463 745955064737 773914158066 740766500977 834149348421 618440383883
109376015393 889363106315 487134597252 904837036883 415016860751 585799025411 531953560707
703814971227 446960968940 953052600980 817492700921 933267421388 744897485958 260981627811
239347933827 705619740666 378971366211 011150620641 783273090943 864210443410 015684879462
446967599935 247049308499 270573111248 239759233598 986452827704 154827762908 516503796081
505783509823 027587421577 959779004592 060888004354 874347352982 814703676657 845392604783
416704594176 917489468082 537728362160 668568691135 194523833890 891891110912 798514587414
076502852590 672091111527 992591421284 355439757589 985220717590 994624144692 846326862634
021582660249 829211586948 010765766605 491619087786 452758667194 236834434314 341938123350
021289777131 425000529224 971673107771 001716851188 822998892084 729467521062 242455347160
799120832204 726268215968 866450816735 096164393399 244775114623 696703082302 094264625367
491347034074 245876652408 826191033625 198046411371 161227393497 964475670145 458128842701
067719626329 369178482286 279120561849 828090900732 388615464457 885782858409 709604774411
265916188951 776629166252 716872171876 251651363170 897961764648 430969865502 038327499036
901395661677 245334777359 428410507910 768933523879 355498187846 781230812595 819765132635
425639402346 170289036070 816642417750 144015178987 133940719540 680368401437 775382302327
416865127331 446717927706 754152593737 093421319759 704093148149 199488987228 678226746965
193156630529 145957136183 974955247480 194339279493 656351149799 084354265713 102019714434
595201177875 945803750787 462518049950 522139898147 845950331786 257848999775 100918367587
992192282605 503802850781 001785441580 731247007138 124481319901 891828791517 297480631535
418402724973 198667605030 469892140012 207784918654 167062889461 437398736216 971466574033
954035465704 207132586866 333627928321 215614881054 507326446439 898380024170 684921991297
480094285081 669435649295 783434412365 261698482303 194094863341 021660698828 462310983387
014189280782 073748320543 074954164289 632481395094 558993370449 182618664265 415081900582
707235884189 828099801915 103517706388 164396642793 470437736480 269578536810 367986653193
903768776582 660850368718 103572836664 336505771722 786667287930 908099722192 218881367130
934805010525 726415738134 064117816210 480678714302 389166811566 310728760536 945753778478
065058502995 269117032333 037167196011 235234440747 526812892835 586828684026 325716056974
500194444951 701806618108 190644105455 246621997460 551083766582 885812981445 152674903802
269567811500 703052376160 976160751647 435839334104 077980557722 934775991343 313672159786
610550734227 837116776183 199485930275 857261397058 658470986866 795339609462 918867805571
711368786100 785500743881 857106412692 050966991492 894227497425 451085029268 848939544748
228630674993 942734032486 837449145564 735830378788 605984756918 370045423301 286627585792
709510678969 053335973429 361420032882 467148804583 531441386307 976265974048 930871107688
512323078607 934245122017 154558018416 921640760895 771328756451 994313802327 207500512875
563762033975 330060539152 081158801054 294431785558 933982463564 583104692415 828661178849
010046341407 609499821446 541460392837 510247350589 440734919649 540370272245 345722012446
368700313848 339842309183 240249015795 186593378599 282947015985 795919685983 868598194490
544129809748 419955368963 699635471720 618181358552 592623299539 916937591709 242861366421
855846766772 062305444148 858262537053 208245437448 229030278027 065751038001 710881783281
865145986558 325871955464 585253419757 769782177292 361207133364 124028163497 001437315008

855271291758	919608289738	898020217608	210487754500	133361319171	319762085641	491481379640
663040654035	429084875144	609304542879	788815724796	980056566079	959438836482	028316033894
667904451136	553073142332	760578710820	792676043953	535466422536	781850268292	288474386393
039583740097	385870142651	086344620470	517584760549	904572725750	315085058585	681974684292
904170671661	413318850438	469807973560	177710481176	836641077939	679436202684	819117731482
408997692555	128826314527	801264381391	375696394891	108464799849	976779062995	454495157317
870080407124	802833371117	026427230154	423913602066	185340630711	308281520749	753719314684
009710622503	719592163865	824282289408	364927262824	559605155252	350591207841	467076056758
736733618941	117427616791	555301719943	675684792853	267322657804	559329786442	566694443389
254568991712	253772984042	896325472825	553367989035	077223103164	222255936866	224029328970
790077496213	095713496292	896492938787	597564476663	310010012085	380491365778	048694771004
653842197087	555332495654	302279840491	862319679062	531769931473	584528027778	205886769223
247796532393	559859917992	633825686079	312971530659	553948783277	738880713698	149746405066
251751431410	646697548078	882506210803	693030149523	602476687170	177830459449	398213546668
120189155589	510932377910	663974321717	152861012900	733351801133	111413566846	800791039962
245315059620	716207040285	515702614335	810300780277	816502377517	200967856240	169078815127
492674101606	302319578673	330966741953	326317915486	900877212517	307235789809	252253022563
226541902339	914103803099	343538458027	068033444271	651927725823	425369059249	275644499599
318933730202	415613392172	868821116886	256585270998	729060165657	108807389487	583616952170
620956326824	609039961837	889787201822	687023785356	834418100121	493461723067	675286359901
128088910089	647377924597	956882500739	850238077509	591298155530	669248953573	727641323856
684678177814	057638772348	760403251294	676471359436	659413455310	631406958562	634633689731
065163807435	534312610069	096745376501	440519811834	923531887194	079939990955	389289577987
504772778032	708466093615	488559657996	970259562328	028461747441	648263204872	412829894947
810298822837	746185618582	323346671858	688349581842	191943883222	041292566218	213616277944
900410223801	402421658236	604363913231	229544346569	498272220679	082328807024	151373524162
312274775730	325612470426	854433853224	701279777859	978351819954	302148759477	816076188527
083820208483	499747127552	820257969469	966553819395	937982896137	784430079530	185400369661
661157628681	207957971615	356066202735	762672471209	934826291145	872585661003	020261654600
684814387146	083727979259	614599323921	101703973376	987349543904	745166541954	737744116188
091670072852	497347235348	009245947369	144102322834	363438410372	077100134620	579466406707
530982408555	035768869970	078481436755	104015453365	221491888383	202132791737	495225085910
409412646261	587266461619	176963173314	166337444938	488514859513	586790187007	958173647585
040709656344	453006310865	134015456864	546098577937	682284642303	310173279927	121446955531
396650548172	764019726579	062195388132	535096325094	744598989108	785901696922	581986048732
516163148722	533208681152	503877839030	921096397314	087014632627	748736199925	160369035164
018132286384	101577891383	454820869539	491141654192	122441037258	823537352832	966225404053
959955125418	804695534701	692796581808	422169114677	949577090318	147199522420	048905885593
746441615349	093468210952	738190692493	401258540162	129838882360	671129904727	853825109322
126760086356	788729911106	064744385406	313070269157	932911471683	574893086073	417620348424
225579743251	001003864368	816055246682	773280148166	978734963320	996341723779	237883035166
054871671792	874001119144	726245671247	002497622458	224027397707	027023503237	712416913149
130844802726	400994497259	572092359302	306992730005	224907365141	977781182720	305259060505
366479310184	870828397624	359765410245	471902129646	244072187868	542913071991	156022134359
810926127809	924492988353	214211516880	443052422313	351720366875	910920612181	715721501323
049150385243	127601602678	071027790598	783630284909	951332333256	554242832331	269708260482
841091164629	355307970134	715999285642	688988970076	744233464896	500451148248	944884381190
520316202395	612515508011	429345593840	225890445235	491606770575	264177519736	090440204483
367881891568	970277893660	449983167550	333460997434	539066796812	379833136398	445862204918
269859801850	628083650581	758563282867	239702164703	792611575436	878345664046	590607888585
936157260733	764794736283	941894928357	605048336449	401134986549	120821004813	255068375628
197025686969	954918762197	639720450279	004466756395	119376131560	064544864855	250749799420
850028954444	995335745046	836622766872	082483164135	994803070601	611822309156	175259528490
028995293428	737617351026	742418815937	159948909697	922257721440	139091272246	178883874360
805196751530	314791141433	573207365859	049304277337	984471291954	446454304400	959751830974
182337618633	781152912801	517866360090	164769745449	589573231467	955499389337	513949564362
601454959264	673734721602	188531326544	686008853720	772213452751	031059526253	071110235537
885691649959	116922083888	770780517354	383985678670	150963780886	864757576698	253235404424
542840088268	747777032853	826199762542	581992934205	912179778082	778705118584	523089729856
387686511275	072763410035	994146601222	794895749559	203609946037	804848385525	959910817123
628274420401	784980211031	762787788750	303630226361	609766675801	060395554799	787456998157
973342339974	244475884531	393345366459	175525813475	504634426716	109489081799	689592267046
440216917680	510059071844	735263123541	644248647774	387877651738	534789750140	252040693299
113532556148	136043532968	312928991295	356152904027	591317677341	277704636530	852213257548
630793354788	299638340699	937151542249	438088240647	332631233504	613882159479	516917592545
098480979110	892331137789	539664074608	345730097651	170607524143	628834660918	003849063569
268532964005	516535997857	913060664047	455719084866	250414627633	572044250876	603320764120
027683714720	258395775725	483081763522	817065775941	532708326625	539109689730	585045622593
689849897562	270215826526	528062002518	441648981919	690955821207	898972671764	613380083956

648772201932 046367188172 395470493020 927986610411 846957048684 700496386412 595306737666
603894217618 938754237522 401874581597 228442522907 977372292551 018088673990 839885492144
913863562538 863789161591 888424051299 819365171369 259169577919 988494941497 711519431575
582630705994 857586353474 963975685597 038626780540 072008974502 527051939796 981252968831
191645904520 975630528337 309486023832 962721322569 007376753391 116829471981 277057426243
752213758250 320087363753 204645000573 891793465923 557708362204 145285013907 946406724667
360182753798 544781407692 125608569448 105416619567 526475074523 902545170531 094066263668
247457573460 704065275753 577743201023 913341138135 775033225611 439009760994 695213981770
284146108841 360856591839 329939313580 819527070692 709276077217 177790987638 546344602405
169049949774 757748287300 933978940641 473694571985 048299051348 428670709915 093304457966
391953558914 780109443450 982701736772 409790494805 928838465752 690821406840 936752248884
246612560526 950978010126 057728228735 993798499770 457317611758 694198467474 290486401231
996744622268 636332600764 110702934889 723601262149 845968416031 874245315843 520548918590
453569419644 606333798849 315311695475 836111574976 677407031544 805789781705 045731922588
154943114390 257934504998 955003727042 361826456804 158997001369 770936461843 182966606907
313547636451 203468088044 854463947988 105468098496 701317954942 866813882765 844465058517
977123681426 745854755713 822907266346 031643813750 146542919453 599343608206 282790725318
865751797342 457466122502 744301909224 296277693665 315871680944 424278624984 074946655635
268045027684 357821136273 406943561642 515379232246 664582371079 321459044461 110922107039
760456510101 286976059355 657979972303 939386839617 991898691799 159386947086 324241601016
103098873785 439567731482 972348965947 671427213412 840043762106 602005505662 023339519575
586451283024 177142823715 776932876797 845227571042 372817246844 546162244727 036661864054
672492501446 712045654783 572692144705 387980542744 365066549190 036978523007 037200614183
725711309111 681021722867 212589594857 460043532950 331146957965 649006244622 695391251125
286803782637 520834620109 193920529940 673531650175 837826327641 004899446489 071950821478
410208366699 644155548997 311854445953 123278819884 351936466907 561917443638 748986263627
650302720686 092518809723 608847938016 252950392255 210283185911 952095216030 879709223063
182430490513 612517852667 830989648407 626187112119 385645233258 801563584566 325681536597
414006351665 385278330279 933276181873 164292843436 635161566325 528087740547 669670001881
483129926494 975606174499 455604840565 169206606294 419074711647 405755619551 834538740640
464663446523 332035103778 447675885666 660901728752 098224471156 450455672431 109195734666
267791950351 111912484914 064555435257 725496566392 678522191762 385475381971 083198322848
394692229495 373749317257 755425809647 949858910268 635945357613 551466037513 914968451229
674554784247 177930607499 992487150391 737113310598 418240045774 257591786671 219505174289
611967389888 904579312607 783631612978 256941136845 078884344497 866404495895 781779775376
331750386865 692143284565 907638770350 854549228817 745921346447 903640967193 788480015659
908526276175 097739401643 740642321537 883413005026 201713197591 248645879230 068500253381
354891513199 847109339798 843654460482 728915497107 603731744512 609717170621 549152309355
807845628392 179950936649 904409609156 994214938711 242914663120 546913223860 633526874046
418697649751 346003184289 825747512025 844598310398 201406094846 870769161838 308623878910
614682419728 320052615038 511068199058 351769563236 569694142362 610152155381 725036939198
820292713685 444010629436 726451203334 424480829528 507786502235 886684798729 233633452675
826546136476 448809927763 316550213007 449452989543 396175266117 490169121300 581095542449
122673852851 223438369598 397804839752 464510120588 267428306399 960890765573 443634480149
048829835718 981640964510 119289853987 608822969226 435420824456 841236875233 258977838524
384542275920 567609260795 846727938663 976401333752 981741038008 397136698750 179251888900
509616272530 290638512244 815629473486 671807921675 743950233541 879714637034 135950706887
960310150164 644742239232 867292371725 653842901470 659068867294 069484254271 590520534093
390143210813 138545825970 434858093148 550633941870 543754820191 702268823175 109013294136
171877005809 113345796164 220301259802 204310738296 686490703750 445386844284 408790945807
138389620954 492075996155 366557130684 404695271299 487830971345 078827572484 489989734970
396224651104 987770041793 712631986655 042482645042 713229161230 932461641353 303916768945
148358569270 216603190656 899930352729 669425409329 858504714285 408386710889 273443108736
345700269111 924324963772 982294009440 207520246620 664473839172 044257548340 145394080354
627340999096 406907207562 290737468413 119858657879 885591425214 708035178496 735893693353
500754467232 461312525826 870463756343 964639059479 070392896125 976486670569 071815846029
936042856641 652378271137 607745621090 317980865717 319993431281 796912942962 045569520124
331544608359 576565078324 467211258500 776099689071 429906214637 225018370319 985169220050
813910205378 983915622992 500646873567 979540662782 950224745926 656176868862 932116256560
500845429455 903291737200 982085881735 374687831820 644702268612 764976090634 339415664902
642621944959 997262787988 742068653774 840012402712 025274733443 616681302272 047545870270
464098643467 573641494455 604018046902 564908532516 727167095127 900523934217 027430328861
413233096169 647556020183 862159978723 609621227570 421099687370 007122579942 951869630041
295418877962 872409327846 179804864790 769989057773 388605583824 911422831637 486928785381
481431462242 839849623378 557735086051 101050926129 323099492474 189267513161 881862075325
740386848069 649046982799 912216113866 566382032601 913596840251 564924790644 398333003180
789523696165 184056141033 843479937617 818210047435 190907065480 640320569117 166432209921
547124046169 424710431522 220510488536 638270472083 522207228179 230772437862 146298606683
003944318403 189711959387 588071981150 483977508624 928452053766 099357035113 846959784295

954406485751 505062084971 228123360639 541480452318 303759039230 419312935804 702532239639
115127937593 601514087053 514606298995 194074575535 488686198226 932469553821 021947202124
884904426365 539530539435 330040506133 599683201666 987947720795 258669143318 990921186522
605849608814 962683654672 349840481438 109431985740 368377466370 936580637339 294587946644
516826114833 345980894813 230142344973 630008177003 029015416740 179574436162 018422076053
577654231628 456427644093 755689715537 872869598722 457407255862 889162754227 400139392489
093720555456 160784241539 561883999055 824797402970 741478814357 270791492210 435577454609
349005737681 596828196801 977159064579 660575494254 181445329924 798199665711 964551885655
656812151334 909804658037 684761826601 373717568372 741306170464 438082924391 653713296382
616530723106 068233388999 951025530732 744120942699 413792011010 466320874971 541058744582
611599590687 724094286978 759462694298 805477860776 458005229407 570308406385 160436059312
555658553312 311655463865 541030072699 344773118169 078662801195 532248099561 712788155639
351901256077 112884694732 263635778302 596564232697 384744696747 938171918349 844120102842
351921959479 411888645207 796023134306 321717435406 924886237588 135079501301 954212568538
960669312542 793294445046 041439975110 593068307589 866631208970 917867381443 106267328572
913524733573 733413996498 162256056419 741787984415 602133012302 960042148911 478485752643
862518142961 913689838222 749415586395 787408237809 038341408792 976445118888 023372009886
401223617417 643050637038 107692783411 890172940132 946238563930 853153224422 276881857172
889388516865 007590484415 709736636539 394113814143 300708417983 117234397432 128982693088
281790845460 835227616883 923670670181 937790638751 868898267898 592612248770 725537077468
090917381219 556815424678 175824986359 084577528221 087337094710 053447043162 645326509875
418704826040 850494328944 967115115564 045037599221 831531506218 941768079740 040267805916
373594923058 021891056162 459013019130 734230922011 877489054176 347523478720 509575083012
458009760894 490201422832 151708178638 297151787541 023277937785 407268363951 803722727399
072461328116 672620238536 295804476874 489455893556 129416678771 151444595215 072801124528
978389889243 980579261133 951171633727 247632203561 341376655493 609107607754 288639415375
091128355095 389101756992 734810580205 244749886065 694140688059 815714553496 102116404129
920711915738 223964968790 061577179595 751167559084 819296904355 934449028936 964861900866
118483640844 547092298808 201869643501 024165892806 728934618921 288399805886 754723382266
287467489827 600721396917 908199418072 364514382989 430173553032 251147891184 679935694376
925654535114 088246264417 878175405852 046275209119 455171507153 223229003178 378639299726
457950413622 430738874742 958842038653 796300887828 497491015367 140448727060 522398327465
443452935652 807696047722 150302406032 996082014428 740664630902 436955822017 514819021276
959194854806 500251596627 667211562658 270387072145 811474469794 369850676576 882350350632
790855260275 245784521393 118971219595 602227780105 217056312396 344461127002 125867235737
090090246740 694925766696 530479737142 762657053595 744879087619 929979754915 470956745686
626669331781 602694992456 378613345040 128648268256 454678144257 343138486006 682679767270
827808689640 327625941678 840571459411 480462916488 128520010261 056198452785 431676734301
941800287392 809461519481 854686631099 079515044881 336501254612 214135427912 283913036947
262589780027 331680030312 219807922272 339302333969 902493238136 301781213601 131368310388
677339001225 252410376288 392001146874 739783019681 516234484584 417084711540 563067122150
252400600956 684502099654 423577855478 800658445306 335458651974 851727110468 692370821037
423834451621 446359164268 326469767485 119161178393 419514216263 434572806939 369671644034
523111798133 136747255810 302330033564 709193131184 154932715418 721453955008 962151995577
648095322472 817056846283 525646275430 576200001721 499028964513 843833117116 585841776451
061858250821 047245469890 855260571543 347364077660 598021844622 302303576492 869835354772
286691167255 092926423495 359112977808 670676400914 176047251101 842295428946 972427193139
578251117713 736466128861 099385961544 636685556640 632424096551 152712448740 813863395840
329068301663 750515937889 447003244679 444205006232 380567807586 140516179491 567587848547
537980361332 045886720131 374684222777 393383010159 278738266403 520793857372 733187872211
600697886849 105688767373 546820717934 420516918691 207339060230 403595314402 484827552498
849668639056 151812913549 133306891980 509583195474 524347688558 773831041434 453993397826
437905600793 257790326877 238933597040 892906379862 359132688276 912048235322 685331113094
927661454578 911147071816 782987954873 977966493933 404999580445 111442637878 055006181201
942856580115 116049659751 470936084824 478407151016 568819151547 630853708991 777495003154
677919940554 302384555684 329587122807 033930365508 052035902690 222574326941 773378330207
785088164599 774998435514 703041899310 927886362855 595498666452 151460832243 270293986535
471171461120 978644646443 256180023520 004864169280 901251955587 967777071201 415854032429
272796513998 214262542785 238361824897 440083764657 199183395660 336509497078 523288974588
149334773099 486397383182 019324468791 919227598192 870591900590 754067357185 234811868346
434778505415 782822449079 858408700586 120528447163 358777233043 808270913739 688950568455
535232618221 110237312713 688142058398 385474704900 053609386576 177773048783 078559721753
881861727200 525683687300 867217691544 126287754950 323922211648 722178615226 209112425923
774670550161 255823546154 420874458421 496477602559 572740291847 164531588852 588278842868
558894965084 270394298993 544274755784 884092534243 675964612654 381092025562 998205154148
019374700480 357966774587 410088413181 187258238578 544848881668 277133032050 914804990270
633866946909 935124879227 100509277461 414952914626 105176485990 692992381759 902441618794
970235657180 951442585499 576517929621 056744600221 413367375480 798603596959 468569833797
726728528759 250604441846 435778240362 377667029872 832370604527 442555068151 809555888683

589147533045 701169217308 190413682196 197924446042 649934384845 273237461911 371108244643
350169480155 025328418462 873349226613 456894413900 247066335547 078814160548 567966865643
266981303178 362164646588 208300503644 548129228849 644616410125 023757682821 894551184580
595732090939 462064867750 938024379128 960180082794 047481742206 332791471284 209513701056
194327176292 868579090949 321805556897 906628628915 473754867319 869373846641 958561889977
082799001692 464942519034 737770398863 014920111835 283723279199 650777155816 340617619698
407222318678 270123540349 943842916855 650515174383 773539203225 611599297568 796557485637
139984984188 981872386344 774773551501 353507919108 180826989536 012524782547 043214097784
693232943801 472551258437 608609981460 219969863154 847357629208 099670223123 077999976689
261493709481 313117612672 502902025112 501769538583 175793324823 747587160195 989309689954
294571523802 778922356850 487641824139 102326914916 557444484512 460830514578 741750738717
674417355110 130764553789 788752222185 205861330107 591272012841 581609901291 829118566671
573929980929 179914916100 046603332922 577608675656 663596534181 854225605988 431844272181
094231810906 310605967733 278403950596 066977210277 736141182720 643429853844 246587728471
851788363375 281932542583 005499614614 837350414191 861619862910 670638791195 176205055641
054814853078 236437201653 999652095042 389041167497 643602902434 195676224468 514208945656
803232777781 828040235317 172716161384 745264342561 703004038807 168888842147 579572813241
630693977190 486932101774 849343952208 897797746064 132160659123 542873066349 856495138429
915119375415 682688046403 440740031916 487524228128 990849604910 887524818976 629544394637
536219830608 530266297677 622972823708 841064030679 839570455079 864255624132 956970690312
606937272270 497385849063 548119466535 336602643153 554561276200 224543650140 928707010384
502494229968 246989481931 106380584896 383496684231 546895857394 178100478027 431024343617
063937322667 141404764505 532068525452 777271337995 989719129335 109533521837 623781448282
123898331839 226954036294 419444779393 386294782085 653916027686 547422160219 745416250347
948657330874 869636214605 079665721155 856826471256 401983236872 218016273702 740854612331
531487465319 393626134387 278498409826 789986196912 202669754590 120334748717 152720342378
485320199773 941089399183 239935343608 383194483504 071701605001 971940795569 291694412482
684602905546 024805566374 925676902358 565496305630 549909473833 868200225327 275101476538
201571896891 764386176038 466914712705 020901016679 314353889817 992613894958 205684315254
271733398458 496778421955 422849693775 382141987539 836280415138 532709515070 677831761849
268674924518 788782565238 807875593398 741899239410 646608428415 951768002918 996744604562
347684174628 436149052409 961460913299 078250776717 299487379930 049706095219 029159187881
565502948692 499482638863 968238495608 685005799920 812591698095 762500632522 742977572235
324464631299 191602952782 838780863743 794848781600 798669184494 495203389091 181996840014
360193709330 547221904717 861619952110 929112791700 197667202021 639669184222 413495352640
541503434784 937300948107 500099230370 915388201550 820033012007 604036740047 502823812172
353310546983 710100965755 488116614281 741971422411 114653964940 881068713531 679967489742
793722635135 810389988254 516055367251 021364169290 032107312234 300723995569 142252464301
262735666817 822859016903 399525588647 085175428439 793423274925 339989258403 923207983599
325215743584 252303743666 138993863200 080064574750 880709379984 627470966570 809436929936
107002734538 156848014398 180022649796 165498392424 721495385516 649061338869 947944876407
062566016055 171789113105 157898124840 674415404386 343218080496 035776369336 965075024967
546596535171 500859975076 400045595426 370119626833 504239694093 247325407321 746536577121
897863354556 824170391037 818242656724 415781843849 453825620349 781174947104 658950823214
082047820539 992217083096 379247191435 705268927378 829630172045 984163967659 793992468451
202167315575 940610850110 840150149395 848132431432 648317063835 229338983573 286296250064
539653232340 901663455349 761453977754 354551018002 272987816661 057242312430 623503991266
927255939838 704468224405 690217527208 905973140317 194993937576 065170443081 784358468902
322640906702 558256315652 710399198787 449960056696 531169420178 903331930791 287640450024
529260777573 554483085149 912160462604 079663570042 929414152107 851793951248 929311310872
340368754933 321199716941 558224225323 452699165148 427080749649 824320910870 913027192207
360528239889 033377648244 024821643674 489283893271 787246301295 213777584065 676650342254
844795273438 929626352170 692482957223 372372605212 148675590124 375106886361 686206848107
532525519080 870082393756 679930005256 400410568687 321345774201 100430212747 964046267720
796028868075 453328446116 396367029616 763610612095 640915903922 675977256127 708233691017
979324027600 947790504939 059499035509 762328552456 920149233803 895551145369 453798964243
907753154386 610796172549 357971644803 446126662353 804145557367 642625144590 571925802222
930640330494 317739911077 459948051848 434169030124 710528400114 530117015926 417603100466
879843400676 366135754159 381073949023 384595997856 649006331001 925807617965 927489021730
881865451249 156100845649 219173398418 493640078924 253400528851 274097826072 818449936233
443967778341 643032861707 465557447095 887106612285 979843832898 882778608994 982593444570
625520846669 336207364561 329951753464 990966070993 431256359749 029656718468 035188787644
371927343228 496757534874 380605868393 873208710712 341196033089 306023521935 023796475301
514159372862 118229525906 701857585590 486981033613 106195370441 077208602330 006694355982
298997200389 420507124130 963301247398 988986501613 446041636976 412991855139 856413348024
401090382042 098050981881 637076560253 542288520642 504748958680 899179466861 171932503324
823024105980 558476638045 521378932305 723502009715 574760259377 207677608746 814821345225
316302087888 239853556684 084620188776 333889382394 005969382347 555811966044 053660170851
554314092863 357092159448 116017532965 834133347177 302711059709 051781158901 708660299016

051247945070 243012323067 026217970114 151068200226 813999750725 832130356166 794912610054
201286453229 800672689000 948209707585 410219884885 295459601974 730636132842 969855385226
523816130889 665914509124 886813125953 536296057660 319750429504 118843939724 705360578947
986283171400 396848076421 190941427568 120273245423 319593111952 395056290622 611009964398
948381646448 745866830754 857785328740 819937572748 521974137180 942967777411 722239364135
603321190933 440755678783 811304519984 514862898000 608483869420 621852719280 187780424866
808029951289 703473294463 170946003859 512545338683 557968905846 517230067044 888968406108
630406121351 552038742139 284496202225 754658582086 698640604986 554258859081 455309948434
938427338421 786450513985 427397429095 857008561462 561834952700 228141732536 765397946912
752974701317 006383541596 544634244968 352635059485 344744721078 056107810829 649426478810
025979318775 639239043291 785327634203 752297565752 743408295084 547947015245 260899313885
783123911751 269225566757 288513340439 769625403931 174933713994 495293568010 603796944595
685975249877 267348079073 267618245233 552121621496 802344929254 288655145733 756557659455
570923953342 814246290317 278154039983 415564198377 180189821124 760855955518 999506207300
714034520815 503329814975 070244267726 436033873753 973148431374 070926654492 295204231990
073459463931 199653505680 733298148658 411091994439 462723284536 771128484736 224606331360
285910596352 371938716345 986963644390 685405322319 315241354693 248757673046 338170302944
798352260205 181494445850 496120326909 233752716235 513352623432 072194300935 881503393598
974493352695 787457278314 039670396910 017073414932 531022063263 016925237018 012024422688
492909819555 117195612083 815501448583 657166510269 086648717323 819014860992 469913154608
200199270504 730568876141 893298108310 235264828108 102485450220 875722128344 134379484999
727920258354 341720442598 469327409141 782143949280 179974565987 369828742826 826748442121
371546823275 112853416523 703165307043 258283372112 371376096959 399375495362 232222197465
961933252907 404248760251

www.ingramcontent.com/pod-product-compliance
Lightning Source LLC
Chambersburg PA
CBHW032012190326
41520CB00007B/440
* 9 7 8 0 9 3 0 0 1 2 5 3 3 *